[波兰]乔安娜·巴涅夫斯卡：动物学家和科技传播专家（向非专业人士介绍与科学有关的话题），她于德国不来梅雅各布斯大学和休斯敦莱斯大学完成了本科学位，并在英国牛津大学动物学系获得了理学硕士和博士学位。她曾先后在诺丁汉特伦特大学和雷丁大学任教，目前在牛津大学任教。

[英]珍妮弗·N. R. 史密斯：科学插画家和作家，儿童自然历史丛书《野生奇观》的作者。

著作权合同登记号桂图登字：20-2025-109 号

Joanna Bagniewska

The Modern Bestiary:
A Curated Collection of
Wondrous Creatures

奇奇怪怪动物集

[波兰] 乔安娜·巴涅夫斯卡 著

[英] 珍妮弗·N.R.史密斯 绘　　王瑀梵　刘炎林 译

GUANGXI NORMAL UNIVERSITY PRESS
广西师范大学出版社

·桂林·

惊奇 wonder
Books

奇奇怪怪动物集　　　　　出版统筹　周昀 ｜ 责任编辑　郑伟
QIQIGUAIGUAI DONGWU JI　　特约编辑　赵金 ｜ 封面设计　关于

图书在版编目 (CIP) 数据

奇奇怪怪动物集 /（波）乔安娜·巴涅夫斯卡著；
（英）珍妮弗·N.R. 史密斯绘；王璟梵，刘炎林译 .
桂林：广西师范大学出版社，2025.8.-- ISBN 978-7
-5598-8470-1

Ⅰ. Q95-49
中国国家版本馆 CIP 数据核字第 2025R5W538 号

出版发行　广西师范大学出版社
　　　　　地址：广西桂林市五里店路 9 号
　　　　　邮编：541004
　　　　　网址：www.bbtpress.com
出版人　　黄轩庄
经销　　　全国新华书店
发行热线　010-64284815
印刷　　　山东临沂新华印刷物流集团有限责任公司
　　　　　地址：山东临沂高新技术产业开发区工业北路东段
　　　　　邮编：276017
开本　　　787mm × 1092mm　1/32
印张　　　11.5
字数　　　227 千
版次　　　2025 年 8 月第 1 版
印次　　　2025 年 8 月第 1 次印刷
定价　　　58.00 元

如发现印装质量问题，影响阅读，请与出版社发行部门联系调换。

目录

前言   1

地上

宽足袋鼩	Antechinuses	17
指猴	Aye-aye	20
香蕉蛞蝓	Banana slugs	23
大耳狐	Bat-eared fox	26
褐家鼠	Brown rat	29
蚓螈	Caecilians	32
椰子蟹	Coconut crab	35
床虱	Common bed bug	38
红斑尼葬甲	Common sexton beetle	41
侧斑鬣蜥	Common side-blotched lizard	44
穴兔	European rabbit	47
面螨	Face mites	50
大熊猫	Giant panda	53
幽灵竹节虫	Giant prickly stick insect	56
琉球钝头蛇	Iwasaki's snail-eater	59
跳蛛	Jumping spider	62
马陆	Millipedes	65
钝口螈	Mole salamanders	68
山地树鼩	Mountain tree shrew	71

弹涂鱼	Mudskippers	74
裸滨鼠	Naked mole-rat	77
穿山甲	Pangolins	80
伪蝎	Pseudoscorpion	83
红眼树蛙	Red-eyed tree frog	86
撒哈拉银蚁	Saharan silver ant	88
赛加羚羊	Saiga antelope	91
蓄奴蚁	Slave-making ant	94
蜂猴	Slow lorises	97
南方食蝗鼠	Southern grasshopper mouse	100
塔兰托毒蛛	Tarantulas	103
四线线虫	Tetradonematid nematode	106
得州角蜥	Texas horned lizard	109
天鹅绒虫	Velvet worms	112
袋熊	Wombats	115
木蛙	Wood frog	118

水下

亚马逊河豚	Amazon river dolphin	123
美洲鲎	Atlantic horseshoe crab	126
飘飘鱼	Bluestreak cleaner wrasse	129
博比特虫	Bobbit worm	132
深海鮟鱇鱼	Deep-sea anglerfish	135
鸭子	Ducks	138
吸虫	Flukes	141
恒河鳄	Gharial	144

澳大利亚巨型乌贼	Giant Australian cuttlefish	147
田鳖	Giant water bug	150
格陵兰睡鲨	Greenland shark	153
盲鳗	Hagfish	156
竖琴海绵	Harp sponge	159
鲱鱼	Herrings	162
灯塔水母	Immortal jellyfish	165
海鬣蜥	Marine iguana	168
隐龟	Mary River turtle	171
拟态章鱼	Mimic octopus	174
洞螈	Olm	177
雀尾螳螂虾	Peacock mantis shrimp	180
隐鱼	Pearlfish	183
智利腕海鞘	Piure sea squirt	186
鸭嘴兽	Platypus	189
彩色车标扁虫	Racing stripe flatworm	192
蠕线鳃棘鲈	Roving coral grouper	195
吸液海蛞蝓	Sacoglossan sea slugs	198
海参	Sea cucumbers	201
海胡桃	Sea walnut	204
染料骨螺	Spiny dye murex	207
负子蟾	Surinam toad	210
缩头鱼虱	Tongue-eating louse	213
水熊虫	Water bears	215
肉垂水雉	Wattled jacana	218
雪人蟹	Yeti crab	221
僵尸蠕虫	Zombie worms	224

空中

蜜蜂	Bees	229
射炮步甲	Bombardier beetles	232
鲣鸟	Boobies	235
加利福尼亚丛鸦	California scrub-jay	238
银磷乌贼	Caribbean reef squid	241
查岛鸲鹟	Chatham Island black robin	244
原鸽	Common pigeon	247
普通林鸱	Common potoo	250
普通雨燕	Common swift	253
普通吸血蝠	Common vampire bat	256
蜻蜓	Dragonflies	259
扁头泥蜂	Emerald cockroach wasp	262
飞鱼	Flying fish	265
圭亚那动冠伞鸟	Guianan cock-of-the-rock	268
蜂鸟	Hummingbirds	271
珠袖蝶	Julia butterfly	274
黑背信天翁	Laysan albatross	277
非洲秃鹳	Marabou stork	280
飞蛾	Moths	283
新喀鸦	New Caledonian crow	286
旧大陆果蝠	Old World fruit bats	289
兰花螳螂	Orchid mantis	292
天堂金花蛇	Paradise tree snake	295
周期蝉	Periodical cicadas	298

王吸蜜鸟	Regent honeyeater	301
群居织巢鸟	Sociable weaver	304
吸血地雀	Vampire finch	307
菜粉蝶绒茧蜂	White butterfly parasite wasp	310
白背兀鹫	White-rumped vulture	313
斑胸草雀	Zebra finch	316

参考文献		319
人名译名对照表		347
致谢		352

前言

在我们开始之前，让我警告你这本书并不适合儿童——所以如果你给你的小妹妹、小侄子或小堂弟堂妹买了这本书（就因为它是一本关于动物的书，还有插图的话），你需要为进行有关创伤性受精[1]、噬母现象[2]或"阴茎啃噬"[3]的尴尬对话做好准备。动物是很恶心的，既血腥又淫秽。而且我猜，与正在经历讨厌兄弟姐妹阶段的孩子们讨论动物间手足相残的话题可不是件易事。

好了，现在该说的都已经说清楚了——那么欢迎你！欢迎你来读《现代动物寓言》[4]！

首先，什么是动物寓言（bestiary）——我又为什么要写一个现代版本？中世纪的动物寓言是野兽之书：它是包含博物志信息的（真实的或虚拟的）生物的集合，往往充满强烈的基督教训诫意味。几个世纪以来，动物故事在所有文化中都很受欢迎，然而西方基督教的动物寓言是出于非常特别的

1　雄性使用非常锋利的性器官直接刺穿雌性的腹部插入其卵巢。见床虱，38 页。——本书注释如无特别说明，均为译者注

2　幼崽吃自己的母亲。见伪蝎，83 页。

3　性行为后咬掉伴侣阴茎的现象。见香蕉蛞蝓，23 页。

4　本书原书名为 *The Modern Bestiary: A Curated Collection of Wondrous Creatures*，中文直译为《现代动物寓言：奇奇怪怪动物集》。中文版采用"奇奇怪怪动物集"作为书名。——编者注

目的而写的。早期的教堂神父，比如 3 世纪亚历山大城的学者奥利金，相信上帝是通过造物与人类交流的。他声称，通过仔细观察自然界，我们就能更深入地理解造物主——以及人性。因此，动物及其行为给道德和神学训导提供了完美机会。这些训导中，有一些是合理的——例如，为了共同利益携手工作的蚂蚁，向我们展示了人类应该如何团结一致。其他训导则错得离谱。有一种广为流传的说法：鹈鹕会杀死自己的幼崽，然后刺穿自己的胸部，用自己的血喂养幼崽使其复活。因此，这种鸟象征着耶稣基督的爱和牺牲。真相过于平凡（鹈鹕以鱼为食，而不是父母的血），无法阻挡巧妙编织的寓言。除了这些真实的动物，动物寓言还写了神话中的野兽，诸如独角兽、凤凰或美人鱼，更加模糊了真实和虚构的边界。

第一本借用野兽讽喻德化的书，写于公元 2 世纪到 4 世纪，可能就诞生在亚历山大城。该书名为《博物学者》（*Physiologus*），汇集了从埃及、希伯来和印度的传说以及自然哲学家的作品（如亚里士多德的《动物志》和老普林尼的《自然史》）中汲取的动物故事，用来解释基督教教义。《博物学者》最初用希腊语写成，后来译成多种欧洲和中东语言，在欧洲广受欢迎。原作有五十多个章节，讲述了各种（真实的和幻想的）动物、植物和岩石，涵盖了从蚂蚁到狮子再到蚁狮[1]

1　确实有一种动物叫蚁狮（事实上，这类昆虫大约有 2000 种，属于蚁蛉科）。但《博物学者》一书中的蚁狮是神话中的野兽，有着狮子的头和蚂蚁的身体。不幸的是，它有一些设计缺陷，因为狮子部分只能消化肉，蚂蚁部分只能消化谷物，所以它们总是饿死。

的所有故事。后续几百年间，该书增添了更多条目——最终，中世纪的人们迎来了真正的动物寓言热潮。

每则故事所配的插图也是动物寓言的重要组成部分。故事本身（及其相关的道德训导）并不是新的或未知的东西，它们在各种场合中被讲了一遍又一遍；因此，插图主要是为了让那些不识字的人知道这篇讲的是什么。这样一来，插图就得具备唤起记忆、精确表达和道德说教的能力。遗憾的是，它们不总能准确或真实地描绘一个物种，主要是因为插画师没有太多机会看到奇异的物种（而人头狮身龙尾兽、狮鹫兽或半人马之类，更是根本没人见过）。于是，他们只能根据古早的插图、早期书籍的描述或他人的记录，以讹传讹，再结合自己诗意的想象画出一种合成的动物图像。因此，许多动物看起来怪里怪气——狮子的脸非常像人，鹈鹕长着鹰那样尖锐的喙，鲸鱼和海豚全身覆盖着鳞片，如此等等。这些图像还广为传播：每当我走过牛津市中心，瞥一眼基督圣体学院，就会看到一座胸部被刺穿的鹈鹕雕像，站在主庭院的日晷上。

动物寓言发挥功能主要靠的是寓意，而不是其科学性，因而作者便专注于反复讲述教育性的故事，而不会从动物学的角度核查事实。因此，一些神话能传播数百年，尽管作者肯定已经意识到天鹅并没有美妙的声音，老鼠也不是从土壤中诞生的。事实上，直到今天，部分奇怪的想法仍然存在，比如刺猬会用尖刺携带苹果这一说。这个神话可能源于在果园中发现的刺猬，它们在落下的苹果周围嗅来嗅去地寻找无脊椎动物。一些作者思路更加开阔，他们会描述刺猬如何爬上果树，摇落苹果，再带回洞中。这个过程中就没哪个地方是对的：刺猬不能爬树，不吃水果，也不囤积食物。然而，自老普林尼时代以来，这条未经核查的动物学虚假信息已经散播了两千年。

幸运的是，整体上来说，我们在动物学学科知识方面的成就已今非昔比。因此，我们基于现代研究而非传闻，为赞美动物王国里的各种非凡奇迹而创作一本全新的动物寓言的时机已经到来。与中世纪的版本不同，《现代动物寓言》的创作基于经过同行评审的严谨研究——尽管偶尔会引用普林尼和亚里士多德的作品——而且，珍妮弗·史密斯的美妙插图是准确的。

此外，我们不再把动物当作道德训导的借口（我不认为我有资格进行道德说教），而是当成展示生物学概念的范例。毕竟，鉴于今天广博的知识体系，尝试以中世纪的方法，把动物行为当成一面棱镜机械地解释人性明显是行不通的。这种基于"自然"的伦理观可能会在辩护同类相食（椰子蟹这样做，见 35 页）、乱伦（看看蜜蜂，229 页）或复杂的洗脑（看看那些操纵大师，如吸虫和黄蜂，第 141 页、262 页和 310页）的过程中打开潘多拉魔盒。这么一来，人们经常试图借用动物行为来证明稍微有点沉重或政治化的观点也成了个有趣的现象——例如，我们该不该当素食主义者，该不该有一夫一妻制、同性恋或者变性者，以及子女该与父母住在一起多久等等。在这本书中，我想让你知道，如果你深入研究动物，几乎可以证明或证伪任何诸如此类的观点。有牺牲精神的母亲？有。糟糕的母亲？也有。亲代哺育？没问题。杀婴行为？是的，存在无疑。同性伴侣？也没问题。动物改变性别？当然可以。它们的适应特征和生存策略具有惊人的多样性。因此，不同于中世纪的作者利用自然界来审视人性，这本书是用它来观察……嗯，大自然。

而且大自然是多么丰富多彩啊！正因为动物世界如此精彩纷呈，为这本书选择仅仅 100 种物种成了一件困难的事。挑选物种，有点像为组建一支庞大的足球队挑选小孩——不过有大约 100 万个小孩可供选择，其中一些你非常了解，有些只是稍微了解，有些根本不了解；还有一些几乎在试训结束时才出现，结果他们非常擅长足球；除此之外，还有数百万个小孩极力躲着你。

撰写本书时，"生命目录"（Catalogue of Life）已收录超过 140 万种已描述的动物。生命目录是一个在线数据库，从经过同行评审的、科学可靠的来源获取信息。"140 万"这个数字令人印象深刻，但跟未知物种的数量相比仍然微不足道：据估计地球物种总数在 800 万到 1.63 亿之间。已经收录的物种中，绝大多数是节肢动物（110 万种物种），其中昆虫超过95 万种。脊椎动物仅占已描述动物的 5%，最有魅力的类群——鸟类和哺乳类——分别是可怜巴巴的 0.7% 和 0.4%。

我之所以提到这些统计数据，是因为我很可能没有在本书中纳入你最喜欢的物种。对此我深表歉意！这我真做不到。我的目标是做出一个涵盖分类学和概念上的广度的选择，我也确实尝试了——相信我！——不过于以哺乳类为中心。尽管最初挑选物种这项工作对于我这种自诩为哺乳动物学者的人来说十分艰巨，但随着写作的进展，我意识到这么多年来我在自己的生物学教育和研究中错过了多少令人兴奋的物种。与同事们交谈时，我注意到我不是唯一有此感受的——作为科学家，我们倾向于关注选定的分类群、地理区域或生物学问题，很少有机会（或理由）从宏观上了解整个动物界的动物。

因此，写作的过程成了充满欢乐的发现之旅。事实上，我建议每个有抱负的动物学者都进行类似的练习：尝试选择你希望向世界展示的 100 个物种——并确保每个物种都选择得当，且分布在进化树的不同分枝上。我这么说，是因为如果我在本科或硕士期间写了这本书，我念博士时可能就不会选择研究哺乳类。在缤纷的动物界中，其他分类群要有趣得多！哺乳类就像保守的郊区家庭，有妈妈、爸爸、平均两个半孩子和一只拉布拉多。在兽类中，几乎没有什么不寻常的：只有两种性别，身体结构通常相似，每个物种都用肺呼吸，体温相当稳定。相比之下，其他类群则可以做到相当古怪的事情——改变性别，重新长出四肢，产生惊人的化学物质，返老还童……想想钝口螈（68 页），它们能形成纯雌性的物种，这令分类学家困扰不已。或者某种卑微的线虫（106 页），它们可以迫使蚂蚁模仿水果。有一种巨大的蜘蛛（103 页）养青蛙作为宠物。还有一种海蛞蝓（198 页），它砍掉自己的身体，留下头部独自过着幸福生活。还有那种蝴蝶（274页），它们能够使鳄鱼哭泣，只是为了喝它们的眼泪。所有这些令人印象深刻的、离谱的——但研究不足和不为人知的——生物都进入了这本书中。

问题是，公众注意力大多偏向于脊椎动物——主要是哺乳类、鸟类和一些幸运的两栖类、爬行类和鱼类。这情有可原，毕竟人类更容易产生共鸣和同情的对象通常是黑猩猩，而不是海绵这种生物。在这本书中，我试图触及系统发育树的不同分枝，但当然我也得承认，处于遥远小枝上的动物通常研究得不够详细——要么是缺乏科学兴趣，要么是难以触及，还有一种可能是物种的稀有。然而，正是因为与我们如此缺乏关联，它们才变得这么有趣。它们身上有我们无法理解的感觉官能，还具备我们只能在科幻电影中看到的特殊本领，而且，它们生活在几乎没有被探索过的地方。每一个独特的怪异物种都有自己戏剧性的故事，而我尝试着代表它们讲述其中一部分。

即便如此，这些故事并不完全是关于动物本身的——尽管也有几个章节单纯是为了一些很酷的物种而写，没有掺杂任何别的东西——它们大多是用来探讨生态学和进化学的借口。请记住，我非常有意地以关注行为生态学为主（动物做什么，它们的行为如何，它们与其他生物的关系），而不是为了深入研究保护问题。保护问题是对人的研究，它跟对动物的研究一样丰富，甚至更多，而这本书的目标是将动物本身置于中心。

这并不是说保护不重要，当然不是；相反，它重要得要命。通过写作这本关于动物的书，我想传递的是我对野生动物惊人的多样性的无比兴奋之情。但是，能不能继续对动物身上最奇怪和最令人不安的特性进行光荣的探索，取决于这些生物是否仍然存在——以及它们是否有地方居住。在人口激增和野生动物栖息地被侵占的世界里，人与野生动物的冲突不可避免。而且，当冲突发生时，野生动物的境遇往往更糟。由于人类与野生动物之间的接触越来越频繁，疾病传播的威胁也与日俱增（我们甚至不知道在那种情况下会发生什么！）。将自然区域变为农田、城市、种植园或矿山的压力不断增长，导致了栖息地的丧失——这是生物多样性下降的主要原因之一。土地用途的变化（以及燃烧化石燃料）也是气候变化的原因，这是生物多样性丧失的另一个重要因素。气候变化的结果——气温上升、降雨模式变化、海洋酸化、极端天气事件——对野生动物来说往往突如其来，它们对其束手无策。生活在较冷地区或较高海拔的动物，在温度达到它们无法生存的水平时将无处可去；对于海洋物种来说也是如此，它们还面临着海水 pH 值的变化。天气变得太不可预测，让繁殖期不再多产，而愈加频繁的火灾、旱灾和风暴也使得已经备受威胁的野生动物生存环境雪上加霜。污染（化学、光、声音）也将进一步扰乱繁殖周期。人类在全球范围内旅行和运送货物的同时也运送了动物，无论是故意还是无意为之，都有可能威胁到当地动植物的生存。过度捕猎野生动物——无论是为了食物、药物、装饰还是乐趣——将导致更多种群的衰退。

尽管这是一幅严峻得可怕的画面，但眼前仍有一些解决方案，只是需要全球政府的关注和贡献。2012年，环境经济学家唐纳德·P.麦卡锡及其同事在《科学》杂志上发表的报告估计，要改善全球所有受威胁鸟类物种的保护状况，需要在十年内每年投入12.3亿美元。这是基于现有投入及以前成功的项目计算得出的。一些成本涵盖了单一物种的保护方法，如圈养繁殖；其他成本则包括栖息地的保护和恢复，这可能会使多个物种受益。虽然总账单听起来很多，但其实仅英国人2012年花在糖果和冰淇淋上的费用（152.7亿美元）就能轻松涵盖；每年最卖座电影的总票房收入也跟这里预估的年度投入差不多。尽管如此，十年过去了，我们仍然没有系统地、有组织地向鸟类保护投过钱。也许当前基层环保运动的兴起，将有助于使世界各国政府更加重视环保问题。

与此同时，自下而上的保护项目也有积极的案例，其中值得一提的是"乐观保护"（Conservation Optimism），一个倡导积极变革、促进有效行动的全球社群。其背后的动机是，希望和乐观可以为做出改变提供动力，这也许比压倒性的悲观失望更有效。我赞同这种观点，所以希望这本书能激发你去发现自然世界的乐趣。也许它可以引导你以更实际的方式探索如何帮助自然。一个好的开始可能是加入当地的野生动物组织，参与公民科学项目，如有关鸟类或大黄蜂的调查，或学习如何使你的周遭环境对野生动物更友好。这些小小的事业能让你与自然产生联系，同时也能帮助保护研究的进展。同时，尽量有意识地去反思自己的生活方式——从你去哪里旅行和买什么，到你在社交媒体上发布的内容（见关于蜂猴的章节，97页，它解释了为什么这一点很重要）。我们生活的世界超乎想象地紧密联系在一起，你的行动、选择和决定将会对世界的另一端产生影响。

*

但让我们先回到本书。任何与动物学者为友的人都会证实，动物学者肯定会降低每次谈话的格调。现在，在写了整整一年的《现代动物寓言》后，我的搜索引擎结果也反映了这一点。从乌贼的性行为，到海参的臀部，再到熊猫的哺乳，我花了无数个小时研究动物生活中最恶心和最奇怪的方面。而且，我深深享受受这每一分钟。

以下是我在写作过程中学到的：

微软 Word 的同义词库太拘谨了，找不到"发生性行为"（having sex）的替代品。

· 同上，"放屁"（fart）。

· 同上，"屁股"（butt）。

· 同上，"大便"（poop）。

· 不论如何，它坚持将"单孔目"（monotremes）更正为"独角戏"（mono-dramas），世界不得不重新对鸭嘴兽的艺术能力进行评估。

· 物种的科学名称真的很有用，特别是当你试图查找有关鲱鱼（herring）交流的论文时，会发现计算机通信领域最重要的专家刚好就叫 S.C. 赫林 （S. C. Herring）。

· 花了足足两天时间写作草原犬鼠复杂语言的章节，却发现这项研究在一年前已经被狠狠推翻，能与这种挫败感相匹敌的，恐怕只有该项研究的作者本身的挫败感了。

· 寻找蜜蜂是否乱伦的信息非常棘手，因为每个搜索引擎都将"蜜蜂 乱伦"（bee incest），替换为"蜜蜂 昆虫"（bee insect）与此同时，搜索"雨燕＋脚趾"（swift＋toes）会蹦出来无数张歌手泰勒·斯威夫特（Taylor Swift）穿凉鞋的图片。

· 给阔别多年的翼手目动物学者朋友打电话，只是问他们关于蝙蝠生殖器的细节，这没有什么好羞耻的。

· 给阔别多年的古典学学者朋友打电话，只是确认"dolichophallus"确实翻译为"长阴茎"，也没有什么好羞耻的。

· 我的同行研究者非常乐于助人——每当我向他们索要支持、阐释或资源时都及时提供了帮助。我收到来自加拿大的爬行动物学家、中国的古生物学家、波兰的昆虫学家和瑞典的进化生态学家的建议。我甚至能在一位滞留在鲁滨孙·克鲁索岛上的鸟类学者去野外工作的路上给他打电话。我（两次！）与一位新认识的人在朋友的聚会上讨论蛾和蝙蝠，结果发现他是研究生物多样性的专家。我被看似不妥的照片淹没，直到我意识到这些照片实际上拍的是曳鳃动物门的蠕虫。

我希望这个列表足以表明，动物学作为一个学科是多么有趣。我前面提到在选择哪些动物应该被包括在这本书中时遇到了一些困难。而最后，我借鉴了近藤麻理惠（日本空间规划师）的选择方法。我会看着每个物种，问自己：写这个生物的想法是否激发了快乐？我希望你在认识我选择的这些动物时，能体验到和我写作时一样的快乐。

我是在2021年构思这本书的，那是一个疫情大流行的艰难年份。专注于书稿为我提供了急需的逃避，我从中贪婪地吞噬关于动物的事实、故事和令人愉快的细节。那一年，我还创作了另一个"作品"：写书过程中，我生下了一个属于自己的小兽。

当我同时哺育着胎儿宝宝和纸张宝宝时，我那书稿出版时才五岁的大女儿，也在尽她最大的努力帮我抚养这两个宝宝。她一边帮婴儿洗澡和换尿布，一边坚持为我代笔章节（"ya zui shou 不是 niao 但它也下 dan"）和"改进"插图——勤快地给插图上色。虽然我没怎么采纳她指定我去写的物种，但亚马逊河豚（见123页）是她的想法。

我希望你喜欢这本关于动物的书——如果你确实喜欢，根据目前已描述的物种数量，你还能期待潜在的14000本续集。

按语

人类通常喜欢确保一切都被整洁有序、分门别类地放到小盒子里——科学家尤其如此。在生物学中，将动物放入按概念分类的小盒子里的过程，叫作分类学。生物分类的分类层级包括：种、属、科、目、纲、门、界、域。这一切听起来很好很整洁，但动物往往不会乖乖地被分类归档。因此，在本书中，我有时会使用更广泛的分类单元——因为我很难从一个属、科、目或门中选择一个物种；另外，物种其实不是真正合格的概念，因为物种的划分有点模糊，比如钝口螈。

当我提到多个物种时，请注意，"Antechinus spp."指的是"Antechinus 属中的几个物种"。相比之下，"Antechinus sp."表示 Antechinus 属中的某一个未指定的物种。

本书选择的物种，根据它们生活的区域分成三部分：地上、水下、空中，然后按名称的字母顺序排列。我明白其中许多动物跨越了不止一种生活区域，有时甚至跨越了这所有三个区域，但通过这种安排，我想展示分类群的多样性，它们有一些共同的生理、行为或生态适应性。

EARTH

宽足袋鼩（Antechinuses）

宽足袋鼩属（*Antechinus* spp. [1]）

　　宽足袋鼩体型小，尾巴长，鼻子尖，眼睛小而明亮。如果你将它们跟老鼠混为一谈，那也情有可原。不过相比于啮齿动物，这类小动物与考拉的亲缘关系更为密切。宽足袋鼩，又称有袋小鼠，是澳大利亚的有袋动物，这个属有15个种类，体重在16—120克之间。它们捕食无脊椎动物，偶尔也吃水果。食物稀缺时，有袋小鼠还会捕食小型鸟类或小型兽类。在进食过程中，它们会把受害者的尸体从里到外掏出来，啃得干干净净，留下外翻的皮作为盛宴的见证。更瘆人的是，雄性宽足袋鼩还拥有最骇人的爱情生活。它们简直是，交配至死。

　　进入冬季，有袋小鼠开启彼此同步且非常激烈的交配狂

1　标题下多为物种的拉丁文学名，保留原文；对于某些统指某一纲、目的整个物种或特指其中一个物种的情况，则提供中文译名。

欢。在此期间，雄性只专注于交配，毫不在意进食或休息之类的琐事。它们只有一个目标：传递基因。最终它们将献身于此。雄性宽足袋鼩可能不太浪漫（它们根本没有求偶行为：直接抓住欲望对象的后颈，动作粗野，甚至可能扯掉交配对象背上的几块毛发）。至于耐力嘛，它们就像金霸王小兔子[1]。宽足袋鼩一次交配可以持续十四小时——而这仅仅是第一次交配……

经过一到三周精疲力尽的交配，雄性的身体开始崩坏。一边要无休无止地交配，一边又要击退其他坚定而贪婪的竞争者，雄性倍感压力，于是睾酮水平上升，导致体内压力激素皮质类固醇增加。无法控制的皮质类固醇泛滥成灾，从而削弱免疫系统，使得花花公鼠的血液和肠道更容易感染寄生虫，或是肝脏遭到细菌感染，以及发生胃肠道溃疡和内出血，最终走向死亡。仅仅在几周内，雄性就大量死亡，导致宽足袋鼩的种群数量减半。

这种"打炮至死"的繁殖策略，人称"单次繁殖"（semelparity，这个词来自拉丁语。semel，表示"单次"，而pario，意思是"成为父亲"），是具有进化意义的。整个种群同时进入大规模的繁殖狂潮，雌性可以在春季或夏季最容易捕获食物的时节养育宝宝，而雄性也不会与年轻一代竞争食物。让它们同时沉浸在爱情中的因素是太阳——更确切地说，是日

1　金霸王兔子是金霸王电池广告中的一只拟人化粉红色宾尼兔，这款电池以其电量续航时间持久而出名。

照时长的变化。白昼延长暗示食物会在几周内变得丰富而充足。对于宽足袋鼩属的不同物种，食物供应的高峰期有差异，于是交配季节也错落不齐。有趣的是，如果几个物种生活在同一地区，它们会错开繁殖季节，避免直接竞争。比如，体型较大的物种黑宽足袋鼩（*Antechinus swainsonii*）比体型小的敏捷宽足袋鼩（*A. agilis*）更早开始繁殖。

在宽足袋鼩的爱情关系中，雄性特别重视"坚贞不渝、至死方休"，而雌性一般能生养两次，偶尔三次——但每次都是单亲妈妈。宽足袋鼩的育儿袋只是一片下垂的皮肤，弱小无助的新生儿就像葡萄一样挂在母亲的乳头上。在大约五周的时间里，妈妈都会笨拙地拖着孩子，一刻不离地尽最大努力保护它们。一个半月后，幼仔变得独立——下一个冬季来临时，病态的约会游戏将再次开启。

指猴（Aye-aye）

Daubentonia madagascariensis

咚，咚！是谁呀？是"哎！"哎什么？"哎哎"，这种生物如此令人憎恶和恐惧，无人敢说出它的真名。

事实上，指猴的俗称一直神秘难解。与其他狐猴的俗名不同，"哎哎"并非拟声词——它并不是模仿这种动物发出的响声。有一种假说认为，这个词来自马达加斯加语中的"heh heh"，意思是"我不知道"——这很可能是为了避免叫出这种不祥的灵长类动物的名字。人们坚信，"哎哎"意味着恶兆——不管是预示着死亡，还是直接导致死亡——只要被它看到，就会惹上麻烦。

平心而论，看一眼"哎哎"（尤其在夜间它们正活跃时）就足以让任何人坐立不安。其他狐猴往往毛发蓬松，可爱极了，眼神也天真无辜，这个生物看上去却像是一只被闪电击中的猫。马达加斯加的法国殖民者认为它是魔鬼的产物，因为"它有兔牙、猪毛、狐尾和蝙蝠耳"。他们提出一些有说服力的理由：能够持续生长且形似啮齿动物的牙齿，使得动物学家一度认为它们是大松鼠。这些动物毛发杂乱粗糙，通体灰黑，密生毛发的长尾巴长度超过 20 厘米。它们的耳朵过于硕大。此外，还长着"恶魔之眼"——而且还是两只：作为夜行性哺乳动物，"哎哎"的眼睛巨大，像是炫目的车前灯。总之，是一副多少有些精神错乱的长相。

不过，它最怪异可怖的特征也许是手掌。按比例来说，跟任何灵长类动物相比，这种狐猴的手掌都是最长的，占到前肢的 41%。"哎哎"的第四指特别长，超过手掌总长的三分之二，但其实它的第三指才是最不寻常的。这根手指跟铁丝一样干瘦，却得益于一个杵臼关节，灵活得令人难以置信。它可以独立于其他指头自由活动，还能弯曲到与手背成直角。第三指非常纤细，"哎哎"通常把它放在第四指上，始终保持着手指交叉。

这根特别的中指是用来敲击木头的——一种敲击式觅食行为。在完全黑暗的环境中，"哎哎"用瘆人的中指指甲轻轻地敲击树枝和树干——速度高达每秒 8 次，令人印象深刻——并用蝙蝠般的耳朵仔细听察含有蛴螬的空洞。然后，它用利牙啃穿树木表层，用万能的中指取出幼虫。就这样，"哎哎"正好扮演了马达加斯加所没有的啄木鸟的生态角色。

"哎哎"是杂食性动物，不光吃蛴螬，还很乐意食用水果、花蜜、坚果和菌菇。它们食性多样，这就解释了一个更有趣的适应性能力：它们酒量不错。如果给"哎哎"提供不同酒精含量的花蜜饮料，这些狐猴会选择最能酩酊大醉的那种。这可能是因为，它们习惯取食旅人蕉轻微发酵的花蜜，而且也是使用那根独特的尖细手指。

在马达加斯加某些地区的村庄里，人们认为"哎哎"会用纤细的手指割破人的喉咙，或者认为当"哎哎"指向某个人，就预示着他将死亡。于是，"哎哎"被人们视为灾星，有时一出现就被当场杀死，甚至被倒挂在路边，让过往路人把厄运带离村子。不幸的是，随着栖息地迅速丧失，"哎哎"们发现自己越来越靠近人类的居住区，尤其是在受到村庄农场里的芒果、甘蔗或鳄梨的诱惑时。

当然，这种灵长类动物已经备受厌恶和恐惧，掠夺农作物无益于改善它的公众形象。然而，"哎哎"根本不是什么厄运的超自然预兆，只不过是毛发蓬乱、眼神疯狂的醉鬼，四处游荡着寻找可以用它的小手指抓取的食物：它或许不是你想在黑夜里偶遇的生物，但全然人畜无害。

香蕉蛞蝓（Banana slugs）

香蕉蛞蝓属（*Ariolimax* spp.）

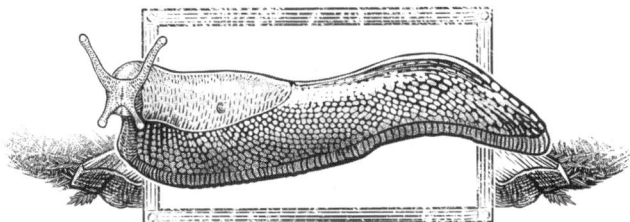

　　猜猜什么东西长约 15—25 厘米，状似香蕉，触感非常润滑？没错——正是香蕉蛞蝓！幼稚的你是否想到了别的答案？没关系，这仅仅说明你像动物学家一样思考，他们最喜欢看奇怪动物的奇怪生殖器。

　　香蕉蛞蝓属的五个物种都生活在北美洲西部，而且尤其偏爱阿拉斯加到加利福尼亚一带潮湿的海岸森林。作为分解者，它们是红杉树生态系统的重要成员，以真菌、碎屑、枯死植被、粪便和腐肉为食。这些蛞蝓拥有香蕉成熟过程中的一系列颜色，从绿色或亮黄色到棕色，或几近黑色，有些还带有斑点。就像香蕉一样，它们的颜色随着年龄的增长而改变，也会随着水分、食物和光照变化而改变。然而，跟香蕉不同的是，香蕉蛞蝓的不同物种主要是通过私密部位的结构区分的。

　　就像大多数腹足类动物一样，这些形似水果的软体动物是同时雌雄同体[1]的：每只蛞蝓都自豪地拥有肌肉发达的阴道与输卵管，同时还有可伸缩的中空阴茎。其中，修长香蕉蛞蝓属物种的生殖器跟身体一样长，其学名"A. dolichophallus"直译过来是"长长的阴茎"。这还不算，19世纪美国蛞蝓学者亨利·皮尔斯布里和爱德华·瓦拿塔报道过一种神奇的新物种——这个物种完全没有阴茎；他们还给新物种起了一个完全没有想象力的名字：Aphallarion[2]。他们没有意识到，Aphallarion并非独立的新物种，而是一只普通的香蕉蛞蝓，只是做爱时发生了一点不幸——大约有5%的蛞蝓会发生这种情况。

一般来说，香蕉蛞蝓的性爱不像床虱或扁虫的交配那样充满攻击性（见39页和193页），而是充满了和平与合作。两只蛞蝓以69姿势排列妥当，等待生殖器从头部的小孔中膨胀、弹跳出来（拜托，这里就别开龟头的玩笑了），然后使用单方或双方的阴茎连接彼此，交换精子。交配行为长达数小时，然后，阴茎要么顺利释放，要么经过大量伸展、拉扯和转动后才能拔出，要么……永远卡住。面对这种尴尬局面，香蕉蛞蝓只能诉诸终极大招："阴茎啃噬"（apophallation），也就是咬断伴侣的阴茎。

由于蛞蝓是一种行动极其缓慢的生物，因而咬断阴茎需

1　雌雄同体分为同时雌雄同体和非同时雌雄同体。前者指雌雄两套生殖器官在同一生殖季节发育成熟，后者只能先后成熟，这样能避免自体受精，防止物种退化。

2　A-phall-arion=Arion ohne Penis（意为没有阴茎的阿里翁）。

要花费几个小时。从被咬的蛞蝓疯狂扭动的状态，不难猜到，这个过程非常疼痛，因为阴茎正被去势者的带状齿舌缓缓刮断，并在这漫长的过程中渐渐萎缩。咬断对方阴茎的蛞蝓最终会吃掉阴茎。显然，不能白白浪费所有这些痛苦。被去势的蛞蝓无法再生出阴茎，不过可以作为雌性个体参与繁殖，将精力投入产卵中。这对它的对象来说可能是件好事，因为增加雌性蛞蝓的密度会减少竞争。如果双方都被卡住了（或许是出于报复？），那么去势是相互的。

蛞蝓求偶的关键是润滑，因为它们会用黏液痕迹所含的信息素吸引配偶。就像 KY 凝胶一样，香蕉蛞蝓的润滑剂是包裹成一团的小颗粒：其中含有黏蛋白和蛋白质，遇水后体积会膨胀数百倍。它既是润滑剂也是黏合剂，兼具固体和液体的特性。黏液好用得令人难以置信，不仅能用来寻找爱情，还有助于运动和抵御捕食者（一口黏液不仅味道恶心，还会麻痹舌头），甚至能帮它们挺过干旱时期。

不管是因为令人兴奋的鼻涕状黏液的物理特性，还是因为它们喜欢留下"爱的咬痕"的癖好，加利福尼亚大学圣克鲁斯分校将香蕉蛞蝓选为官方吉祥物——随你怎么想。

大耳狐（Bat-eared fox）

Otocyon megalotis

如果有一些蓬松的毛皮，四条长腿，一条毛茸茸的尾巴，一张灰色小型犬的脸，再加上一对大耳朵——你就会得到一只大耳狐，犬科动物中最特殊的成员之一。

当你看见这只狐狸时，首先映入眼帘的是那对耳朵——尺寸约为11—13厘米，占身高的三分之一。它们如此突出，以至于两次出现在这种动物的学名中。属名 *Otocyon* 源于希腊语，"*otus*"即"耳"，"*cyon*"是"狗"；种加词 *megalotis* 也源于希腊语，"*mega*"是"大的"，"*otus*"是"耳"。[1] 耳朵很大的狗。但是它们的耳朵为什么这么大？

一个原因是为了调节温度。这些耳朵的皮肤相对较薄，大量血管贴近表皮，有助于散热。另一个原因（最好用《小红帽》中大灰狼的说法）是"为了更好地听清你说的话呀"。

1　双名法中物种名的第一部分为属名，第二部分为种加词。

大耳狐以白蚁为食。它们不是通过嗅闻或用眼睛寻找，而是通过倾听声音发现白蚁。尽管白蚁本身不发出什么声音，但大耳狐那巨大的灰色蝙蝠耳却足够敏锐，可以捕捉到它们在地下的一举一动。

这种形似小飞象的犬科动物喜欢口感松脆、富含昆虫的食物，这需要大量的咀嚼。幸运的是，大耳狐有整整一嘴尖牙——比大多数哺乳动物都要多：多达 50 颗。颌骨中还有一块特别改进过的二腹肌，使得大耳狐能非常快速地开合嘴巴，速度高达每秒 5 次。除了咀嚼昆虫，它们也食用水果（尤其是浆果）、脊椎动物（如蜥蜴、小型哺乳动物和雏鸟）。如果碰到尸体，它们也会大快朵颐。

大耳狐有两个亚种，一个发现于非洲东部，另一个发现于非洲南部。前一个亚种主要在夜间活动——如果你试图在黑暗中狩猎，一对大耳朵将大有用途——但后一个亚种在冬季会改变习性，变成昼行性，这可能是因为白蚁在较为温暖的白天更加活跃。有趣的是，在白天捕猎时，大耳狐会引来众多食虫性鸟类的注意，如南方蚁䳭、冕麦鸡或白翅黑鹐。鸟儿们发现这种狐狸可以找到昆虫，于是把大耳狐的存在视为餐厅的招牌。幸运的是，它们很少发生争执——食物充足，见者有份。

大耳狐是群居动物。狐群从两只到十五只不等，通常由一对夫妻及其成年幼崽组成，或者是由一只雄性、最多三只雌性及其幼崽构成的稳定家庭群体。群体成员一起休息和觅食，经常互相梳理毛发，一同玩耍。爸爸们亲力亲为照顾孩子，除了喂奶，几乎参与育儿的方方面面。幼崽出生后前十四周，父亲们会比母亲们投入更多时间保护巢穴和幼崽。大蝙蝠耳爸爸和宝宝们挤在一起，为它们做清洁，把它们带在身边，陪它们觅食——相比之下，妈妈大部分时候会远离窝洞出门觅食，以保证母乳的产量。这些温和友善的犬科动物不仅耳朵大，在团队合作上也大放异彩。

褐家鼠（Brown rat）

Rattus norvegicus

褐家鼠的拉丁名 *Rattus norvegicus* 意为挪威鼠，不过它们其实起源于亚洲，很可能来自中国或蒙古国。由于适应性强，它们的族群已经散布到除南极洲外的所有大陆，几乎遍布人类生活的每个角落。这些啮齿动物与我们的关系十分复杂：它们是有害生物，也是同伴；是疾病的携带者，也是实验室研究的模式动物[1]；是一些人的主食，也是另一些人的食物禁忌。而且，由于它们无处不在，它们在世界各地的神话和故事中也不可或缺。

在中国星相学中，老鼠名列十二生肖首位。相传，这个序列是由动物到达玉皇大帝宴会的先后顺序决定的。老鼠骗牛让自己搭便车，但快到玉皇大帝那里时，老鼠跳了下来，

1　为了揭示某种具有普遍规律的生命现象，生物学家会选定一些物种进行科学研究，这种被选定的生物就是模式动物。

比牛早一步到达，赢得了比赛。啮齿动物因此成为智慧、野心和无情的象征。褐家鼠确实很聪明，但事实证明，它们比中国传说中的形象更具有共情能力。

我们如何判定老鼠是否有共情能力呢？芝加哥大学一个研究小组让这些褐家鼠尝试解救困在小笼里的同类。即使没有与任务相关的特定奖励，实验鼠也会不断尝试解救被困的朋友。事实上，当面临释放笼中的伙伴还是打开装有巧克力片（一种深受老鼠喜爱的零食）的容器的选择时，老鼠会选择前者。不仅如此，它们事后还会分享巧克力片。

当老鼠处于更紧张的环境中（被浸泡在水中）时，人们也观察到类似的行为。老鼠浸泡在水中是非常痛苦的，而在实验装置中，只有当同伴打开通向干燥地面的门，受困的老鼠才能从水池中逃脱。同样，当面临释放同伴还是获取巧克力豆的选择时，褐家鼠又一次选择了提供帮助。更重要的是，如果救援鼠之前有过被浸泡的经历，它会更快地释放笼中伙伴。共情能力大爆发！

但这种共情能力只存在于老鼠之间吗？老鼠会拯救陷阱中的非啮齿类动物吗？目前还没有专门针对牛进行这项研究（以反驳中国神话），不过加州大学圣地亚哥分校的一项研究，检验了老鼠是否可以与……机器鼠成为朋友。这些机器鼠体型小，可移动，具有老鼠的外形。有的机器鼠是"社交性的"，可以通过遥控与老鼠互动、玩耍或将老鼠从笼中解救出来。有的是"非社交性的"，以预先编程好的方式随机移动。像对待真老鼠一样，实验鼠会将机器鼠从陷阱中"解救出来"，并且更倾向于解救社交性机器鼠。

　　老鼠与科技的交互，不仅限于跟机器鼠嬉戏。弗吉尼亚州里士满大学的研究人员教会了老鼠驾驶微型汽车。鼠车并不复杂，由一块铝板和三个转向铜杆组成。老鼠司机抓住铜杆时，就形成一个启动汽车发动机的电路。驾驶员可以通过触碰左杆或右杆来改变方向，中间的杆可以驱动车辆前进。在零食（迷你棉花糖）的帮助下，老鼠逐渐学会驾驶更长距离，使车辆转向，并把车停在食物源附近。更重要的是，老鼠不只是个熟练的司机——坐在方向盘后消磨时间实际上让它们很放松。研究小组测量了老鼠粪便中的激素水平，即应激激素皮质酮，以及可以消除压力的脱氢表雄酮。他们发现，老鼠接受驾驶培训的时间越长，粪便中脱氢表雄酮的比例越高，它从压力中恢复的能力也就越高。有趣的是，乘坐遥控汽车的老鼠比司机的压力指数更高。显然，焦虑的后座司机现象不仅限于人类。

蚓螈（Caecilians）

蚓螈目（order Gymnophiona）

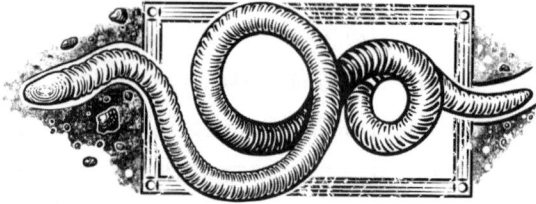

在两栖动物中，青蛙和蟾蜍最受关注。火蜥蜴和蝾螈偶尔被提及。但几乎无人知晓的是，两栖动物还有第三个目：蚓螈。

蚓螈是什么？可以想象一下一只巨大的蚯蚓，再加上一条脊柱。最小的蚓螈身长仅 10 厘米左右，可能会被误认为蠕虫。最大的蚓螈，如汤普森蚓螈长达 1.5 米，长得很像蛇。与蛇不同的是，它们的皮肤既光滑又黏糊糊，身上没有覆盖鳞片。但是，为了适应细长的身体形态，蚓螈有一个特殊的性状：和蛇一样，它们的右肺比左肺大一些。唯一的例外是无肺的伊氏真蚓（又名"阴茎蛇"，虽然它既不是阴茎，也不是蛇），它们直接通过皮肤呼吸。

人们在南美洲、中美洲、非洲和南亚这些热带地区均发现了蚓螈。它们以无脊椎动物为食，比如蚯蚓、白蚁和蚂蚁。蚓螈生活在地下或水下，视力不太好，几乎只能辨别明暗；还有些种类的蚓螈眼睛已经退化。这一特征体现在它们的名称上，Caecilian 源于拉丁语 "caecus"，意思是 "瞎子"。或许真正令人惊讶的是，这些视线模糊的小瞎子也能成为非常敬业的母亲。大多数蚓螈是胎生的，也就是说，它们会产下活的幼仔；另外，还有约四分之一的蚓螈是卵生的。最近发现的印度蚓螈属于奇蚓科（Chikilidae[1]）。在卵的孵化过程中，雌性印度蚓螈几乎不吃不喝，持续看护两到三个月。还有些种类的蚓螈在产期护理方面更为敬业，它们会给孩子提供一种营养丰富（但或许有些令人反胃）的食物：它们自己的皮肤。

孵卵时雌性蚓螈的皮肤厚度会增加 1 倍，而且像哺乳动物的乳汁一样富含脂肪。孵化后，蚓螈宝宝就可以开始享用皮肤盛宴了，而这可能是它们生命最初几周唯一的食物。蚓螈宝宝用特化[2] 的勺状乳牙撕下一片片皮肤；当宝宝们扭动着为那些最美味的皮肤争抢不休时，它们的母亲一直镇定自若。这种盛宴每隔几天发生一次，让母亲的皮肤有足够的时间再生。随着孩子的成长，母亲的体重渐渐下降（一周内约下降 15%）。

人们最早在肯尼亚的泰塔非洲蚓螈身上观察到食皮行为（dermatotrophy，出自希腊语，"derma" 意为 "皮肤"，"trophy" 即 "营养"）。在地球另一头的南美洲，另外两种蚓螈

1　Chikila 一词在当地部落语中意为蚓螈。
2　指物种适应于某一独特的生活环境而使某一器官过于发达的一种特异适应情况。

33

也为幼仔提供皮肤食用。此外，环状虹吸蚓螈在此营养大餐的基础上发展出了更有诱惑力的补品：来自母体泄殖腔（位于臀部）的两种排泄物，一种呈液体状，另一种有些黏稠。如果你家孩子吃青菜时不情不愿，那么这一定是值得一提的晚餐小故事。

关于蚓螈的生活方式、栖息地和生理习性的研究还很少。根据国际自然保护联盟 2020 年发布的《濒危物种红色名录》（即 IUCN 红色名录），高达 40% 的两栖物种正面临灭绝危机。同时，约有 17% 的被归为"数据不足"，换句话说，缺乏足够的数据来评估它们遭受灭绝的威胁程度。不幸的是，这些物种并非免受灭绝威胁，只是人类对这些动物缺乏兴趣和了解，无法评估它们的现状。对蚓螈来说，这种现象更为明显：IUCN 红色名录中包括 183 种蚓螈，有 52%（95个物种）缺少数据。在更加了解这些迷人的动物之前任其灭绝，将是一大憾事。

椰子蟹（Coconut crab）

Birgus latro

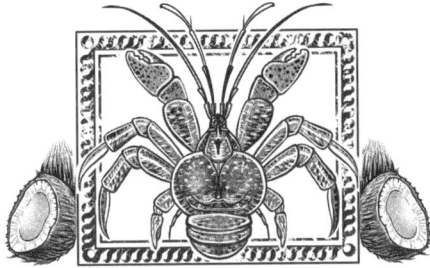

过来吧，听听一位无畏海盗的故事，它曾在热带天堂引起恐慌。但是注意：这个故事可不适合胆小鬼。

实际上，这是一个关于岛屿、棕榈树和一种残忍无情的螃蟹的故事。这种螃蟹比其他任何螃蟹都要大，秉承着真正的海盗作风：挑衅、掠夺和杀戮。瞧，它就是椰子蟹。这种甲壳动物重达 4 千克，蟹足伸展开可达 1 米以上，既是最大的陆生节肢动物，也是最大的陆生无脊椎动物。西方科学家最早从海盗弗朗西斯·德雷克那里听闻这种动物，德雷克在环球旅行中渐渐熟悉了这个物种。同时，查尔斯·达尔文称这种螃蟹是"怪物般的"——这当然是暗示它的危险性。这些无脊椎动物世界中的大力士可轻松举起 28 公斤的重物。体型最大的椰子蟹，其蟹钳的咬合力高达 3300 牛，堪比鬣狗的牙齿。

椰子蟹和寄居蟹有亲缘关系——正如它们的祖先一样，

幼年时期的椰子蟹也居住在腹足类的甲壳中。然而，一旦成年，它们就会离开壳中小家，依靠坚硬的钙化外骨骼和巨型钳子保护自己。事实上，正是因为离开隐居之壳，才促进了巨型蟹钳的诞生：离开束手束脚的蜗牛壳似的碉堡，它的身体（钳子以及其他所有部位）才能长到令人印象深刻的尺寸并获得相应的力量。

强大的蟹钳不仅能用于防御，还能用于获取食物（而食物通过嗅觉来定位）。椰子蟹，顾名思义，能够打开椰子——不过它们走的不是木板[1]，而是棕榈树。爬树时，它们用"手脚"紧紧抓住树干。这些甲壳动物通常以水果、坚果、种子和其他植物为食，但它们其实是杂食动物。如果有机会，椰子蟹也很乐于吃肉。若是没有捡食的机会，它们就会狩猎。据报道，这些螃蟹能杀死老鼠，也会趁鸟类睡觉时发起攻击，用致命的钳子折断鸟的翅膀，然后把鸟吃掉。只需要强有力地"握个手"，椰子蟹便可以轻易碾碎最大的骨头。而且，它们也不介意偶尔来点同类相残。

不去捕杀毫无反击之力的鸟类时，这种巨型甲壳动物就四处劫掠。椰子蟹别名"强盗蟹"，又名"棕榈神偷"——这毫不稀奇，因为它们常常从人类手中抢走东西。正如大家熟知的，它们偷过盆子、鞋子、手表以及照相机；而这些寄居蟹，不仅干过夹着威士忌酒瓶偷溜的事，甚至还在一次气势

---

[1] 作者此处借英文中"走木板"（walk the plank）与海盗的潜在关联呼应前文中将椰子蟹比作海盗，传说海盗会逼迫那些他们不要的人从木板上走出去，掉入海中淹死。——编者注

汹汹的张牙舞爪中，从军警手中夺走了枪支。我们尚不清楚它们为何会如此频繁地盗窃——可能是因为新鲜玩意的气味特别，它们视其为潜在食物，需要加以调查。

这些强盗蟹生活在印度洋和太平洋部分地区的珊瑚环礁上，其中圣诞岛的种群密度最高。它们很可能在幼年时期就扩散到了所有偏远小岛，因为只有幼年螃蟹有航海能力。在海上生活三到四周后，幼蟹便会搬到陆地上居住；一旦长大，它们就失去了游泳能力。繁殖期的雌蟹在涨潮期朝海洋中产卵时，需要格外小心，因为一旦被波浪打入水中，它们就会淹死，最终成为鲨鱼的点心。

在它们征服的一个岛屿上，这些"棕榈神偷"还可能背负了另一个恶名。一些历史学家猜测，著名飞行员阿米莉亚·埃尔哈特在太平洋某处坠机后，有可能被椰子蟹吃了。这件事尚无定论——但以椰子蟹的海盗作风，"食人"也不是不可能的。

床虱（Common bed bug）

Cimex lectularius

怎样能精确无误地惹恼一位昆虫学家？把实际上不属于半翅目 [1]（即蝽类昆虫）的东西称为"虫子"（bug）。虫子的识别标志是极具特色的"喙"——能够穿刺和吸吮的特化口器。大多数半翅目昆虫都用这个器官来吸取植物的汁液，但也有一些偏好不那么素的食物：鸟类和兽类的血液。

有些"虫子"并非虫子，比如"爱虫"实际上是苍蝇，"五月虫"是甲虫。不过，床虱（即臭虫）名副其实：它们属半翅目，常见于世界各地的酒店、医院或火车的床上。它们与人类纠缠了四千多年，亚里士多德和普林尼的著作中都有床虱的身影。

这些扁平的褐色小虫会用喙刺破宿主的皮肤。为了尽可

---

1 半翅目的得名是因为它的前翅与众不同：前半部分为革质，后半部分为膜质，革质的部分比较坚韧，可以保护它的身体。中文一般称之为蝽或椿象，英文为 bugs 或 true bugs。

能高效地进食，它们的唾液还含有能促进血液流动的抗凝剂和血管扩张剂。它们还会注射止痛剂，以示友善……不过更可能是为了避免挨打。

床虱主要根据三条线索寻找宿主：温度（恒温动物最好发现）、二氧化碳浓度（来自毫无戒心的受害者呼出的空气），以及各种体味，比如汗液或皮脂。不同于很多无脊椎寄生虫，床虱不在宿主身上生活，只在进食时短暂接触宿主，之后躲到安全的隐蔽处，以免被意外压扁。它们大约每周进食一次，但食量相当大，床虱喝完血后体重是原来的3倍。极端情况下，这种动物可以不吃不喝存活5个月左右。有趣的是，它们骇人的胃口还受到侦探们的重视：床虱60天内喝的血中能够提取人类DNA，这对取证大有用处。

但是，吸血为生、侵扰人类住处或帮助识别死人身份，都还不是这个物种最可怕的地方。事实证明，恰恰是床虱的爱情生活启发了萨德侯爵的写作灵感。

这是怎么回事？雌性床虱具有功能齐全的生殖道，但雄性床虱在与其交配时完全弃之不顾。它们用极其尖锐的性器官（暂且命名为皮下阴茎）刺穿雌性床虱的腹部，再刺入卵巢。这个过程会给雌性床虱造成严重创伤，甚至致其死亡，因此，也被恰当地命名为"创伤性受精"。雌性床虱发育出一种特殊结构作为盾牌——受精储精器（spermalege），以减少伤口和感染。精子通过血淋巴（对昆虫来说相当于血液）到达精巢精孢群（即特化的精子存储单元），然后被储存起来，直至雌虫受精。雌虫一天可产数个卵，一生可产数百个卵，因此仅仅一位母亲就很容易使得原先没有床虱的区域爆发床虱。

求偶？得了吧！床虱根据体型挑选配偶：雌虫一般体型较大，所以对雄性床虱来说，个头大就等于美。雄性一旦识别到任何看上去符合择偶标准（床虱体型和移动方式）的东西，都会试图交配。如果一只刚刚饱餐一顿的雄虫碰巧出现，也会成为另一只雄虫激情的牺牲品。不幸的是，对于被刺入的一方来说，同性结合通常是致命的——这可能是肠道损伤导致的，因为雄虫缺乏盾牌似的受精储存器。被交配的雄虫可能会启动"强奸警报"，即释放床虱痛苦信息素以驱赶性侵者。

其他形式的虫虫性交？跨越物种的恋情？当然出现过，尽管产生后代的机会微乎其微。乱伦？那也没事：床虱似乎对近亲繁殖有很强的适应力，而一群床虱往往始于一只已交配的雌虫。至于多个性伴侣，床虱当然也不会在意！毕竟，这或许是它们成功繁衍生息的关键原因之一。

红斑尼葬甲（Common sexton beetle）

Nicrophorus vespilloides

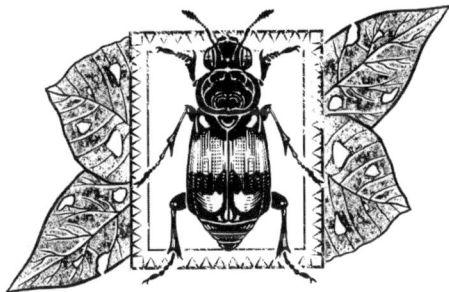

　　全世界约有 200 多种葬甲，主要分布在温带地区。它们属于葬甲科，又称"节肢动物中的亚当斯家族"[1]：阴森恐怖，怪异吓人，令人毛骨悚然。

　　作为该类群中被研究得最透彻的物种之一，红斑尼葬甲是一种长 1—2cm，黑橘配色的美丽昆虫。就像真正的亚当斯家族成员一样，病态的事物对它们有着致命的吸引力。葬甲是自然界中的送葬者。你可以在动物尸体周围找到它们，因为它们是食腐性甲虫——它们吃腐尸。红斑尼葬甲利用棒状触角上的化学感受器定位小动物的尸体（通常是啮齿类动物或鸟类）；它们可以在一具尸体死后 24 小时内发现它，即使相隔数公里。鉴于尸体对葬甲的吸引力，它们在法医学研

1　称呼源自《亚当斯一家》（英文名：*The Addams Family*），是 1991 年上映的哥特黑暗治愈系电影。

究中发挥着重要作用（就像床虱，见38页）。根据死者遗骸上发现的葬甲的发育阶段，我们可以估算尸体的死亡时间。

跟亚当斯家族一样，红斑尼葬甲也有关系紧密的家庭。父母一起照看小孩，在通常对双亲家庭避之不及的昆虫世界中，这可不寻常。事实上，雌雄葬甲都能成为非常称职的单亲家长。伴侣失踪的雄性可以独立抚养一窝孩子，就像单身母亲或一对夫妻所能做的那样。但无论单亲还是双亲家庭，红斑尼葬甲都以一种非比寻常的方式育儿：把动物尸体当作粮仓和托儿所。

找到一具尸体后，父母会综合评估其大小和腐烂情况。如果尸体符合质量标准，它们就赶走竞争对手——甲虫和其他食腐者。然后，这对夫妇开始处理尸体，给后代做好准备——在尸体下面挖坑，将尸体掩埋起来，同时剪去皮毛或羽毛，再将尸体团成一个球。一旦埋好尸体，雌虫就在周围产卵。为了抑制腐烂以及散发出的吸引竞争者的气味，红斑尼葬甲用具有抗菌功能的唾沫和肛门分泌物来浸渍尸球。埋藏尸体是为了防止幼蝇侵扰，而浸渍这种化学措施则可保护尸体免受真菌和细菌分解。

幼虫孵化时，妈妈和爸爸会照看它们，保护它们（以及营养丰富的尸体）免受天敌侵害。父母在预先准备好的腐肉球中咬出一个开口，方便幼虫进入。幼虫可以直接在阴森可怕的粮仓中进食，也可以由父母喂食——成虫预先消化尸体碎片，再反刍喂给孩子。幼虫用腿触碰父母的口器来乞食，较小的幼虫比哥哥姐姐更频繁地用这种方式讨食。然而，乞讨亦有代价——纠缠过多可能会被父母吃掉！成虫根据尸体粮仓的库存量来调整育雏数，以保证尽可能多的后代存活——年纪较大的幼虫存活几率更大，因此享有长辈的偏爱。在这种策略下，小家伙会尽可能诚实地报信，只在真的很饿时才乞食。这种让孩子守规矩的方式，毋庸置疑是有效的。

侧斑鬣蜥（Common side-blotched lizard）

Uta stansburiana

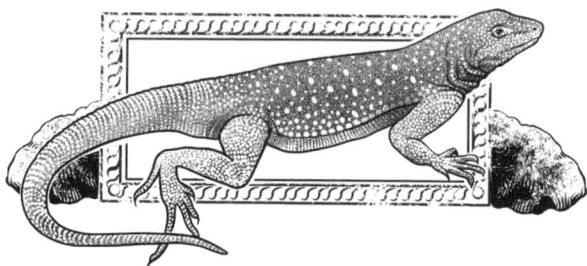

　　爱情可能是一场游戏，但很少有人会把它想象成"石头剪刀布"。然而，来自美国西部及墨西哥北部干旱地区的小型爬行动物侧斑鬣蜥的爱情生活却与这种游戏十分类似。

　　"石头剪刀布"很有意思，是因为两个对家总有一个赢家（石头克剪刀，剪刀克布，布克石头），却没有常胜将军——每个招式都有优缺点。类似规则也适用于侧斑鬣蜥的社会。该物种的雄性有 3 个变种，看喉部的颜色就可以轻易区分开来。橙喉型最具优势：它们的睾酮含量爆棚，攻击性强，领地大，占有着多个配偶。蓝喉型是配偶守卫者：它们攻击性较弱，领地较小，会看守雌蜥蜴——但容易被"大男子主义"橙喉型攻击并侵占领地。最后是黄喉型，喉部有黄色条纹的雄蜥蜴，它们不会苦心经营领地，而是诉诸进化生物学家约翰·梅纳德·史密斯所说的"偷摸策略"。善于模仿的黄喉雄蜥蜴会悄悄溜进另外两种色型雄蜥蜴的领地，以狡猾的手段跟雌蜥蜴交配。橙喉型很容易上当受骗，因为它们的领地太大，没办法随时随地看住所有雌蜥蜴。但蓝喉型会奋力捍卫自己的配偶，它能立即发现并赶走鱼目混珠者。结果，攻击性强的橙喉型夺走蓝喉型的配偶，蓝喉型则会看守住雌蜥蜴，不给黄喉型可乘之机，黄喉型则鬼鬼祟祟地给橙喉兄弟戴了绿帽。

侧斑鬣蜥很少能活过一个交配季节。因此，在进化的"石头剪刀布"比赛中，谁繁殖了最多的后代谁就是赢家。然而，这种奇怪的橙蓝黄僵局也因此走向了平衡：以5年为一个周期，不同颜色型在种群中轮番占据主导地位。

即使没有唯一的赢家，雄蜥蜴也在这场游戏中开辟了诸多赛道。黄喉型在各个层面上都很狡猾：它们利用雌蜥蜴储存精子这一特性，在伴侣体内的比拼中表现优于其他两种竞争者。这可能是因为黄喉型的精子寿命足够长，即使供体死后也能存活下来，从而使其后代的数量超过其他两种。而另一方面，蓝喉型会相互合作（"我们蓝同胞要团结起来！"），保卫领地免受鬼鬼祟祟的黄喉型的威胁。有趣的是，这些蓝队友在基因上虽有相似之处，但它们并非亲戚。相比于"独狼"蓝喉型，抱团的蓝喉型繁衍和养育后代的成功率要高出3倍。同时，橙喉霸王采取相反的策略：它们选择离其他橙色同类尽可能远的地点作为领地，以提高繁殖成功率（并且减少竞争）。

同时，雌性侧斑鬣蜥能在一个繁殖季内产下多窝卵。它们也有自己的比赛。雌蜥蜴的喉部有两种颜色：橙色或黄色。橙色型产下的卵小而多，黄色型产下的卵大而少。在密度较低的种群中，前者更受青睐，因为产下的后代更多；而种群密度较高时后者会获胜，因为它们的宝宝质量更高，更有竞争优势。这场雌性比赛每两年举行一次。

尽管如此，并非所有侧斑鬣蜥种群都有三种色型。基因重建表明，"石头剪刀布"已循环往复了数百万年，但在没有外力干扰的情况下，某些颜色类型的消失发生过 8 次——由此还产生了新的物种或亚种。最容易消失的是黄色型——虽然有过全蓝色或全橙色的种群，但"黄色小偷"从未大获全胜。看来，作弊似乎并非能稳赚不赔。

穴兔（European rabbit）

Oryctolagus cuniculus

虽然有持续生长的超大门牙，但穴兔其实不是啮齿动物。自 20 世纪初以来，科学家一直把它归入兔形目，与野兔和形似仓鼠的鼠兔并列。尽管门牙令人印象深刻，但穴兔与啮齿动物不同——穴兔的上切牙有四颗，而不是两颗，后面还有两颗短粗的小牙齿（即"第二上颌门牙"）。这种牙是穴兔和野兔的共同特征，但这两类动物的繁殖和生存策略有所不同。

全球约有 30 种穴兔，32 种野兔。从生态学角度看，野兔采取"速度导向"的生活方式。遇到危险时，它们迈开长长的四肢跑赢追逐者，最高时速可达 72 千米／时。它们生活在开阔地形中，包括沙漠、草原或苔原，只有简陋的栖身之地，所以必须奔波不停。因此，幼年野兔——未满周岁的小兔子——生来早熟，也就是发育得相当完善：浑身被毛，眼睛已经睁开，能够自己移动。它们不得不赢在起跑线上——

所谓的育婴园只是地表一片洼地，徒有其名。它们的生存策略是学会隐身，一旦暴露就飞速逃离。

相比之下，穴兔幼仔可谓晚熟：无毛、失明、一无所能。因为受到地下巢穴或遮盖严密的藏匿处的保护，它们才能够这样晚熟。穴兔的腿比较短小，生活方式是慢节奏的。面临危险时，它们的策略是躲避和掩护，而非逃跑。穴兔和野兔都实行放养式教育——父亲几乎不关心孩子，而妈妈每天也只照看五分钟左右，喂一大口营养充足的奶水。对于穴兔来说，这五分钟是幼仔唯一得到的母性关爱。经过三周的快速哺乳，幼仔断了奶，母亲也开始准备生下一窝。

穴兔（所有家兔品种的祖先）繁殖力强且从不挑食，在人为引入的地区造成了大麻烦。最引人注目的案例是澳大利亚。19世纪中叶，人们在那里释放了几十只穴兔，到1926年时增加到100亿只，遍及澳洲大陆的大部分地区。穴兔与当地野生动物争夺食物和栖息地，它们的好胃口将地表植物洗劫一空，导致水土流失；而且它们还啃食树皮，破坏树苗。有趣的是，虽然穴兔如此有害，以至于人们还采取了生物防治措施（如今数量已降至2亿只），但IUCN红色名录却将该物种列为……濒危物种。这是因为在它们的老家伊比利亚半岛，由于疾病肆虐、栖息地枯竭，穴兔的数量正在迅速下降。结果呢，穴兔的消失也给几乎完全以穴兔为食的物种——濒临灭绝的伊比利亚猞猁（*Lynx pardinus*）——带来了麻烦。

同时，尽管穴兔是食草动物——但《彼得兔的故事》和其他经典著作没有提到的是，穴兔还是食粪动物。食粪现象在草食动物中并不罕见，不过穴兔必须吃自己的粪便，否则就会营养不良。实际上，它们已经演化出两种粪便：食物第一次通过消化系统时，以"盲肠粪"的形式从肛门排出。盲肠粪是一种无须咀嚼的软便，兔子每天直接从尾巴下方摄入这种粪便（这是人们不常见到这种软粪团的原因）。食物第二次通过消化系统时，以坚硬、圆形、没有营养价值的颗粒排出，这些粪粒散布在穴兔家园各处。通过这个过程，兔子能从全素食谱中获得最多的营养：一顿饭吃两次真是太妙啦！

面螨 (Face mites)

Demodex folliculorum, Demodex brevis

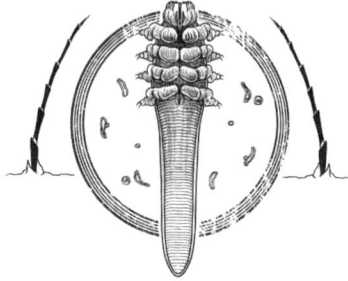

"你永远不会独行!"利物浦足球俱乐部的球迷唱道。这句话事实上远比他们意识到的更真切。

面螨,即毛囊蠕形螨 (*Demodex folliculorum*) 和皮脂蠕形螨 (*Demodex brevis*),指的是那些三分之一毫米大的蛛形纲动物。螨如其名,这些面螨生活在人类的面部。不过,先别着急冲洗额头和鼻子;这些小型节肢动物是人类身体"本土动物园"中非常正常的一种存在——不仅是利物浦的球迷脸上,我们每个人脸上都有。这些螨虫形如蠕虫,身体前端有八条腿。毛囊蠕形螨体型较大,成群地生活在毛囊中。皮脂蠕形螨喜欢独居,生活在皮脂腺内。它们最喜欢皮脂(皮肤油脂)和表皮细胞,用蜘蛛一样的口器抓取并吃掉这些食物。为了占据最佳就餐位置,它们选择住在皮肤的油性部位:鼻子、脸颊、额头和下巴。不过,它们也可能住在更靠下的胸部或生殖器上。1843 年,英国生物学家理查德·欧文把这个属命名

为 *Demodex*。*Demodex* 来自希腊语"*dēmós*"，意为"脂肪"，以及"*dex*"，意为"令人厌烦的蠕虫"，很好地概括了螨虫的外形和喜好。

像许多其他动物一样，这些微小动物也在夜间活动，白天休息。我们睡觉时，它们会离开庇护所，以每小时 16 毫米的速度悠闲地散步，寻找配偶。一旦找到配偶，这些螨虫就在我们的眉毛、胡须或其他毛囊的入口附近甜蜜地交配。随后，雌性会回到安全的皮脂腺产卵，这些卵会在 60 小时内孵化。在成虫期前，幼虫先后孵化为原若虫和若虫。总而言之，这些小小的蛛形纲生物只能存活两周到两周半。由于没有肛门，面螨的排泄物就在腹部积累。当它们死亡并在皮肤毛孔里崩解时，一辈子的排泄物就会一股脑儿地爆出来。

人类是这两种螨虫的专性寄主，因此我们与它们的关系相当特殊。它们是生活在我们皮肤中最大、最复杂的生物。大多数情况下，螨虫是无害的，不算寄生虫，而是被归类为共生生物（commensal，来源于"com"，意为"在一起"，而"mensa"意为"桌子"）。这意味着，面螨虽然在我们皮肤上讨生活，但对我们既没有帮助也没有伤害。然而，一旦有机会，无辜的蛛形纲生物就会黑化成寄生虫。对健康的人来说，免疫系统会控制螨虫的数量，但免疫功能不全的人往往携带更多螨虫，最多甚至达到健康的人的 10 倍。对玫瑰痤疮（症状为皮肤发红、红肿、可见血管）患者来说，螨虫数量的增加尤为严重。事实上，玫瑰痤疮很可能是螨类粪便中的细菌引发的。更糟糕的是，玫瑰痤疮带来的压力会改变皮脂的化学成分，使其对螨虫更有营养，导致螨虫数量倍增，进一步加重病情。

面螨是绝对的平等主义者——你可以在全球各地各族人民的身上发现它们。携带螨虫的可能性随年龄增长而提高；儿童天生无螨，长大后从成人那里获得螨虫。还记得童年那位热情得吓人、总要亲你的阿姨吗？是的，她应当为你身上的寄生虫负责。成年人的感染率在 20%—80% 之间，老年人则达到 100%。你想问你被感染了吗？嗯，"螨"有可能的。

大熊猫（Giant panda）

Ailuropoda melanoleuca

　　大熊猫可能是熊科动物中最独特、最奇异的成员。和其他熊类一样，大熊猫也是食肉目动物——然而，似乎它对此并不知情，因为它的饮食以植物为主，几乎只吃竹子。由于种种原因，这种食谱会带来许多麻烦。首先，尽管大熊猫有着非常特殊的素食偏好，但它的消化道类型仍然属于食肉动物，而且还缺乏完全消化竹子所需的基因。在肠道微生物的帮助下，大熊猫只能消化摄入食物的 17% 左右。因此，为了满足能量需求，大熊猫需要摄入大量食物（每日最高可达体重的 45%）。这意味着它们的生活几乎以进食为中心：每天大约需要花十四个小时觅食。有需要的话，其他熊类每天能将热量摄入从 8000 卡提升到 20000 卡，但大熊猫只能达到每天 5000 卡（还会消耗其中的 3500 卡）。因此，它们无法为冬眠、怀孕或哺乳储存大量脂肪。

　　其次，这导致它们的注意力一直集中在下一顿饭上，也难怪熊猫很少有心情做其他事情。大熊猫的平均产仔数是所有熊类中最少的，繁殖率往往较低，在圈养条件下繁殖也非常困难。其中最首要的一点是，在它们的时间表中安排合适的交配是非常棘手的事情：雌性每年只有一次为期三天的发情期。然而此时，雄性要么缺乏性冲动，要么攻击性过强。在圈养条件下，人们会为准备好"双熊行"的雌性提供一系列精挑细选的雄性嘉宾。如果所有雄性都没能打动它，饲养员便只能诉诸人工授精。

尽管困难重重，但得益于中国和世界各地保护主义者的决心，大熊猫的"造熊工程"取得了巨大成功：截至2016年，大熊猫不再被列为濒危物种。大熊猫能够成为保护工作的官方象征是件好事，因为它成为优秀父母象征的机会相当渺茫。熊猫父亲对后代毫无兴趣——事实上，它们从不跟孩子见面。同时，雌性熊猫作为母亲也很漫不经心，它们有时会不小心坐在幼崽身上，将它们压死。这也难怪，与100公斤的妈妈相比，幼崽小得可怜：体重在120克左右——相当于一只仓鼠。熊猫母亲和幼仔的体型相差900倍，差距是所有有胎盘类哺乳动物中最大的。

大熊猫经常生下双胞胎，不过它们往往采取冷血的独生子女政策。母亲会挑出两只幼崽中更强的个体，将注意力集中在它身上，而忽略另一只，导致弱势幼崽死亡。平心而论，竹子中营养物质很稀缺，熊猫母亲确实几乎不可能同时为两个幼崽提供足够的奶水。从能量消耗的角度来看，专注喂养一只健康的幼崽比失去两只幼崽要好。

值得庆幸的是，被圈养的大熊猫能得到一整个高度专业化的保姆团队：动物园饲养员、兽医和研究人员。其中一只幼仔可能一出生便立即被人类接手看护，这让熊猫妈妈相信自己只有一个孩子。之后，幼崽每天被交换数次，确保都能得到母乳。

如果大熊猫妈妈完全不能照顾孩子，幼崽将由饲养员照顾，妈妈则需接受母性行为训练。这种辅导课是在一只玩具熊猫的帮助下进行的，而这只玩具熊猫曾浸泡过熊猫幼崽的尿液，并能播放幼崽的录音。有时，饲养员会给雌性熊猫挤奶，以维持母乳产量，等待有朝一日母子重聚（如果它终于想当母亲的话）。对保护的投入真是无穷无尽：想象一下，给一只100公斤的熊猫挤奶！

幽灵竹节虫（Giant prickly stick insect）

Extatosoma tiaratum

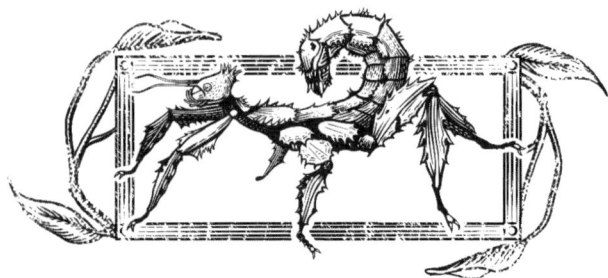

　　啊，詹姆斯·邦德的间谍小道具嘛！它由英国特勤局研发部门聪明的 Q 提供，总能使 007 摆脱困境。如果存在可以媲美邦德和 Q 的天才发明武器库的动物，那肯定是幽灵竹节虫。在潜伏方面，这种澳大利亚食叶节肢动物的装备非常精良，足以让任何特工相形见绌。

　　跟竹节虫科的所有成员一样，幽灵竹节虫能利用视觉伪装融入周围环境。它们又称"澳大利亚手杖"，形状类似树叶。根据栖息地的不同，竹节虫的颜色要么与干枯的树叶相似，要么在较高海拔地区与地衣相似。如果长时间保持不动，隐身就可以很好地发挥作用，因为移动会让精心进化的服装显得多余。如果它们藏身处的其他树叶都在随风飘荡，那就不妙了，因为在移动背景下保持静止也会非常显眼。值得庆幸的是，幽灵竹节虫发明了在运动中隐藏的机制：感觉到更强的空气流动时，它们就开始用腿摇摆身体，使自己看起来更像真实的树叶。

这种潜伏策略仅限于成虫，但"澳大利亚手杖"的间谍工具箱的最大特点，是拥有适配每个生活阶段的策略。竹节虫的生命始于一颗卵，被妈妈从树上扔到地上。顺便说一句，除了惊人的美貌，竹节虫女郎和邦女郎并无相似之处。如果雄性竹节虫不在身边，竹节虫女郎不会沦为陷入困境的少女，而是通过单性生殖自行产卵。诚然，产卵数没有那么多，但有总比没有好。蚂蚁非常喜欢这些卵，常常捡起来带回巢穴，在巢中吃掉富含脂质的外层，再把其余部分扔进废物堆。在废物堆里，卵经过几个月的时间便孵化出来。小竹节虫刚孵化出来时，看起来非常像蚂蚁，有橙色的头和褐色的身体，动作迅速。它们甚至会卷曲腹部，使自己看起来更像蚂蚁。这种蚂蚁拟态（即拟蚁现象，也见于部分跳蛛，见62页）能迷惑依赖视觉的捕食者，如鸟类或爬行动物。通过这种方式，当被称作若虫的幼体迅速爬向成虫的树冠家园时，可以得到保护。

若虫仅在生命的最初几天看起来像蚂蚁。若是继续发育，它们会越来越像成年竹节虫。尽管如此，在最初的特工生涯中，它们还会使用其他绝活：除了披上蚂蚁伪装，幼崽还会滑翔（当一条腿，或是六条腿滑倒时，这可是有用的保险）；如需穿过池塘，它们甚至可以在水面上行走。

当这些"手杖"蜕皮并拥有成虫特征时，可以看到该物种具有明显的两性异形[1]特征——也就是说，两性在外形和防

1　即一种生物的雌雄两性有着明显的外形差异。

御策略上有所不同。雌虫体型较大，体长可达 20 厘米。它们是"虫高马大"的"带刺玫瑰"，遇到危险时，还能把后肢当成钳子来攻击敌人。雄性体型较小，最长不过 12 厘米，体若修竹；它们长着翅膀，既可以飞离危险，也可以作为警告方式，不经意间吓人一跳。此外，当受到威胁时，竹节虫会蜷缩多刺的腹部，假装成蝎子，还会发出咔哒声。最重要的是，它们的口器可以产生一种化学分泌物，气味有些出乎意料，就像……太妃糖。我们只希望，在詹姆斯·邦德系列的下一部电影中，007 能在水上行走，在树冠上滑翔，遭遇恶棍时散发出淡淡的焦糖气味。

琉球钝头蛇（Iwasaki's snail-eater）

Pareas iwasakii

谁要来一份蜗牛？这个问题会有数量惊人的蛇举手回应——如果它们有手的话。这类捕食软体动物的蛇属于食糊者（goo-eaters）类群。是的，食糊者是爬行动物学者的术语，它们以一切黏糊糊的东西为食：蜗牛、蛞蝓、蠕虫，偶尔还吃两栖动物的卵。如果不介意黏液（以及在饭后孜孜不倦地在地面擦拭嘴巴），吃口蛞蝓是很容易的。吃蜗牛却是个问题——它们是预先包装好的。有些蛇处理有壳的食物（如鸡蛋）时，会用惊人的深渊巨口吞下这类食物，在体内将其压碎，然后把壳吐出来。食糊者的技巧则要精妙得多：利用自身的一系列适应性特征弄出蜗牛而不破坏外壳——对没有手指的生物来说，这绝非易事。

一些食糊者，如美国热带地区的云纹蛇（Sibon nebulatus），使用"拖拽术"取出蜗牛。这种方法与人们在法国餐馆吃法式蜗牛的方法并无二致，当然，除了没有人会给蛇用蒜香黄油烹饪蜗牛。这种爬行动物用嘴牢牢咬住蜗牛的头部，然后沿着地面拖动，直到找到合适的物体卡住蜗牛的壳，例如树枝或尖石头。这种抓钩装置相当于小酒馆的蜗牛钳，可以将食物固定住。然后，蛇用尾巴将自己牢牢地固定在地面上，弯曲身体的肌肉，并使用蜗牛叉——灵活但结实的颚——把食物拉出来。瞧瞧这波操作！

在世界的另一端，东南亚的以蜗牛为食的钝头蛇类，比如琉球钝头蛇，将蜗牛叉又精进了一步。为了取食不对称的猎物，它们进化出了不对称的下颚。

就像人类一样，蜗牛有右撇子（右旋）和左撇子（左旋）之分。不过对软体动物来说，"惯用手"是指它们的壳盘旋的方向。盘旋方向会影响内脏器官（包括生殖器）的位置，从而导致右旋蜗牛和左旋蜗牛的生殖隔离。因此，某种旋型会在一个区域中占主导地位，因为找到匹配的配偶后会生下更多具有相同盘旋方向的蜗牛。由于右旋蜗牛普遍存在于世界各地，因此，对于专门吃它们的蛇来说，做好适当的准备意义重大。事实上，琉球钝头蛇就是这么做的：它的右下颌骨上有 26 颗牙齿，而左下颌骨上只有 18 颗。这种蛇能够独立移动这两块颌骨，因此在抓住蜗牛后，它们能通过交替缩动左右下颌骨，巧妙地将蜗牛从壳中分离出来。

这种不对称机制对右旋蜗牛非常有效，不过如果这些蛇要去抓左旋蜗牛，就变得非常困难。这意味着，在有琉球钝头蛇的地区，左旋蜗牛处于优势地位。由于左右旋转是由单个基因决定的，所以对右旋蜗牛的捕食实际上充当了进化驱动力，加快了左旋蜗牛的比例增长。事实上，这种蛇对右旋蜗牛的捕食，导致东南亚地区左旋蜗牛具有高度多样性。

琉球钝头蛇很少遇到左旋蜗牛，也不知道如何取食它们。不过，更常遇到左旋蜗牛的其他钝头蛇，更擅长评估潜在的猎物是否以正确方式盘旋，并调整自己的方法，以节省时间和取食的精力。这一切表明，剥开蜗牛的方法不止一种。

跳蛛（Jumping spider）

Toxeus magnus

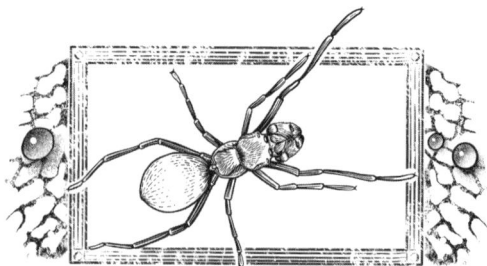

　　跳蛛是蜘蛛家族中数量最多的类群，占所有蜘蛛的13%（6000多种）。它们通常体型较小，身长在1至25毫米之间。跳蛛也是所有蜘蛛中最可爱的，它们从正面凝视你的大大的主眼，就像小狗的眼睛。这不是为了讨好对手——跳蛛的视觉是所有无脊椎动物中最敏锐的。除了两只主眼，它们还有六只眼睛，其中一对位于后脑勺，赋予跳蛛360度的视野。

　　凭借这样顶尖的装备，跳蛛是能耐好得令人难以置信的日间捕食者。它们不会结网诱捕猎物；相反，它们利用多种埋伏和跟踪技术，对受害者发起猛击。然而，当它们跳跃时——跳跃距离约为50倍体长——会将一条线拴在身体底下作为安全绳，以防万一。有时，它们会用丝线把自己降到不知情的受害者身上。它们也会沿着复杂的路径追逐猎物，即使暂时看不到猎物，也会坚持下去。

一些跳蛛与其他蜘蛛的关系相当不好——它们会闯入结网蜘蛛（如圆网蜘蛛）的网，偷走被困的昆虫。不过，为什么要止步于此呢？这些狡猾的猎人还会慢慢走在网上，用腿和触须发出轻微的振动来模仿被捕昆虫。网的主人为晚饭匆匆奔赴而来，却成了跳蛛的主菜。

被吃掉的不仅是结网蜘蛛，其他跳蛛也会出现在菜单上。正因如此，一些跳蛛演化出一种永久性的万圣节服装，模仿其他无脊椎动物，如蚂蚁、甲虫或黄蜂。某些跳蛛专吃蚂蚁，但蚂蚁拟态，或者说看起来像蚂蚁（又见幽灵竹节虫，56 页），通常有助于避免遭到捕食：蚂蚁强大的咬合力和化学防御能力使它们成为危险的猎物。这些蜘蛛的模仿往往非常唬人——它们不仅有一个使自己看起来更像蚂蚁的"假腰"，还会挥动前腿模仿蚂蚁头上的触角。然而，一种会模仿蚂蚁的台湾蜘蛛，即大蚁蛛（*Toxeus magnus*），却出于其他原因与众不同——它给幼蛛喂奶。

好吧，这种奶跟哺乳动物的奶或许不大一样，因为蜘蛛没有迷你乳头或用于吸吮的嘴唇。但蜘蛛的奶确实是一种高营养物质，其蛋白质含量是牛奶的 4 倍。在幼蛛孵化出来的头二十天里，即便蜘蛛妈妈没有带回任何额外食物，幼蛛在这段时间的体型也能增加 3 倍多。

这种有益健康的淡黄色分泌物来自母亲的上腹沟（腹基部有一开口，用于产卵）。起初，它将液滴沉积在巢内，供刚孵出的幼蛛饮用；幼蛛一周大时，就直接从它的腹部吸吮。第一天起就喝不到奶的幼蛛无法存活，而断奶稍晚的幼蛛，比如到第三周再断掉母乳的话存活几率更高。溺爱孩子的母亲在孩子成年很久后依然提供母乳。相比于女儿，儿子们会更早地断奶，然后被赶走，这可能是为了避免近亲繁殖。与幼蛛共同生活时，母亲会清理和修复巢穴，降低家人感染寄生虫的风险。哺育并给成年后代子女清洁身体？是啊，跳蛛把无私奉献的母性带向了新的极端。

马陆（Millipedes）

倍足纲（*class Diplopoda*）

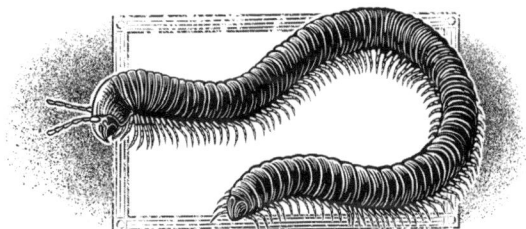

　　动物界中腿最多的爬行动物，当属多足亚门的节肢动物：马陆和蜈蚣，分别为"千足"和"百足"。扁平的肉食性蜈蚣实际上不止"百足"，不同物种的蜈蚣的腿数从 30 到 382 条不等（奇怪的是，蜈蚣的腿总是奇数对）。相比之下，温顺的腐食性马陆（倍足纲有 12000 个物种）虽称千足虫，但腿数远不到一千，可以说名不副实。也许马陆应该称为双百足虫，因为它们的身体节段成对融合，每个节段的腿数都是蜈蚣的 2 倍。然而，在 2021 年，随着对冥后真千足虫（*Eumillipes persephone*）的发现和描述，"千足"之誉终于变得名正言顺。冥后真千足虫发现于澳大利亚，拥有惊人的 1306 条腿，比地球上任何其他生物都多。

　　每次马陆蜕皮，体节数量都会增加，这一过程称为增节变态。多节身体——还有所有的腿——能帮助马陆更有效地挖洞。某些物种的马陆体节的总数是固定的，但还有一些物种与老式诺基亚手机上的"贪吃蛇"有着惊人的相似之处：活得越久，获得的体节就越多。作为一个分类群，马陆比诺基亚3310手机要古老得多。鉴于在苏格兰发现的纽曼尼呼气虫化石可以追溯到大约4.14亿年前的泥盆纪早期，马陆是记录中最古老的呼吸空气的陆生动物。

最长的马陆是巨型非洲千足虫，体长超过33厘米；最短的马陆只有几毫米长。这些马陆身体形状各异，从柔软的簇状刚毛马陆，到椭圆形的圆球形马陆，再到长长的蠕虫状马陆。有一种马陆的拉丁文名"*Crurifarcimen vagans*"非常形象，直译过来就是"游动的火腿肠"。

这种"火腿肠"运动缓慢，习惯独处，但并不像人们望文生义的那样可以食用。理论上马陆会被昆虫、鸟类、爬行动物、两栖动物和哺乳动物捕食，但它们有许多物种会分泌难闻的防御性化学物质来保护自己。这些物质包括醛、醌、氯、碘或氰化氢，对潜在的捕食者具有毒性、刺激性或镇静作用。有毒的物种通常带有警戒色（警戒态），所以尽管大多数马陆呈黑色或棕色，但有些马陆会呈现出耀眼的粉红色或亮红色。

驱虫分泌物可能是把双刃剑。尽管驱虫分泌物旨在威慑，但一些哺乳动物，如猫鼬、卷尾猴或狐猴，会故意啃咬和刺激马陆，促使它们释放有毒物质。随后，这些动物用唾液和马陆分泌物的混合物涂抹自己，就像使用马陆牌乳液一样。大多数动物会使用这种分泌物作为药物或驱虫剂。然而，有些狐猴（例如黑狐猴）咀嚼马陆只是为了体验醉醺醺的快感。红额狐猴的伤害则更加带有侮辱性，它们会用臀部、生殖器和尾巴摩擦马陆 ——可能是为了消除胃肠道的寄生虫。

并非所有动物与多腿节肢动物的关系都如此一言难尽。一些马陆是蚁冢动物——它们与蚂蚁关系密切。行军蚁似乎特别喜欢马陆，因为马陆以蚁巢中的泥土、霉菌和有机碎片为食，可以免费提供清洁服务。当行军蚁移动到新地点时，马陆勤务兵会作为纵队的一部分跟随行进。如果勤务兵们落后了，它们仍然能够循着蚂蚁留下的化学痕迹赶上蚂蚁军团。有时候，马陆甚至是由工蚁搬运的——显然，腿再多也保证不了走得足够快。

钝口螈（Mole salamanders）

钝口螈属（*Ambystoma* spp.）

　　"女人不需要男人就像鱼儿不需要自行车"是 20 世纪 70 年代女权主义的口号，由伊琳娜·邓恩提出。但或许还有一个更贴切的类比，即全为雌性的钝口螈：它们在没有雄性的情况下已经生活了 500 万年。

　　钝口螈是北美的蝾螈属动物，包括 32 个物种，其中有著名的墨西哥钝口螈。32 个物种？嗯，差不多吧。在性生活方面，我们倾向于把四足动物看作简单的生物：一位母亲、一位父亲、几个孩子，就像任何一个"正统"的物种那样跟自己同类保持一致；然而钝口螈击碎了这种幻想。对分类学家和进化生物学家来说，它们绝对是一场噩梦，因为美国五大湖地区居住着一个全雌性的谱系。

　　读到这里，人们脑海中跳出的第一个想法是：它们怎么可能存活下来？有性生殖在整个动物界中几乎无处不在，最大的优势是基因重组——不同个体的遗传物质混合在一起，能产生多样化的种群。多样性为自然选择提供了更大的空间，当灾难来临时，至少有一些个体能够幸免于难并适应环境。尽管如此，有些物种的繁殖方式却在这种经典的有性途径之外。例如，有些动物可以无性繁殖，在没有任何来自其他有机体的遗传物质的情况下自我复制。但全为雌性的钝口螈并不完全如此——它们是单性的。

单性生殖脊椎动物共有 80 种左右，它们采用三种繁殖模式，分别是：孤雌生殖，也就是卵在没有受精的情况下发育；雌核发育，和第一种非常相似，但需要精子来激活卵子发育（尽管精子的遗传物质对后代没有贡献）；最后是杂合发育，卵细胞会受精，但雄性基因不会遗传给后代。单性生殖的钝口螈采取的策略是雌核发育：需要精子来启动卵子的产生过程。为了繁殖，它们诉诸基因窃取：从生活在同一地区的四种雄性蝾螈身上窃取精子。雄性蝾螈通常会存放小型的精荚，以供雌性受精，然而单性生殖的钝口螈女士们则偷偷拿走精子激发生殖，然后丢掉精子，它们更倾向于产生自己的克隆体。这就罢了，更复杂的是：钝口螈有时会将来自其他物种的雄性基因整合到后代中，相当于遗传中的"自选混搭"——而这会产生非常复杂的基因组。

人类得到两组基因，一组来自母亲，一组来自父亲，这使我们成为二倍体。但单性生殖的钝口螈可以是三倍体、四倍体，甚至五倍体。它们可以将附近几个不同物种的雄性基因组合到一个卵子中。这种做法，好比是你的 DNA 中不仅含有妈妈和爸爸的基因，还含有大猩猩、黑猩猩和红毛猩猩的基因。这种基因组的混搭彻底摧毁了传统的物种概念。

我们怎么知道所有这些单性蝾螈实际上并不属于四个独立物种？线索就在线粒体 DNA 中，这种 DNA 只遗传自母亲，可以巧妙地确定母系血统。就钝口螈来说，单性钝口螈的线粒体 DNA 是相似的，但与四个"亲本"[1]物种都不同，后者的遗传物质在进化历史的不同阶段都有所体现。有趣的是，单性繁殖的钝口螈非常成功。在某些种群中，它们的数量比有性繁殖蝾螈的数量多出 1 倍。或许，钝口螈才是女性力量的最初代言？

1　亲本，参与杂交过程的雄性和雌性个体的统称。

山地树鼩（Mountain tree shrew）

Tupaia montana

　　树鼩可不是鼩鼱，也并非都生活在树上。这些小型的褐色哺乳动物，原产自东南亚，像是尖鼻子的松鼠。在分类学上，它们独一无二，自成一目（树鼩目），是灵长类动物最近的亲戚之一。它们的脑体比[1]是哺乳动物中最大的——是的，比人类还要大。正因如此，再加上它们的寿命（9—12年）比实验室啮齿类动物长，树鼩已被用于调查心理压力、近视、病毒性肝炎和阿尔茨海默病的生物医学研究。然而，在野外，树鼩却肩负着截然不同的责任。其中一种树鼩，来自婆罗洲的山地树鼩，与植物有着非常特殊的关系。

　　大多数时候，植物与动物的关系比较单一：动物吃植物。但有时也会出现反转。植物历难已久——它们的生存需要氮或磷等元素，但由于不能移动，植物难以获得这些元

1　即大脑占身体的比重。

素，因在养分贫乏的热带土壤中时尤其如此。于是，为了补充营养，一些植物开发出创造性的解决方案——例如，与共生细菌或真菌成为朋友。为了增加饱餐一顿的机会，许多植物诉诸动物常用的花招：食肉。捕蝇草采用夹捕机制将苍蝇锁在叶片之间，茅膏菜将昆虫粘在叶片黏稠的表面上，猪笼草则用改良过的叶子制成陷阱来捕获毫无戒心的昆虫。但是，原产于婆罗洲的猪笼草属植物中，有几个物种以出人意料的方式丰富了它们的肉食食谱。

马来王猪笼草没有采用常见的光滑、轻质、陷阱式的捕虫笼，而是开发出更宽、更大、更坚固的容器。更重要的是，它的"盖子"能产生丰富的黄油状的花蜜。这是用来做什么的？难道它们的猎物比昆虫还大吗？有时确实如此——马来王猪笼草是已知能捕食哺乳动物的三种猪笼草之一，可以捕获小型两栖动物和爬行动物。不过，这并不是它形成独特适应性的主要原因。

马来王猪笼草与山地树鼩有一个有趣的交易。树鼩是杂食动物，主要以节肢动物和水果为食，但和人类一样，它们也有点偏爱甜食。为了获得猪笼草分泌的甜蜜"黄油糊糊"，它们必须跳到捕虫笼（足够坚固，可支撑体重超过150克的动物）上。酒足饭饱后，树鼩排出粪便，正好落在捕虫笼（现已成为树鼩小马桶）内。在适应性原理的鬼斧神工下，这种植物已经进化出与树鼩臀部完全匹配的尺寸。这种宽边厕所非常安全舒适：孔口的形状和盖子的方向都会迫使树鼩跨坐在猪笼草上，确保它能完全瞄准。对植物来说，非常幸运的是，树鼩会排出极具营养的肥料；这是因为树鼩从食物中提取的营养较少，吃下的食物不到一个小时就快速地通过肠道。这项交易非常成功，采用相同方法的另一个物种，劳氏猪笼草，可从树鼩粪便中获取其生长所需 57% 到 100% 的氮。

树鼩利用气味腺标记它们最喜爱的猪笼草"服务站"。它们主要在白天到访，到了晚上，这里就成了巴鲁大家鼠的便盆。作为附加信号，猪笼草会提供特殊的视觉线索让这些丛林"服务站"更加显眼，即采用树鼩可见的蓝绿色波段并以更明亮、对比更鲜明的色彩突出盖子的底部，而以昆虫为食的猪笼草不会这样做。

这生动地揭示出：吾之粪便，彼之盛宴。

弹涂鱼（Mudskippers）

虾虎鱼亚科（subfamily Oxudercinae）

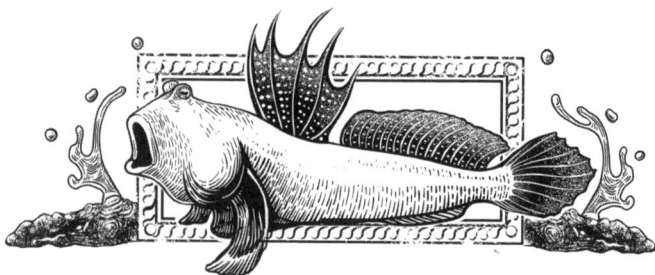

　　"我的字典里没有不可能"据说是拿破仑·波拿巴的名言——不过这句话似乎也是弹涂鱼的座右铭，它们不会因为自己是鱼就放弃爬树和攀岩。

　　弹涂鱼是生活在红树林中的热带物种，属于虾虎鱼亚科，与虾虎鱼有亲缘关系。有些弹涂鱼拥有相当传统的学名：例如，许氏齿弹涂鱼（*P. schlosseri*）是为了纪念荷兰医生和博物学家约翰·阿尔伯特·许洛瑟；裸峡齿弹涂鱼（*P. freycineti*）是致敬法国探险家路易斯·德·弗雷西内；扎帕钝牙虾虎鱼（*Zappa confluentus*）则是为了致敬音乐家弗兰克·扎帕，"因为他清晰而睿智地维护了美国宪法第一修正案"。

　　弗兰克·扎帕为言论自由挺身而出，向他致敬的弹涂鱼同样顽强：任何事情都无法阻挡它们。在所有两栖鱼类中，它们是最适应陆地生活的，可能 90% 的时间都不在水里。没有肺？没关系。它们要么通过大鳃室中储存的水进行呼吸，要么用皮肤呼吸——直接通过口腔和喉咙的内壁。只要保持湿润，它们无所不能。

脱水怎么办？弹涂鱼有一个行为提供了解决方案：定期在泥浆中打滚，保持身体润滑；此外，它们很少会待在离水超过一分钟远的地方。不那么活跃时，它们躲在充满水的洞穴中，并在那里繁殖。因为弹涂鱼建造住所的泥浆缺少氧分，且涨潮期间，泥浆会被水覆盖好几个小时，所以青弹涂鱼这样的物种会提前储备氧气。它们的洞穴呈 J 形，上翘的部分跟地表不相连，弹涂鱼利用这一点来制造空气室。弹涂鱼先用外面的新鲜空气充满口腔，然后跳进洞穴释放空气团——每分钟多达 15 次——这是在为潮汐做准备。

没有脚怎么在陆地上行走？咳，凑合着用鳍呗。弹涂鱼的胸鳍有类似肘部的关节，可以推动身体向前移动，就像是人拄着拐杖行走。除了用胸鳍举起身体，它们还有一对腹鳍负责支撑。腹鳍要么合拢在一起，就像一个小吸盘；要么不合拢，可以抓握东西——某些弹涂鱼能利用这个特性爬树。这些弹涂鱼天赋异禀，还能在不怎么弄湿鳍的情况下利用尾部跳过水面，以最不像鱼的方式到达栖息的树木、岩石或其他干燥的陆地。

当不通灵拿破仑或扎帕时，弹涂鱼会拥抱内心的唐纳德·特朗普，然后筑起围墙。许多物种具有很强的领地意识，比如薄氏大弹跳鱼（*Boleophthalmus boddarti*）会用 3—4 厘米高的隔墙划分多边形领地。它们用嘴叼着泥团建造城墙，将大约 5% 的日常活动时间用于建筑和维修工作。这些领地也是用来觅食营养丰富的藻类的场所。

那些食肉的弹涂鱼则面临着不同的阻碍——没有舌头。不过鱼的舌头一般用处不大（有关舌头的替代物，请参阅213页的缩头鱼虱），通常只用来吸入含有食物的水。然而，在陆地上，用肌肉发达的舌头将食物推到口腔后部进行吞咽，是比吸食更好的选择。但先天结构不足，弹涂鱼能通过后天的创新行为来弥补。它们在嘴里装满水，向前推裹住食物，再吸回口腔后部，然后吞咽下去——就像有舌动物的动作。

通过观察弹涂鱼各部分的解剖结构，我们可以了解脊椎动物是如何从水中过渡到陆地的——与陆生动物的身体优势相比，积极进取的态度似乎同样重要。

裸滨鼠（Naked mole-rat）

Heterocephalus glaber

裸滨鼠是小型啮齿动物，但从生理、行为和生态特征来看，它们的野心远远超出老鼠尺寸动物的本分。这种生活在东非的地下物种，可能是所有哺乳动物中最不像哺乳动物的。

它的另一个名字，"小沙狗"，就太友善了——裸滨鼠确实生活在土里，但看起来一点也不像小狗。从外观上看，这种啮齿动物现已加入容易被误认为人类阴茎的生物之列。它不长毛，皮肤松弛，身材修长，是这个名流圈中唯一的哺乳动物。裸滨鼠与裸露的人体器官之间最明显的区别，在于它们拥有弯曲且不断生长的用来挖掘隧道的牙齿。这些牙齿位于嘴唇外侧，可防止土壤进入口腔。

在通风不良的地下迷宫里生活，给"小沙狗"施加了独特的适应压力。"正统"的哺乳动物会维持稳定的体温，然而裸滨鼠是适温动物。它们像爬行动物一样，体温随环境发生变化，行为也会改变，例如移动到凉爽的地方，或者挤在一起取暖。但"抱团"是有风险的——地下迷宫的氧气含量很低，睡在鼠堆底部的个体（裸滨鼠家族成员多达 300 名）可能会失去意识。尽管如此，它们总体上非常适应低氧条件，可以在没有氧气的情况下存活 30 分钟。这与裸滨鼠的另一种超能力有关——对某些疼痛免疫，这可能是因为它们缺乏传递疼痛的相关物质。

"小沙狗"似乎忘记了，作为小型哺乳动物，它们理应在出生几年后死亡。恰恰相反，它们活得比老虎或北极熊还久，寿命长达 33 年。更重要的是，它们在暮年也很健康，几乎没有衰老的迹象。它们还具有抗癌能力。

这些啮齿动物最有趣的地方，也许是它们的家庭生活。像蜜蜂、蚂蚁和其他一些无脊椎动物一样，裸滨鼠是真社会性动物（eusocial 的词根 eu 来自希腊语，意为"好"），或称具有"真正的社会性"：生活在密切分工合作的家庭中——尽管离民主社会还很远。裸滨鼠女王的体型是普通裸滨鼠的 2 倍，靠体型威吓就能使群体中的其他成员屈服。它是唯一能繁殖的雌性，与少数能繁殖的雄性交配。其余成员没有繁殖能力，仅承担提供食物、挖掘坑道或抚育幼仔的工作，以帮助管理种群。裸滨鼠女王去世后，群体内通过血腥的战争选出继任者——最凶猛的雌鼠才能接管王位。同时，这种动物能够耐受一定的近亲交配（考虑到群内个体都有血缘关系，女王很可能会生下弟弟或儿子的下一代），但也有一些雄性属于特化的"扩散者"类型。扩散者脂肪组织更多，喜欢在夜间活动且离开洞穴的倾向更强。为了寻找有交配机会的新群体，它们有时跋涉 2 公里之远。

　　裸滨鼠女王是哺乳动物中产仔数量最多的动物之一，一次最多可产下 28 只幼崽。尽管如此，照顾幼崽并不费力。经过一个月的护理，妈妈便把孩子们交给它们的哥哥姐姐，后者则（像是亲哥亲姐才会做的那样）用粪便喂它们。"小沙狗"吃的是植物的根和块茎，有时需要多次消化才能充分吸收营养成分，因此吃粪便对它们来说并不罕见（还有物种也会这样做，参见穴兔，47 页）。裸滨鼠女王还会用粪便作为引导族群内保姆的手段——它怀孕时，粪便中的激素会激发那些吃了它粪便的裸滨鼠的母性本能。看来，"欺凌加粪餐"可以有效统治地下组织。

穿山甲（Pangolins）

鳞甲目（order Pholidota）

　　2020 年，谦逊而又害羞的穿山甲在国际上声名狼藉。
当时，广州的研究人员认为它可能是新冠病毒（SARS-
CoV-2）的中间宿主。比较了穿山甲冠状病毒和人类冠状病
毒后，前者被宣告无罪，但食品和传统药物需求推动的野生
动物贸易仍然是人畜共患传染病的主要来源，也是生物多样
性丧失的最大驱动因素之一。穿山甲保持着全球被非法贩运
最多的动物的悲惨记录。从 2000 年至 2013 年，全球穿山甲
贸易量约为 100 万只，而这个数字可能还会上升。

　　穿山甲是鳞甲目唯一的成员，包含四种亚洲穿山甲和四
种非洲穿山甲。它们的体长从 40 厘米（长尾穿山甲）到 140
厘米（巨地穿山甲）不等。穿山甲是唯一一身体覆盖角蛋白鳞
片的哺乳动物。角蛋白鳞片是亚洲传统医学的关键成分之
一，也是穿山甲濒危的主要原因。从生物化学的角度看，穿
山甲的鳞片跟脚指甲差不多，但被认为可以促进泌乳、消肿

化瘀、治疗风湿和哮喘。此外，穿山甲的肉还被视为美味佳肴和身份象征。

非洲各地也将穿山甲用于入药、祭祀和烹饪，不过由于中国和越南的穿山甲数量骤减，越来越多的非洲穿山甲出口到亚洲。越靠近东南亚，穿山甲受到的威胁就越大：中国穿山甲、菲律宾穿山甲和马来穿山甲被列为极度濒危物种，印度穿山甲和两种非洲穿山甲被列为濒危物种，剩下的两种非洲穿山甲被列为易危物种。不过，易危物种的现状可能不会保持太久，因为非洲穿山甲正遭到大规模出口。尼日利亚已成为最大的贩运中心之一。2010年至2021年，仅尼日利亚一地就缉获了80万只穿山甲的鳞片（还只是缴获的部分）。更糟糕的是，美国对穿山甲皮革的历史需求（用于生产有图案的牛仔靴）进一步加剧了非洲穿山甲种群的衰减。

但穿山甲这种动物本身是什么样的呢？盔甲之下，它们长长的鼻子带着困惑、略显紧张却又善良天真的表情。受到威胁时，这些孤独且内向的夜行性动物会滚成一个球——这个过程的科学术语是蜷缩（volvation），马来语中称为"penguling"（这也是其英文俗称的来源）。坚固而锋利的鳞片可以保护它们免受捕食者的侵害，即使对方的体型跟狮子或鬣狗一样庞大。但这阻挡不了偷猎者，这些人只需将覆鳞的"足球"扔进赏金袋。此外，非洲穿山甲还受到牧场周围修建的电围栏的威胁——蜷缩挡不住电力。

身体没蜷缩起来的时候，穿山甲就去觅食。它们几乎只以蚂蚁和白蚁为食，用前脚的大爪子挖出食物，再用裹着黏稠唾液的细长舌头把蚂蚁或白蚁掏出来。如果你认为穿山甲的外表看起来很奇怪，那我得说，它们的内部结构更怪。穿山甲的舌头长达40厘米。但与我们的直觉相反的是，它们的舌头没有像卷尺那样卷起来，而是穿过躯干固定在骨盆上。由于没有牙齿，穿山甲像鸟类一样利用一种砂囊来磨碎食物。它们厚厚的、肌肉发达的胃里头有胃石，也就是帮助磨碎食物的小石头。除此之外，马来穿山甲和中华穿山甲身体内外都有鳞片，它们的胃里排列着"幽门齿"——鳞片状的角质刺，有助于更好地消化食物。

目前对穿山甲的生态学研究很少，况且没有一个物种能够在圈养条件下顺利繁殖，所以它们的私生活仍然笼罩在神秘之中。随着对这些害羞的怪球们的认识和研究越来越深入，我们希望有朝一日穿山甲能受到善待，被视作生命，而不是一堆鳞片。

伪蝎（Pseudoscorpion）

筑巢伪蝎（*Paratemnoides nidificator*）

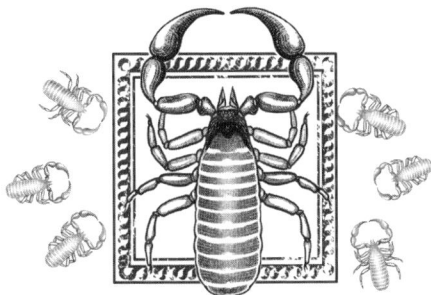

伪蝎有一副显眼的钳子，看起来像是体型更大更知名的表亲蝎子的迷你版。像它的另一个亲戚蜘蛛一样，伪蝎也能产丝。伪蝎目是一类长 2—8 毫米的小型蛛形纲动物。它们生活在树皮、石头或树叶下，也可能出现在人们的家里，特别是在旧书中，因此收获了"书蝎子"的绰号。如果你看到一只伪蝎，不要惊慌，它们对人类无害。恰恰相反，它们会吃衣蛾的幼虫，可谓是时尚达人的朋友。

伪蝎目中已被描述过的有 3400 多种。它们分布非常广泛，从加拿大到澳大利亚都有它们的身影。其中，热带地区的伪蝎最具多样性。伪蝎体型太小，很难长途跋涉，不过这些微小的蛛形纲动物有自己的交通方式：搭便车。这种行为的专业术语叫作"寄载"——体型较小的动物为了搭便车，附在较大的动物身上。伪蝎的寄载体通常是昆虫，如甲虫、臭虫或革翅目的昆虫，这些昆虫的腿部和触角可称得上是一等座。有的乘客独自出行，有的则2到7只为一组。对昆虫来说，搭载乘客有以下好处：伪蝎把它们当作餐车，大快朵颐那些讨厌的寄生虫螨。这些迷你乘客可能会一直挂在昆虫身上，直到死亡将它们分离。交通工具死亡时，尸骸就成为美味可口的终点站大餐。

大多数伪蝎的性格相当不爱交际。如果遇到擅自入侵的敌人，它们通常会选择战斗。这样的战斗往往以一顿饭结束：败者将被吃掉。伪蝎也是贪婪的捕食者，它们会捕食各种体型的无脊椎动物，还会自相残杀。不过，也有一些伪蝎是群居性的，比如来自南美洲的筑巢伪蝎就会共同生活、狩猎并分享食物。筑巢伪蝎的群巢由200多只个体组成，包括成虫和年幼的若虫。若虫一起修筑供群体使用的羽化腔，成年雌虫负责修筑个体育雏腔，它们和卵一起生活——这两类巢腔均由丝线制成，听起来相当舒适。无论独居还是群居，伪蝎都是极好的母亲，它们会喂养并清理胚胎与若虫。雌虫一直待在育雏室中，直到若虫羽化；到那时，这些小家伙就会离开巢穴，以群内其他成虫捕来的猎物为食。雄虫和不生育的雌虫会与弟弟妹妹以及后代们分享食物。

单个动物通常捕食比自身小或等大的猎物，但合作捕猎使筑巢伪蝎可以捕获到比自己大几倍的昆虫。群体捕猎意味着更强的追逐、攻击和制服猎物的能力，比如可以捕获甲虫、蠡象、蚂蚁和蜘蛛等猎物。伪蝎们用钳子夹住受害者的附肢，或将毒液注射到它们的关节中。但并非所有成员都负责捕猎——有的成员负责攻击，有的只是观察，还有一些是投机者，只在食物摆上桌时才姗姗来迟。尽管如此，最后的大餐仍然平静而有序：捕猎者和观察者先吃——它们也会为任何饥饿的若虫让路——而留给懒惰投机者的只有残羹冷炙。

在饥荒时期，局面变得更有趣，也更加激烈。没有猎物喂养若虫时，伪蝎妈妈会做出最后的牺牲。它离开巢穴，举起钳形的触肢，请小家伙们吃掉……自己。受到幼虫的攻击时，它冷静地保持站姿，一动不动。幼崽们啃咬外骨骼最薄的关节部分，并真的将它吸干。最终只剩空壳的母亲被抛在一边，而年轻的若虫饱餐后变得生龙活虎，开始冒险出巢，合作捕猎。这种噬母现象，是保证若虫存活和减少后代自相残杀的手段。毫无疑问，伪蝎妈妈能够荣登动物界最具奉献与牺牲精神的父母之列。

红眼树蛙（Red-eyed tree frog）

Agalychnis callidryas

红眼树蛙来自中美洲的热带森林，是名副其实的天生尤物。它有着细长的亮绿色的身体、白色的腹部、橘红色的脚趾、鲜红的眼睛，身侧覆有蓝黄色条纹。种名 callidryas 反映了它的美貌：在希腊语中，kalos 的意思是"美丽"，dryas 来源于"dryad"，意为林中仙女。

热带青蛙的颜色鲜艳一定表示有毒吗？实际上并非如此。生动的色彩并不是警戒色；相反，红眼树蛙的伪装是为了避免引起关注。尽管似乎唯一能让这种伪装起作用的地方是小丑大会，但树蛙在休息时几乎可以隐形。用腿遮住蓝色的身侧，将橘红色的脚趾缩入体下，再合上红眼睛，就可以实现隐形。捕食者靠近时，它会突然睁开鲜亮的眼睛惊吓对手，在对方惊呆的那几秒赶紧逃跑——这是恐吓行为的范例。

树蛙怎么确定危险何时来临呢？这些两栖动物都是夜里捕食，白天休息。它们替代眼睑的瞬膜是半透明的，覆盖着一层类似中东面纱那般精致的金色图案，就像林中仙女一样美丽。树蛙特化的眼睑，能够感知光线的变化，使树蛙能在不速之客接近时做出反应。

然而，并非只有成年青蛙才内置警报器。仍在卵内时，小树蛙就能感知危险，并做出相应的反应。这种预警系统是受青蛙的生活史支配的。树蛙在池塘上方植物的表面产下覆盖着胶状物的卵。幼崽孵化，就掉入水中，开始蝌蚪的生活。然而，蝌蚪长大之前，仍面临一系列潜在的威胁——先是来自陆地或空中，然后来自水中。如果叶子托儿所周围没有威胁，按理来说卵会尽可能地在叶面上发育，以最大限度避免被池塘中的鱼类或淡水虾类吃掉。但是，如果危险来临时，小蛙尚在卵中而卵尚在叶表，会发生什么呢？

针对这个问题，树蛙的解决方法是加快孵化过程。不受干扰时，卵需要一周左右孵化；倘若卵受到蛇或黄蜂的攻击，蝌蚪在第四天就能孵化出来。树蛙的反捕食响应极快：在遭到蛇的攻击后，通常 16 秒就会触发，且 5 分钟内所有蝌蚪都会孵化出来（或被吃掉）。这种响应是由捕食引起的卵团振动引起的。

提早孵化可以挽救生命，但如果收到错误警报，代价可能会很高，因为发育欠佳的蝌蚪在水中被捕食的风险更高。幸运的是，红眼树蛙的胚胎可以判断胶质卵所传递的振动是由蛇引起的，还是降雨之类的事件引起的。它们利用振动的持续时间、间隔和频率决定是否应该孵化，且很少在暴雨期间过早孵化。这些美丽的林中仙女真是集美貌与智慧于一身。

撒哈拉银蚁（Saharan silver ant）

Cataglyphis bombycina

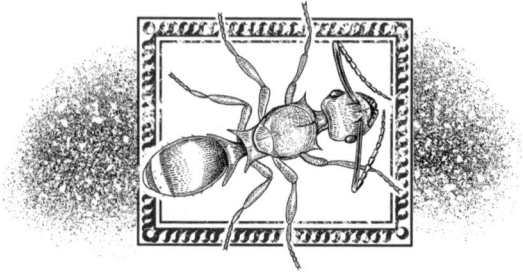

　　撒哈拉沙漠是生命的地狱。在一天中最热的时候，地表温度能轻松超过 60℃；这里的水分极其稀缺，食物更是来之不易。松软的沙地寸步难行。植被稀疏，烈日炎炎，万里无云，寸荫难寻。在这些极端条件下，暴露在过热过干的环境中，大多数昆虫都会脱水皱缩而亡。

　　但凡沙漠动物有点理智，都会在白天躲进洞穴或岩石下来保护自己，只在夜间凉爽的时候出没。然而，撒哈拉银蚁却剑走偏锋。这些银蚁恰恰在一天中最热、最危险的时候最活跃，此时没有其他生物敢于在沙中探险。

　　银蚁会利用其他动物怕热的特点，其方式有两种。首先，它们是嗜热食腐动物，以因热衰竭而死的节肢动物的尸体为食。其次，为了避免遭到捕食，当主要天敌杜氏棘趾蜥（*Acanthodactylus dumerilii*）因为天气太热退回洞穴时，银蚁就抓住机会出巢。

银蚁在下午 1 点左右太阳最毒的时候出动，每天只在地表活动十分钟左右。当银蚁所在地的气温达到 46.5℃时，蚁群中的觅食者便在几分钟内倾巢而出。银蚁能够耐受的最高体温是 53.6℃，因此在被烤熟前能有短暂的觅食时机。它们可能会爬上石头或干草稍微降降温，因为即便离地仅仅几厘米的地方，温度都会低一些。然而，任何延误返巢行程的行为都是致命的，银蚁需要行动迅速并准确导航。

它们也确实做到了：撒哈拉银蚁是速度最快的现存陆生生物之一，速度可达 85.5 厘米 / 秒。它们的行走速度可以媲美人类，而体长还不到 1 厘米。就体型而言，身高 180 厘米的人必须以 720 公里 / 小时的速度奔跑，才能达到银蚁同样的成绩。银蚁成功的关键是每秒超过 40 步的步频，比撒哈拉表亲长脚沙漠蚂蚁（Cataglyphis fortis）还要快。此外，为了增大步幅，攀登棘手的沙丘，它们有着类似四足动物奔跑的步态。

这两种蚂蚁都表现出令人印象深刻的导航技能。它们不需要沿着蜿蜒的觅食轨迹返回巢穴，而是能走直线回到巢穴。为了高效地回家，它们需要两条信息：之前探险时走的方向，以及走了多远。为了确定方向，它们或许使用了天光罗盘来测量太阳光的偏振。距离则是通过体内的计步器算出的。对撒哈拉沙漠蚂蚁的研究发现，它们很依赖内置的计步器。如果在它们腿上固定高跷，使其步子变长，蚂蚁会走出超过离巢的距离。

撒哈拉银蚁还有很多让身体降温的绝妙技能。它们的身体能合成并积累具有保护性的热休克蛋白[1]。但与大多数动物不同，它们会先发制人，而不是被动地对高温做出反应。银蚁能在热暴露前就产生这些蛋白质，然后可以放心地将体温升至超乎寻常的温度，从而减少受到的伤害。

银蚁成功降温的另一条线索藏在它们的名字里：它们背后覆盖着横截面为三角形的反光毛发，可以散射太阳的热量。在一项实验中，去除掉毛发的银蚁体温比有毛银蚁高5—10℃。在需要保持凉爽的环境中，没毛可能是致命的缺点。

1　热休克蛋白（Heat Shock Proteins, HSPs）是在从细菌到哺乳动物中广泛存在的一类热应激蛋白质。有机体暴露于高温时，会由热激发合成此种蛋白，来保护有机体自身。

赛加羚羊 (Saiga antelope)

Saiga tatarica

　　一只体面的未婚公羚羊应该有多少女友？对一雄多雌的有蹄类动物来说，比如赛加羚羊，这不仅事关男子气概，还是决定物种生存的重要问题。

　　赛加羚羊是一种与德国牧羊犬体型相当的游牧型羚羊。数千只羚羊在中亚的半干旱沙漠中迁徙，主要包括哈萨克斯坦、蒙古国和俄罗斯。它们最突出的特征是鼓胀的象鼻似的大鼻子，可以在恶劣的草原气候中充当温度调节系统。在冬季，寒冷的草原空气进入身体之前，大鼻子会先将其加热；相反，鼻子在夏天则起到降温作用。

　　草原生活是艰苦的。为了最大限度提高后代的生存机会，羚羊聚在一起大规模产仔。一周之内，数以万计的甚至数以十万计的羚羊聚在一起分娩。这种繁育模式在两方面大有帮助。首先，面对狼的捕食，大规模羚羊群聚集在一起可提高个体的生存几率；其次，紧凑的产仔期可以使幼崽充分享用短暂供应的美味草地。

赛加羚羊的幼崽非常早熟（见穴兔，47页）。按比例来说，它们是所有野生有蹄类动物中体型最大的幼崽，出生几天后就能跑过捕食者。然而，要养育这种发育良好的幼崽，母亲压力很大，这使得它们在哺乳期极易染病。2015年，有20万只赛加羚羊（超过全球赛加羚羊的半数）死于通常为良性的多杀性巴氏杆菌。小反刍兽疫病毒或其他疾病引起的大规模死亡也并不罕见，数十年间赛加羚羊的种群数量呈波动状态。值得庆幸的是，虽然死亡率极高，但它们的繁殖率也很高，大多数雌性每年都能生下双胞胎。

赛加羚羊实行一雄多雌制：一只雄性与多只雌性交配，但雌性仅与一只雄性交配。雌性承担照料孩子的大部分重任，而雄性则忙于争夺配偶——因此承受着使自己体型变得更大的竞争压力。更大的体型意味着更有可能在竞争中获胜，从而获得更多交配权，更有可能成功繁殖。因此，与大多数一雄多雌的物种一样，赛加羚羊属于两性异形：雄羊体型较大（约为雌性的1.5倍），有一对粗壮且略微透明的角。可惜，正是这些角给它们带来了灾难。

对赛加羚羊来说，非常不幸的是，它们的角在中国传统医学中备受重视。它们被当作犀牛角的替代品，被认为具有同等的治疗功效。苏联曾在保护赛加羚羊和规范商业狩猎中做得很好。苏联解体后，俄罗斯开放了与中国和其他国家的贸易，偷猎和狩猎几乎在21世纪初使得这种动物濒临灭绝。猎杀目标主要是雄性，以满足对羚羊角的巨大市场需求。

正常情况下，赛加羚羊的性别比为 1 只雄性对应 4 只或 5 只雌性。然而，随着有严重性别偏好的偷猎增加，这一比例发生了变化。人们可能会认为，性别比例降低，意味着雄性可以缓解竞争压力——但事实远非如此简单。保护学家 E.J. 米尔纳-古兰德发现，种群中只有 5% 的雄性个体时依旧能繁衍生息，但雄性低于 2.5% 会导致种群崩溃。当雄雌比例低至 1∶106（种群中雄性仅占 0.9%）时，雌性的繁殖力会降低，仅存的雄性不足以让它们充分受精。这导致了求偶行为的颠倒——实际上是雌性在争抢雄性。地位较高的年长雌性会击退较年轻的雌性，导致后者不能受孕。

遭受大规模致死性疾病和选择性捕杀雄性羚羊的偷猎的两面夹击，赛加羚羊的极度濒危已不足为奇。生为长了角的羚羊，真是把"羊头"拴在裤腰上的高危行当。

蓄奴蚁（Slave-making ant）

美洲切胸蚁（Temnothorax americanus）

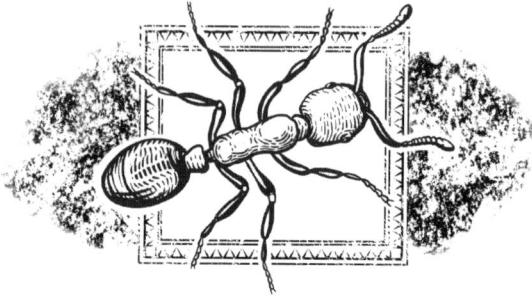

　　新英格兰的林地似乎是安静漫步的理想场所。不过周末漫步者不知道的是，仅仅几平方米的森林地面，就足以见证战斗、诱捕、社会衰败和奴隶制的罪恶。这些现象发生在微观尺度上，因为施暴者和受害者都是蚂蚁。

　　蚂蚁体重总量估计占所有陆生动物的 20%，蚂蚁的物种多样性也很高（约 14000 种），但只有大约 50 种蚂蚁会奴役其他蚂蚁。像维京人一样，这些蚂蚁会掠夺附近的蚁群：这个过程称为奴役现象（dulosis），来自希腊语"dulos"，意思是"奴隶"。它们的生理特征使得它们能完成一项任务：征服其他物种的种群。作为社会性寄生的昆虫，它们依靠其他蚂蚁觅食、照顾幼崽和保卫巢穴。有的物种，例如亚马逊蚂蚁（*Polyergus rufescens*），没有奴隶的帮助甚至无法进食。如果没有奴隶喂食，它们就只能守着食物挨饿。此外，它们匕首状的下颌非常适合恐吓其他蚂蚁，但对照顾幼蚁毫无用处。

亚马逊蚂蚁会调动数千名蚂蚁勇士，发起大规模的突袭行动。而另一种蚂蚁，2—3毫米长的美洲切胸蚁，掠夺规模则小得多。它们的受害者是三个近缘种：长刺切胸蚁（T. longispinosus）、卷刺切胸蚁（T. curvispinosus）和可疑切胸蚁（T. ambiguus）。这些蚂蚁生活在空心橡子或树枝内的小种群中，即使是轻微的袭击也会严重影响它们的生存。

一个蓄奴的蚁群始于刚完成交配的蚁后，它会侵略东道主的地盘，驱逐或杀死对方的蚁后和成年工蚁，只留下蛹。然后，它等待着蛹的羽化，一旦幼虫孵出，就要立刻开始为它工作：收集食物，保护它并照顾它的幼崽。在建立蚁群的第一年，奴隶主蚁后只产下几个卵（随后会增加到十个左右）。它生下的雌性工蚁的唯一任务（也是唯一技能），就是收揽更多奴隶。

这些海盗的女儿将开始远征，寻找并掠夺新的殖民地。确定完美的目标之后，它们要么独自发动攻击，要么回到巢穴，组建一支由同种蚂蚁（同一种群的成员）和被奴役的工蚁组成的突袭队。入侵时间恰好与受害者巢穴中出现蛹的时间吻合。奴隶制造者军队涌入殖民地，杀死或驱逐当地的工蚁和蚁后，绑架蛹和较大的幼虫。青壮年蚂蚁被带回盗贼的巢穴，加入奴隶劳工的行列。美洲切胸蚁的蚁群规模不算太大：一只蚁后、几只工蚁和几十只奴隶。然而，它仍然需要定期进行人员补充。

掠夺行为是有代价的：被入侵巢穴的蚂蚁会试图保护自己，大约五分之一的侵略者会在攻城期间死亡（只有7%的造奴蚁后能够成功建立殖民地)。被攻击的蚂蚁不仅会奋起反抗,事实证明,这些奴隶们还会在融入殖民地后伺机报复。

蚁奴中的反抗者通过破坏捕获者的繁殖能力进行复仇。它们不知疲倦地照顾奴隶主的幼虫,但一旦幼虫进入蛹期,照顾就荡然无存了。事实上,掠夺者超过三分之二的蛹将会死亡,要么被故意杀死(被奴隶工狠狠地撕咬成碎片),要么因疏忽大意而死亡。年轻蚁后面临的风险特别高,死亡率超过80%。雄蚁则往往幸免于难,因为它们不参与奴隶袭击。这种反抗可能对蚁奴自身没有帮助,但通过减少未来袭击的可能性,可以保护其他殖民地的姐妹。这是一场全面且不断演变的战争——而这一切都发生在你脚下的灌木丛中。

蜂猴 (Slow lorises)

蜂猴属 (*Nycticebus* spp.)

假如爱德华·利尔诗中的"猫头鹰和小猫咪"生下可爱的孩子，或许就长得像蜂猴。蜂猴身材矮小，皮毛蓬松，有善于爬树的身体，圆圆的脑袋上长着巨大的眼睛，生活方式也是夜行性的——跟它的"父母"相似。不过，蜂猴的故事完全不是儿童诗的风格。相反，这是由人类的贪婪、利己主义和愚蠢所驱动的恐怖故事。

蜂猴是蜂猴属的 8 种灵长类动物的总称，栖息在从孟加拉国到印度尼西亚的森林中。它们拥有高度灵活性的关节、柔韧的脊柱和擅长抓握的四肢，极好地适应了树栖生活。这些树栖生活的死忠党以花蜜、汁液、果实和无脊椎动物为食，还能帮混农林业授粉和杀虫。不幸的是，即便能在森林边缘生存，蜂猴种群也深受森林砍伐之害：它们不会跳跃，只能依赖树木和藤蔓从一处栖息地迁移到另一处。

在东南亚的民间信仰和传统医学中，蜂猴举足轻重。那里的人们认为，这种动物或其身体部位可以治愈上百种疾病，包括产后疾病、胃痛、断骨甚至性传播疾病。因此，它们遭到大规模售卖，被风干，制成片剂和软膏，甚至被活活烤熟，以提高药效。

除了所谓的药用价值，决定蜂猴命运的还有一个因素：不可否认的萌。这些灵长类动物目光呆滞、神情忧虑，常常是游客合影的道具。它们还被当作宠物出口到欧洲、日本和俄罗斯。作为唯一拥有毒液的灵长类动物，蜂猴显然不适合充当宠物。由于在受到威胁时会用手遮住脸部，这些蜂猴在婆罗洲被称为"害羞的家伙"，但它们有毒的啃咬却可以令人痛不欲生。通过一种看似"害羞"的防御姿势，蜂猴将唾液与肘部附近的肱腺分泌物混合，其产生的毒素足以导致对方的组织坏死、过敏性休克甚至死亡。

用于旅游行业和宠物贸易的蜂猴，都是从野生种群（在圈养中不容易繁殖）中捕获的，因此需要对它们进行"安全"处理。它们的尖牙被拔掉或用指甲钳剪断，致使它们经受疼痛、失血甚至经常导致死亡。圈养状态下，蜂猴的饮食不足以满足其营养需求，也无法进行自然状态下的攀爬行为。同时，作为宠物，它们往往被迫在白天活动，而这给蜂猴带来更多痛苦：明亮的光线会伤害它们敏感的大眼睛，太阳会灼伤它们的视网膜。即使得到救助，这种永久性伤害也让它们再也无法回归野外。

人类世界已经充满驯养的小猫、小狗和兔子，仅仅为了娱乐就把濒危动物从栖息地带走，似乎全无意义且极其自私。而且，往往是人们在社交媒体上的追捧，刺激了对这些灵长类动物的需求。抓捕和交易蜂猴是非法的，但圈养蜂猴的视频——挠痒痒、穿衣打扮、喂食爆米花——往往会刺激人们铤而走险。灵长类研究者安娜·内卡里斯提出，YouTube应该给这类蜂猴视频贴上"动物虐待"或"生态威胁"的标签，或者，最好全部删除。2015年，"挠痒是酷刑"的宣传运动短暂转变了人们对圈养蜂猴的态度，但遗憾的是，转变的效果似乎并不持久。

在当下无处不在的自拍文化中，拥有一只适合在社交媒体分享的宠物或者至少拥有一张可爱的灵长类动物照片的渴望，胜过了身陷其中的动物所付出的代价。可悲的是，在社交媒体上看似无伤大雅的圈养野生动物图像分享，也助长了该行业的发展。

在利尔的诗中，猫头鹰和小猫咪最后"在沙滩的尽头手拉手"，在月光照耀下翩翩起舞。多么田园牧歌！可悲的是，它们的"后代"仅在镜头下活泼可爱，其真实的命运与此相去甚远。

南方食蝗鼠（Southern grasshopper mouse）

Onychomys torridus

　　这个故事的主角是一位狂野西部的亡命之徒，它在墨西哥和美国西南部的沙漠和大草原上游荡。最重要的是，它让每个人都闻风丧胆，而它无所畏惧。一个真正的亡命之徒——只不过只有铅笔那么长。它是一种老鼠。

　　南方食蝗鼠，北美西部当之无愧的最坏的老鼠；见鬼，可能是世界最坏。它跟家鼠和大多数啮齿动物不同，几乎完全是肉食性的。它会攻击、杀死和吃掉任何碰到的动物：蝎子、甲虫、蚱蜢，甚至其他老鼠。食蝗鼠是装备精良的熟练暗杀者：上下颚的咬合特别有力，指甲更像是鹰爪（实际上，属名 Onychomys 的意思是"爪鼠"）。它能用各种方式猎杀不同的受害者：干脆利落地咬下脑袋，处死快速移动的蚱蜢；抓住喷射有毒物质的臭虫，将其腹部抵住地面，阻断防御性分泌物的扩散；迅速咬住啮齿类动物的颅底，切断其脊髓。然而，最有趣的还是食蝗鼠和蝎子之间的搏斗。

蝎子通过让人痛苦的蜇击自卫，既能威慑对方，又能为自己赢得时间逃跑。食蝗鼠的菜单里有一种特色菜：木蝎。木蝎的蜇伤不仅会引起剧烈的疼痛，其毒液还足以杀死人类孩童。被这种蝎子蜇伤，好比被炙热的铁烙烫。然而，被蜇伤的食蝗鼠，只会花几秒钟舔舐伤口，然后继续发起攻击。即便被多次蜇到脸上，它们也不会放跑到嘴边的美餐。事实上，这些狂暴战士进化出一种扭曲的方式来利用蝎子的毒液：使用木蝎的毒素来阻断疼痛的传递。也就是说，将全世界最痛的蜇击当作止痛药。

与所有真正的叛变者一样，食蝗鼠是夜行性的。为了昭告它们的存在，成年鼠会在月光下嚎叫。它们找到一个高耸的突出位置，后腿站立，用尾巴支撑自己，把头伸得高高的，张大嘴巴，发出长长的高音。100米以外的人类都能听到这种嚎叫声——其他老鼠无疑也能听到。体型越大，嚎叫的嗓音越低沉。人们观察到食蝗鼠在捕猎前会发出这样的叫声——这也许是战斗前的号角。另一种解释是，发出嚎叫的大多数个体是生殖活跃的雄性，这种狼一样的嚎叫可能是夜间的求偶信号，远距离的求爱邀请。食蝗鼠社会性不强，尽管也会寻找配偶繁殖，但除此之外，它们大多离群索居。这表明，夜间嚎叫也可能是标记领地的做法。

食蝗鼠的家庭由一对夫妇和孩子组成，家庭成员关系紧密，父母双方都会照顾下一代。孩子出生后的前三天，母亲常常凶悍地把体型较小的父亲赶出巢去。不过一旦得到允许，回巢之后，热忱的父亲就会积极地照看后代，给孩子理毛，跟孩子"抱团取暖"，保护它们。然而与你预期相反的是，年轻食蝗鼠恰恰是从溺爱的父亲那里习得攻击行为。观察表明，单身母亲会产生更多温顺的后代。同样，由温顺的白足鼠养大的食蝗鼠不那么好斗。

鲁莽、暴力、无情——这群黑帮老鼠就差一把柯尔特式自动手枪了（哦，还差一根握枪的对生拇指）。

塔兰托毒蛛（Tarantulas）

捕鸟蛛科（family Theraphosidae）

欢快的一家人正在出门——首先出来的是几只兴奋的宠物，接着是孩子们，最后是妈妈。这画面真是阖家欢乐。因此，可能有点令人惊讶的是，这个田园诗一般的场景说的是一群塔兰托毒蛛。

塔兰托毒蛛，一般指的是大型的多毛蜘蛛，它们有一千多个物种，均属于捕鸟蛛科。它们的名字有点阴差阳错，最初所说的"Tarantulas"（塔兰托毒蛛）是一个完全不相关的物种：一种2—3厘米长的狼蛛，来自意大利塔兰托镇。然而，随着时间推移，任何体型庞大、令人恐惧的蜘蛛都变成了"塔兰托毒蛛"，最终成为"捕鸟蛛"（Theraphosids）的代名词，尽管后者绝对比狼蛛大得多，毛也多得多。

塔兰托毒蛛保持着蜘蛛界体重和体长的最高纪录。巨人食鸟蛛体长13厘米，重175克（跟一周大的猫仔一样重），腿长可达30厘米。捕鸟蛛科长着极其可爱的、毛茸茸的、猫爪似的爪子，甚至有可以伸缩的指甲，以便攀爬。

它们跟小猫还有许多相似之处。像猫一样，塔兰托毒蛛喜欢温暖的地方——除了欧洲、亚洲和北美洲地区的北部，它们遍布世界各地。像猫一样，它们有坚硬的牙齿：尖牙几乎有4厘米长。像猫一样，较大的塔兰托毒蛛可以捕食啮齿动物、蝙蝠、爬行动物和鸟类，尽管它们更偏好两栖动物、节肢动物和蠕虫。然而，跟猫相比，塔兰托毒蛛的视力很差，更喜欢依靠触觉捕猎。这些蜘蛛是善于埋伏的捕食者：它们会静静守候，一旦探测到动物经过带来的振动，它们会立刻扑上去杀死猎物。这种狩猎方式使得塔兰托毒蛛有时很难识别较小的猎物，这也是为什么它们倾向于捕猎较大的猎物。

尽管身形庞大、外表凶猛，塔兰托毒蛛却经常被其他动物捕食。塔兰托毒蛛的蛋白质含量达63%（脊椎动物的3倍以上），简直是富含蛋白质的小点心。它们是某些蛇的主食，不过，哺乳动物如猫科，或鸟类如家鸡，也不介意来点塔兰托毒蛛。为了保护自己，塔兰托毒蛛会利用身体的前后两端。在身体前端，塔兰托毒蛛有两颗令人印象深刻的尖牙，满载毒液（对人类并不致命，不过能引起疼痛和不适感）。在身体后端，新大陆塔兰托毒蛛[1]拥有一头致命的秀发——螯毛：纤细的、带倒刺的刚毛。当它们向攻击者的方向轻轻一弹时，这些飞出去的刚毛会刺激对方的眼睛、鼻子

1　新大陆塔兰托毒蛛指澳大利亚、美洲大陆的品种，会用后腿刮蹭屁股，挥撒刚毛进行防御。而亚洲、欧洲、非洲等地的旧大陆品种，则不会挥撒刚毛，但性情凶猛。

或气道，导致永久性眼部损伤，甚至能杀死某些小动物。

尽管如此，还是有一些生物能与塔兰托毒蛛和谐相处，就像是备受主人喜爱的宠物。凶猛的塔兰托毒蛛喜欢与姬蛙科的狭口蛙属共享住所。塔兰托毒蛛普遍热衷于吃青蛙，但这些格外袖珍的两栖动物（多数在 1—2cm 左右）却能安全地生活在塔兰托毒蛛的洞穴中。这个青蛙与蜘蛛混居的组合家庭在家门口相互"礼让"，时而外出觅食，时而回屋休息。如果蜘蛛不小心撞到了青蛙，它会触碰一下对方，识别出自己的室友，然后放掉。塔兰托毒蛛很可能是通过蛙的皮肤分泌物来识别对方的。面临危险时，这些小型两栖动物可能会跑到更具威慑力的室友身边躲藏，后者保护它们免受蛇之类的捕食者的威胁。据报道，世界各地的许多物种之间都有塔兰托毒蛛和青蛙的这种共生关系。研究表明，蛙类在塔兰托毒蛛的巢穴中找到了庇护和优良的微生境，而塔兰托毒蛛则从蛙类取食小型害虫（如蚂蚁和蝇幼虫）这一能力中受益，因为这些害虫可能对蛛卵和幼蛛构成威胁。有些塔兰托毒蛛在洞里养着多达 22 只两栖类宠物，它们局促但其乐融融地生活在一起。

四线线虫（Tetradonematid nematode）

模拟水果寄生虫（Myrmeconema neotropicum）

　　啊，蚂蚁，无脊椎动物世界的宠儿……节肢动物们想要成为它（见幽灵竹节虫，56 页，和跳蛛，62 页），寄生虫们想要得到它的身体。人们可能会认为，蚂蚁的家政管理一丝不苟，不可能感染寄生虫。然而，这个看似坚不可摧的堡垒却遭到一大群生物的血洗：线虫。

　　线虫，又称蛔虫，一般体型小而纤细，长度不到 2 毫米。尽管体型微小，但它们的确具备消化、神经和生殖系统。线虫纲是物种多样性最高的类群之一，甚至可占地球上所有动物个体的 80%。线虫估计有多达一千万种，已被描述的大约有两万五千种。

　　线虫的生活方式多种多样，有的自给自足，有的寄他人篱下。靠寄生而活的线虫们具有复杂的生活史，涉及不止一个寄主。线虫的"虫生"主要目标是：从一种宿主顺利地迁移到另一种宿主身上。这意味着需要操纵中间宿主，以便更好

106

地供最终宿主食用。中间宿主有防御能力？没事，蛔虫会让它失活。中间宿主运动太快、难以捕捉？也没事，线虫会让它变得迟钝，使它的逃避反应失效，或改变它的颜色使它更加惹眼——你可以想想这些场景。尽管如此，迄今为止只有一种寄生线虫，即模拟水果寄生虫，是真正的魔术师：它会将蚂蚁变成……浆果。

2005 年，一个研究小组在巴拿马观察到一些黑门蚁的工蚁有着醒目的红色屁股，而其他蚂蚁的屁股都是黑色的。起初，研究人员以为这是不同的物种——但仔细检查后，发现这些工蚁的柄后腹或腹部都充满了卵，每个卵里都有一个小线虫。它们的故事，从被寄生虫感染的鸟类拉出线虫虫卵的那一刻开始。黑门蚁收集这些卵，喂给它们的幼虫，而线虫的幼虫则在蚁蛹体内发育。刚刚成年的蚂蚁体内主要是交配过的线虫（雌虫体长 1 毫米，雄虫略小）。雄虫死亡后，产下成熟卵的雌虫会留在蚂蚁的腹部。要完成这个循环，线虫接下来需要被食果鸟类吃掉，这就是线虫为何要把蚂蚁屁股弄成以假乱真的"浆果"的原因。

被寄生的蚂蚁约比未被寄生的蚂蚁重 40%，更笨拙，速度也更慢，更不具有攻击性。它们不再有叮咬的能力，报警信息素的产生也被阻断了。最重要的是，蚂蚁身体底部的外骨骼变得更薄、更透亮，与体内的黄色线虫卵相映衬，形成明亮的红色。现在，温顺的蚂蚁就像一颗美味的浆果，走路方式也变得僵硬而直立，向任何喜欢果味大餐的动物展示混着线虫的熟透的腹部。最后，同样出于感染的缘故，它们的臀部与身体其他部位的连接处，变得比健康个体弱 93%。因此，一只饥饿的小鸟可以轻易地将"浆果"摘下，而蚂蚁的其余部分仍留在原地。

被寄生线虫感染的蚂蚁如今似乎已遍布它们所在的中南美洲的栖息地了。此外，这种宿主-寄生虫的相互作用并不新鲜，已经存在了大约两千万到三千万年。最早的证据来自多米尼加的琥珀，里面有被线虫卵包围的蚂蚁，其腹部似乎被鸟类刺穿了。这种线虫显然花了不少时间来完善制作浆果的工艺。

得州角蜥 (Texas horned lizard)

Phrynosoma cornutum

说到安全措施，腰带＋背带的双保险式安全带是最好的。但得州角蜥的方法更像是腰带＋背带＋盔甲＋火炮的四重保险式安全措施。这是一种绝不冒险的爬行动物。

得州角蜥原产美国南部的沙漠和半干旱地区。它的学名翻译过来是"角蟾"。它们确实很像蟾蜍：圆形的扁平身体，嘴巴宽大，看上去一脸不满的样子。但与蟾蜍不同的是，它们是带刺的。

这种体长约7厘米的带刺爬行动物简直是诱人的小吃。蛇、鸟类、郊狼，甚至食蝗鼠（见100页）等沙漠捕食者都对它虎视眈眈。不过，尽管它们体型不大，甚至大型动物接近时也不会逃跑，但角蜥可不是任人宰割的盘中餐——它们是名副其实的安全专家。

第一道防线是伪装。它们的身体红、黄、灰的配色与它们所处的干燥的生活环境的颜色一致，同时它们的皮肤凹凸不平，而且习惯久坐不动，这些都能帮助它们完美地与环境融为一体。如果伪装被识破，角蜥就把自己变得大且可怕（相对于这样一只能稳稳装入小碟里的动物来说）。它们将膨胀到原来的 2 倍大小：就像是带盔甲的煎饼摇身一变，成了长满刺的气球，这让攻击者不得不重新评估一下自己的吞咽能力。

如果体型变化还不足以赶走捕食者，角和刺或许能做到。体刺只是经过改造的鳞片，而角却是实打实的骨质角——它们从角蜥的颅骨伸出来。避无可避时，角蜥会低下头，露出角，让自己尽可能令对方难以下咽。这招确实有效——报告显示，成年走鹃误食角蜥会把它吐出来，而至少有过一只过度自信的小鸟被角蜥的角从里面刺破脖子，窒息身亡。类似的，据报道，一条幼年响尾蛇被角蜥的角从内向外刺破体壁而死。

面对更大的食肉动物，特别是犬科动物时，角蜥会使用一种极为特别的威慑武器：自发性出血，即从眼睛里喷出血。它让头部周围的血压升高到血管破裂的程度，导致血液从眼窦中喷出，喷射距离大约有 1 米。所以狐狸、郊狼或狗在进食前都会三思，因为角蜥的血液对它们来说难以下咽。

血液中令人反胃的化合物可能来自角蜥的食物。角蜥主要取食剧毒的收获蚁，即马里科帕须蚁（*Pogonomyrmex maricopa*），以及甲虫和白蚁。角蜥的血浆可以去除收获蚁的毒素，但对犬科动物来说却很难闻。然而，根据大量公开报道，角蜥的血对人类显然是没有伤害的。不幸的是，由于杀虫剂的过度使用,以及攻击性和入侵性俱高的南美火蚁的蔓延,角蜥的食物来源正在减少。

角蜥通常用水吞下蚂蚁——尽管水在栖息地是稀缺资源,但它们已经有了自己的雨水收集方案。角蜥的背部呈伞状拱起,它的沟槽状的皮肤利用鳞片之间的毛细血管系统可以将水直接输送到嘴里。晴也好,雨也好,走鹃也好,狐狸也好——这种整日蹲伏的小型爬行动物,已经做好了万全准备。

天鹅绒虫（Velvet worms）

有爪动物门（phylum Onychophora）

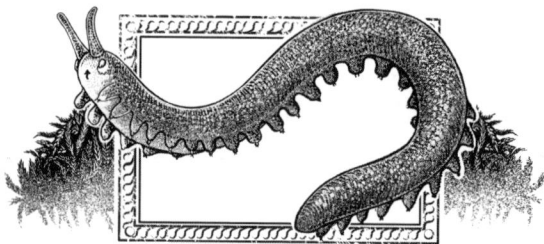

如果动物都选择了自己的超能力，那么天鹅绒虫的选择相当不错：射出一股网状胶水固定猎物。不幸的是，并非所得皆所愿。相比敏捷而强大的蜘蛛侠，天鹅绒虫更像一把破旧的胶枪。

天鹅绒虫自成一门，有爪动物门。自寒武纪早期以来，它们几乎没有变化。就系统发育而言，它们介于节肢动物和缓步动物（见 215 页）之间。不过看形态和体型，它们更像是有触角的毛毛虫。它们有许多粗短的小腿，从 13 对到 43 对不等，不同种和同种不同个体的腿数也不同。它们还有一个分节的身体，但没有坚硬的外骨骼，只有一副充满液体的身躯，依赖流体静力学原理控制其运动。天鹅绒虫慢得令人抓狂，速度只有每分钟 4 厘米。

它们的步伐如此缓慢，也足够沉着冷静，捕猎时不仅可以悄无声息地接近猎物，甚至还可以用触角轻轻碰触检查猎物。它们通常捕食小型昆虫、木虱、蜗牛或蜘蛛。如果猎物符合所有条件，攻击就开始了：特化的口腔乳突喷射出一连串富含蛋白质的"胶水"。与蜘蛛侠不同的是，天鹅绒虫更像胶枪，只能在近距离发射黏合剂，且最多只能发射几厘米远。通常，一股喷射就足以使小型猎物动弹不得，但对较大的动物来说，只是腿上多缠了几根黏糊糊的绳子。面对蜘蛛时，它们会喷向对方的毒牙。一旦喷出黏合剂，天鹅绒虫就会粘在猎物身上。它们摸索着被固定住的猎物，寻找猎物身上薄弱的地方，然后用下颚注入唾液，杀死猎物，接着便开始体外消化过程。用消化酶炖着主菜的同时，天鹅绒虫会清理犯罪现场——吃掉捕猎过程中产生的、已经风干了的高能量胶水。吃下受害者需要几个小时，而这顿盛宴足够使它们接下来的一到四周不用吃东西。

天鹅绒虫是唯一一只含有陆生动物的动物门，但鉴于它们本身很容易干燥脱水且偏好湿度高的栖息地，这种陆生的生活选择还挺出人意料的。它们有的独居，有的群居。其中一个群居性物种罗氏真南栉蚕（*Euperipatoides rowelli*）生活在由雌性领导的群体中。每个群体最多有 15 只个体，每个群体都很注重保护它们栖息的腐木。这些天鹅绒虫以群体为单位进行猎食，占支配地位的雌虫享有对食物的优先权。它独自用餐一小时后，其他雌性才获准分享残羹冷炙，然后再轮到雄性和幼虫。占优势地位的个体会撕咬、追逐、踢打其他个体，迫使它们安分守己。

天鹅绒虫的繁殖方式很多样化，给它们的生活平添了几分滋味。有些物种是卵生的，也就是产卵的。有些是胎生的，能产下活的幼虫。希望两全其美的物种则选择卵胎生——卵装在母亲的子宫内，但胚胎的营养由卵中的蛋黄维持。其至还有一种孤雌生殖的物种。某些雄性天鹅绒虫吸引配偶的方式尤为奇特——虽然不是凭借它们的臭脚丫子，但一定是足以与其媲美的东西：通过腿部腺体释放的信息素。更奇怪的是，一些物种通过头部而不是阴茎传递精荚（精子包囊）。它们头上有专门的结构（凸起、凹陷或短刺）来完成这个任务。也许最奇怪的是，有些雌性天鹅绒虫不需要在指定的落卵点接受精子。只需把精荚简简单单地放在它们的皮肤上就能触发一种反应：雌性特化的血细胞会分解角质层和包裹精荚的包膜，使精子能够直接进入体腔，随后进入卵巢。考虑到天鹅绒虫的速度如此之慢，交配也许还是这样直截了当为好。

袋熊（Wombats）

袋熊科（family Vombatidae）

　　袋熊是形似 30 千克大豚鼠的澳洲有袋类，包括三个物种：塔斯马尼亚袋熊（*Vombatus ursinus*）、南澳毛吻袋熊（*Lasiorhinus latifrons*）和昆士兰毛吻袋熊（*Lasiorhinus krefftii*）。第三种袋熊已经极度濒危，目前仅存于昆士兰州埃平森林国家公园 3 平方公里的区域里。这三种袋熊都是植食性动物。它们生活在地下，是优秀的挖掘者。雌性袋熊均有开口向后朝向臀部的育儿袋，这样妈妈挖洞时幼崽就不会满嘴是泥。

　　毫不奇怪，这种体型较大的动物挖出的地下通道会引来不速之客。被捕食者（如狐狸或野狗）追入洞穴时，袋熊会使用相当有效的武器：盾状的臀部。被逼入绝境的袋熊会头朝内钻入隧道中，然后堵住隧道，只把屁股暴露在敌人面前。袋熊的屁股包括由四块软骨包裹的骨骼融合而成的坚硬骨板、一层坚实的脂肪，以及厚实的皮肤和粗糙浓密的鬃毛，非常适合保护内脏器官。澳洲野犬或袋獾能在开阔地带捕杀袋熊，但在地下面对这样的防御盔甲，双方都会受到折磨。而且，从始至终，袋熊都不会乖乖地坐以待毙——它不仅会踢上一两脚，还会用防弹屁股将捕食者撞到通道的墙壁上，碾碎它们的头骨，或在这个过程中让捕食者窒息。正如动物园饲养员手册对工作人员警告的那样：不要把手臂放在袋熊屁股和坚硬物体之间。

袋熊最著名的特征，或许是排出立方体粪便的能力。几十年来，这种排便过程一直困扰着科学家，因为袋熊的肛门根本不是方形的。直到最近，立方体便便的神秘面纱才被揭开。这归功于塔斯马尼亚大学和亚特兰大佐治亚理工学院的研究人员展开的国际合作。在解剖过程中，科学家团队观察到两件事。首先，袋熊的结肠较长，接近 6 米，而人类的结肠平均只有 1.6 米。这意味着，它们的粪便到达结肠末端时非常干燥。漫长的肠道旅程（平均持续约 40—80 小时）及其导致的粪便干燥可能会使它们更好地保持形状。其次，我们现在已经清楚袋熊的粪便是在结肠中形成几何形状的，而不是像以前怀疑的那样在排便期间成形。袋熊肠道的弹性和厚度并不均匀，各部分有的软，有的硬，有的厚，有的薄。通过更多的解剖、拉伸测试和数学模型，研究小组得出结论：在粪便通过收缩更快的坚硬部分和运动更慢的柔软部分时，它的壁面变得平坦，边缘变得更尖锐。这项研究发表在其命名耐人寻味的《软物质》(*Soft Matter*) 杂志上，它的发现也为这些科学家赢得了 2019 年的搞笑诺贝尔物理学奖。"搞笑诺贝尔奖"——诺贝尔奖的"恶搞版"——授予那些"让人发笑，然后思考"的科学成果。这个研究看起来只有"屎用价值"，但实际上袋熊㞎㞎的发现也许还能应用到制造业或临床病理学中。

对袋熊来说，形状奇特的粪便可能有助于标记领地，因为立方体㞎㞎不太可能滚离指定的标记位置。这种胖乎乎的有袋动物每天产生大约80—100个方块，妥妥的"砌墙"大师。

木蛙（Wood frog）

Rana sylvatica/Lithobates sylvaticus

在阿拉斯加静谧的冬季森林里，在那沉默的树林间，有一个冰封的池塘。池塘旁边，在落叶的薄毯和积雪的绒被下面，有一只棕色的小青蛙，小得可以放在掌心上。小青蛙一动不动，它冻僵了。它的心脏不再跳动，它的血不再流淌，它的肺也不再呼吸。然而，当春天来临时，小青蛙会从冰冻中苏醒，跳进整个冬天伴其身侧的小池塘里——仿佛什么也没发生过。

这种酷得要命的两栖动物是木蛙。它们生活在从美国中西部跨越加拿大一直延伸至阿拉斯加和北极圈的林地中。木蛙每年有七个月处于冰冻状态，那时它们栖息地的环境温度在零度以下，分布区北部更是低到 -22℃。人类要是想尝试这一壮举，他们的细胞和组织绝对会被冰晶炸裂和破坏——但木蛙却可以毫发无损。

木蛙有自己的防冻系统。它们使用两种物质作为冷冻保护剂以限制自身结冰，帮助保持细胞膜和大分子的完整性。第一种是尿素，它能抑制新陈代谢；第二种是葡萄糖，它的主要作用是保持细胞内的水分。较高含量的葡萄糖将胞内物质转化为不会结冰的糖浆状溶液，同时也能防止脱水。同时，细胞外的水越少，细胞周围的冰就越少，对组织造成的破坏和损伤就越小。多亏这两种保护性化合物，即使体内三分之二的水结冰，木蛙也能愉快地活下去。

这种两栖动物不会突然切换至冰块模式。它们在 9 月或 10 月有几周准备时间，这段时间它们夜间结冰，白天解冻。反复的冻融循环可能有助于提高体内抗冻剂的含量。木蛙可以轻松应对血糖水平上升 250 倍而不患糖尿病。

不过，这种高糖两栖动物的性情并不甜美，特别是在幼年时期。木蛙在早春交配，它们喜欢在存留时间很短的湿地中繁殖，其中包括海狸建造的池塘。选择这种水源的好处是：没有食卵鱼类常驻其中。然而，这种远离捕食者的安逸是有代价的，因为临时池塘容易干涸，让卵和蝌蚪脱水死掉。与此同时，随着水池干涸，池塘中剩下的食物也越来越少，而蝌蚪排泄带来的污染物越来越多，直到布满池塘。对蛙类幼崽来说，成长变成了竞赛——它们能在池塘彻底干涸或太脏之前完成发育吗？

父母可以替它们抢占一点先机，通过尽早产卵来争取一些发育时间。由于木蛙在很大的公用输精点产卵，位于卵群中心的卵可能有一个优势：温度稍高，可以加速生长，还可以更好地保护自己免受外部危险的侵害。即便如此，为了在竞争中领先，在日益萎缩的家园中保证生存，蝌蚪会以最残酷的方式应对竞争：同类相食。在生活条件优裕时，它们不会吞食其他蝌蚪。但是，当它们感觉到池塘变得拥挤（从不断增加的蝌蚪排泄物中感知到化学成分变化）时，就会毫不犹豫地吞下同类。

在这个"蛙吃蛙"的世界里，通常是最成熟、发育最好的蝌蚪攻击较小的蝌蚪或卵——典型的"冷血"谋杀。

Water

亚马逊河豚（Amazon river dolphin）

Inia geoffrensis

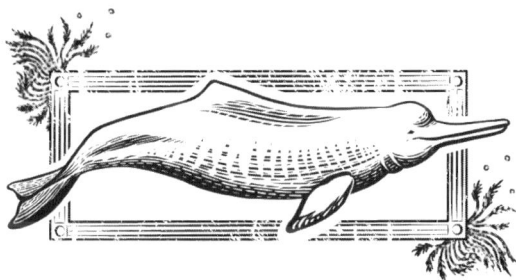

　　亚马逊河豚，或称波托（boto），简直就是人们刻板印象中小女孩的挚爱：它看上去是海豚，还粉嘟嘟的。然而，这个物种除了芭比娃娃般的吸引力，还有更多引人注目的特征。

　　亚马逊河豚生活在南美洲的众多河流中，在巴西、厄瓜多尔、委内瑞拉、玻利维亚都有发现。由于栖身的河水往往很浑浊，波托们用声呐来导航和定位猎物——发出咔哒声，并测量声音被各种物体反射回来的时间。它们圆滚滚的球状脑袋里有一个叫作"瓜"（melon）的结构——一大块脂肪垫，充当为声呐聚焦的声透镜。因为亚马逊河豚可以用肌肉控制"瓜"的形状，所以它的声呐方向性十分优越。与此同时，它们发出的咔哒声不像生活在海洋中的海豚那么强烈，可能是因为它们的生活环境更为杂乱。

　　在饮食方面，这些"瓜脑袋"的河豚可是绝对的狠角色：

它们吃食人鱼！当然了，它们的食谱也包括其他各种鱼类、河龟和螃蟹——利用吻部的刚毛，它们可以发现埋在泥巴里的猎物。它们的眼睛看上去极其细小，但视力不赖，在水里和水面上都相当好。这些家伙游得不快（通常每小时 2—5 公里），躯体看着笨拙，但非常灵活机动，能够轻松转弯和掉头。穿越狭窄的溪流、小河道和急流时，这些本事就很管用。到了干旱季节，它们可能会被禁闭在深水湖里。然而，当河流上涨，它们就会跟随鱼类游进洪泛区，有时甚至在淹没的树林间游动。

亚马逊河豚长约 2.5 米，重达 200 公斤，体型雄踞所有河豚之首。雄性的体型可达雌性的 1.55 倍，这在鲸豚类动物中相当罕见，因为大多数鲸豚类物种的雌性更加魁梧。雄性波托也更加粉嫩，至少乍一看如此。亚马逊河豚出生时是灰色的，然后体色逐渐改变——随着表皮疤痕渐增，身体逐渐变成粉色。雄性攻击性更强，有时几乎浑身伤疤，这让它们的皮肤更具粉红色泽。

在研究人员发现雌雄体型差异前，人们一直以为亚马逊河豚实行一夫一妻制。然而，一旦分清性别，波托们丰富多彩的爱情生活就显而易见。一夫多妻制、滥交、自慰（雌雄都有）、同性恋均曾见诸报告，甚至还有雄性试图插入另一只雄性的气孔——不过这可能并不常见，毕竟亚马逊河豚每30—90 秒就需要（通过那个气孔）呼吸一次。这种行为或许不应该告诉喜欢粉色动物的小女孩。

围绕波托的神话也跟它们丰富多彩的性行为一致。亚马逊原住民相信，这些河豚是有魔法的，它们能幻化成人形来勾引男人，或让女人怀孕。这种信仰为粉色河豚提供了一定程度的保护，因为几乎没人胆敢威胁如此强大的动物。尽管如此，波托如今濒临灭绝，这主要是河水污染和河坝修筑导致的，但也跟它们与渔民之间的冲突有关。它们不仅会被渔具缠住，还会被故意杀死用作诱饵。亚马逊河豚命运的扭曲远比它们的性生活更加有悖常理：曾经捕食鱼类的波托，成为渔民捕鱼的诱饵。

美洲鲎（Atlantic horseshoe crab）

Limulus polyphemus

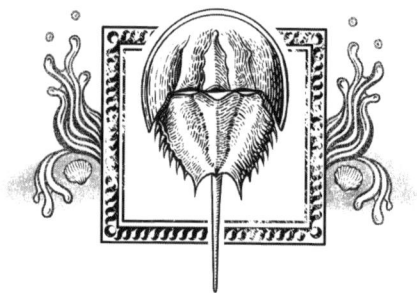

是什么生物拥有蓝色血液，并且已经存在了 4 亿年？不，谜底可不是英国王室，而是鲎（又名马蹄蟹）。

令人困惑的是，马蹄蟹并不是蟹。它甚至都不是甲壳动物。尽管生活在海洋中，但它与蜘蛛和蝎子的亲缘关系，比跟螃蟹和龙虾更近。全世界有四种鲎，其中三种分布在亚洲，只有美洲鲎分布于北美洲的东海岸。这些海洋节肢动物被称为"活化石"，因为它们在 2 亿多年里几乎没有变化，而且相似物种的最早化石记录可以追溯到 4.8 亿年前，比恐龙还要古老。

在人类看来，鲎就像是身体结构设计完全错误的生物（它们可能对人类也有同样的看法）——它们以腿取代下颌，生殖器长在鳃里，嘴夹在腿之间，眼睛几乎到处都是。鲎的拉丁文学名来自希腊神话中的独眼巨人波吕斐摩斯（Polyphemus），然而鲎至少有 9 只眼睛。头胸甲上方有 1 对复

126

眼、1 对中央眼，加上 3 只未充分发育的眼睛；在身体底部，还有 2 只靠近嘴巴的腹侧眼（可能是游泳时导航用，因为鲎在水中采用仰泳的姿势）。如果这还不够，它们的尾巴上还有一系列的感光器官。

美洲鲎的眼睛可不是什么寻常的眼睛——它们是推动科学发展的眼睛。1967 年，霍尔登·凯弗·哈特兰凭视觉神经生理学的研究获得诺贝尔奖；而他主要研究的就是这些海洋无脊椎动物的眼睛——尤其是它们大型的光感受器。然而，这还不是鲎对生物医学研究的唯一贡献——它们因为蓝色血液的独特属性而备受珍视。

鲎血液中与氧气结合的物质不是血红蛋白，而是含铜的血蓝蛋白。顾名思义，这种蛋白在氧合时变成蓝色。从制药的角度，这种"皇室蓝血"更有用的特性是检测内毒素 [1]。内毒素分子位于细菌外膜上，能迅速触发变形细胞（也就是鲎血细胞）的反应。因此，这种变形细胞成为商业化内毒素检测方法的首选，广泛用于药品、疫苗、植入物以及环境因素的质量检测。

为了获得这种重要的物质，人们每年从海里捕捞大约 50 万只美洲鲎，带到实验室放血。每只鲎都要在放归野外前捐献大约 30% 的血液。这听起来似乎是为巨大的生物医学利益而做出的小小牺牲，但有 10% 到 30% 的鲎捕获后立

1　内毒素，革兰氏阴性菌（如伤寒杆菌、痢疾杆菌等）菌体中存在的毒性物质的总称。

刻死亡，而且这个数字还没有得到长期监测。这些动物承受着操作应激、受伤、失血过多和缺氧的痛苦。采血还会降低雌性的繁殖能力，这尤其令人担忧，因为采血通常是在产卵季进行的。更糟糕的是，在渔业生产中，鲎还被用作海螺和鳗鱼的饵料。

保护人士日益关注这个物种的命运，因为鲎数量的减少连带影响到其他动物。迁徙的鸻鹬类，如红腹滨鹬需要食用富含蛋白质的鲎卵来补充能量。虾类、鱼类和蟹类会取食鲎的幼体和亚成体，大西洋蠵龟则取食鲎的成体。

如何平衡物种的保护与生物医学和渔业的利益，正是监管机构面临的决策挑战。目前市面上已经开发出一些内毒素检测的替代用品（尽管效率较低）。不过限制医药行业的需求，可能会削弱目前限制捕鱼业的保护性措施的合理性，从而使鲎在法律上陷入不确定状态。

飘飘鱼（Bluestreak cleaner wrasse）

Labroides dimidiatus

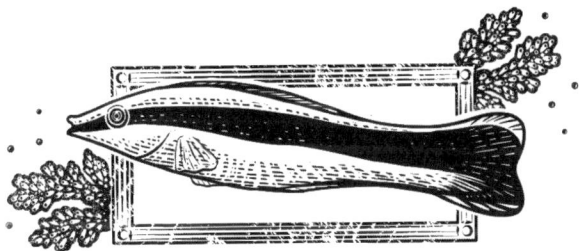

在复杂多维的水下社会，有一群非常勤勉努力的服务业工作者。它们的地位如同海中之盐，你可以称它们为——"清洁鱼"。从事清洁工作的物种很多，不过最为人所知的是飘飘鱼，即蓝带裂唇鱼。这种鱼生活在太平洋和印度洋的珊瑚礁中，长约 10 厘米，常驻在"清洁站"。体型较大的"顾客"游过来时，这些清洁工会吃掉它们皮肤上的寄生虫或坏死组织。它们不只为鱼类提供服务——当海龟、章鱼、龙虾或海鸟光临时，它们同样乐意效劳。

飘飘鱼很容易辨识：它们的身体呈蓝色或白色，体侧有一条对比鲜明的黑色条纹。它们招揽顾客时还会伴随一点舞蹈——伸展尾巴，舞动尾部，以表明自己正在营业。受到欢迎的顾客们会慢慢地、平静地靠近清洁站，稳住身体，让清洁鱼自由接触鳍、鳃、嘴和其他身体部位。清洁业务取得了难以置信的成功，单单一条清洁鱼每天都能有超过 2000 次互动——难怪一些鱼类会模仿它们的外形和行为。假清洁鱼（纵带盾齿鳚[*Aspidontus taeniatus*]）不仅模仿它们鲜艳的体色和黑色条纹，还会跳"欢迎光临清洁站"的舞。然而，假清洁鱼会趁顾客张开身体时啃咬对方，而不是清洁顾客的身体。另一种具有攻击性的模仿者横口鳚（*Plagiotremus rhinorhynchos*），给客户注射含有阿片类成分的毒液，顾客即便被咬了也没有感觉，更别说追捕这些罪犯了。

你可能会得出这样的结论：飘飘鱼善良、乐于助人，而飘飘鱼的模仿者肮脏、剥削成性。但真相远非如此简单。飘飘鱼主要以寄生虫为食，不过它们真正喜欢吃的是其他鱼类美味而营养丰富的鳞片和体表黏液。不过，顾客其实不喜欢被啃食，它们会追赶啃食者，或者避开粗暴的清洁站。所以，飘飘鱼面临两难局面：要么冒着生意破产的风险，享用美味的黏液碎屑；要么接受不那么理想的寄生虫大餐，保证生意兴隆。

飘飘鱼很难欺骗顾客而不自砸招牌。顾客一旦被咬伤，这种痛楚会引起剧烈而显眼的颤动。在其他在场的鱼类看来，这样的颤动表示："小心，顾客在这个地方被咬了！"这样一来，清洁鱼的名声坏了，客户也便丢了。因此，有其他鱼旁观时，清洁鱼往往会表现优异，以吸引潜在顾客；相反，如果周围没有旁观者，它们会啃咬得更频繁。此外，那些抵挡不住黏液诱惑又不想失去顾客的啃咬者，会用鳍给顾客提供背部按摩作为补偿（并向旁观者炫耀它们提供的额外服务）。

比起没有办法选择其他清洁站的本地常住居民，能够自由选择的外来访客会获得优先待遇。访客代表着短暂的食物来源，飘飘鱼很快学会要在食物消失前把它吃到口。事实上，面对需要最大限度地摄取食物的任务时（即先光顾临时的食物来源，再从永久的来源获取食物，从而获得额外的延迟奖励），飘飘鱼的学习非常迅速。相对来说，灵长类动物，如卷尾猴、黑猩猩、猩猩等动物王国的智囊团，面对这类任务时往往表现得一塌糊涂。有趣的是，该项目的首席研究员雷多安·布沙里给四岁女儿设置了类似的"觅食测试"，分别将巧克力豆放在临时存在和永久存在的盘子里——唉，实验重复了 100 次，小姑娘从来没学会优先考虑临时性的盘子。

博比特虫（Bobbit worm）

Eunice aphroditois

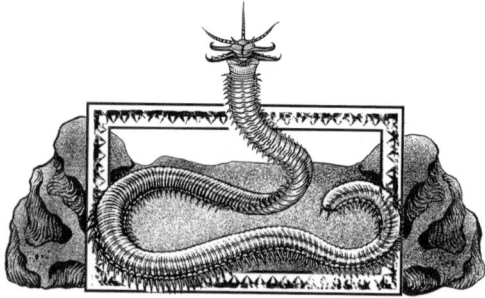

　　给一种动物取名为 Eunice aphroditois——属名来自海仙女尤妮斯（Eunice），种加词来自希腊神话中爱与美的女神阿佛洛狄忒（Aphrodite）——无疑会给它带来巨大压力，特别是外表上的。但这个神圣名字的拥有者并没有屈服——它看起来像是好莱坞历史上所有恐怖电影中外星人的混合体。它是一种体型巨大、身体分节的肉食性蠕虫。唯一可以勉强解释种加词 Aphrodite 可取之处的是，这种蠕虫身上有一种华丽的彩虹光泽，堪称绝艳——前提是得无视它怪物般的外形。

　　这种动物的俗名——博比特虫，与它的掠食性更适配。这个名字是为了纪念约翰和洛雷娜·博比特案。该案是 20世纪 90 年代的国际头条新闻：洛雷娜趁虐待成性的丈夫睡觉之际，用切肉刀切下了他的阴茎。博比特虫并不会切掉彼此的阴茎——也许是因为它们没有任何外生殖器，于是便选

132

择直接将生殖细胞释放到水中——但它们确实会非常突然地发起袭击。

博比特虫是一种刚毛虫，属环节动物门多毛纲（分节蠕虫），这意味着它们是谦卑的蚯蚓的海洋表亲，但它们体型庞大，随时准备迎战。博比特虫直径约 2.5 厘米，长约 1 米，但最大的个体可长达 3 米。矶沙蚕科的具体分类存在一些混乱。目前，似乎任何来自大西洋、印度洋及太平洋温暖水域噩梦般的巨型多毛纲蠕虫，都被称为"博比特虫"。

这些伏击型捕食者整日埋在海底沉积物中，躲在布满黏液的巢穴里，于是又得名沙地袭击者。它们唯一露出的身体部位是头部，而头部为突袭配备了完美的武装。头部的五个条纹触须就像水雷的接触引信：如果一条鱼游过来——要么是被触须蠕虫状的动作吸引，要么是不幸碰巧遇上——并且轻轻触碰到这些触须，博比特虫就会抓住它并拉进洞里。它强壮的下颚比身体还宽，呈剃刀状。等待猎物的时候，下颚保持张开，就像装有弹簧的陷阱。抓到猎物时，下颚猛地用力关上，有时候甚至会把猎物切成两半。不四处摸索猎物时，博比特虫也能用眼睛定位潜在的猎物。在夜间，博比特虫会改变捕猎策略，变得更加活跃，从海底探出身体抓住经过的鱼。

一些鱼类已经学会勇敢地对付博比特虫，比如乌面眶棘鲈（*Scolopsis affinis*）。它们发现蠕虫后，会将它团团围住，向它的方向喷水，直到它撤退到沙面之下。围攻行为有几个目的：除了直接威胁这种多毛纲蠕虫，还可以告知该区域的其他鱼类此处有博比特虫："你被逮住了！换个地方混吧！"

说到换地方……在博比特虫生命的早期阶段，它们是浮游生物，可以随意四处游荡，但最终会无意中进入岩石或珊瑚的角落和裂缝。正因如此，它们有时会进入水族馆，特别是跟着从野外收集的物品混进去。博比特虫能在不被发现的情况下在水箱中生活数年。只有当珍贵的水族馆居民失踪时，水族馆管理员才会发现它们。你可以想象恐怖电影的开场场景：在宁静的水缸里，时不时有一条鱼消失——没有人知道为什么。直到一天晚上，一只外星人般的巨大水下蠕虫抬起丑陋的头部，然后……啪！

深海鮟鱇鱼（Deep-sea anglerfish）

角鮟鱇亚目（suborder Ceratioidei）

　　我们都认识这样的夫妻：妻子成功、独立、光彩照人，而丈夫是个跟屁虫。这刻画的不正是鮟鱇鱼吗？

　　深海鮟鱇鱼是角鮟鱇亚目的一个类群，共有168种，生活在距海平面300米以下的海洋深处。这个类群囊括了长相最奇怪的鱼类，它们还有与之相配的名字，比如足球鱼、针须鱼、疣鱼、鞭鼻鱼和多刺海魔。鮟鱇鱼有一张大开的深渊般的巨口，上面长着吓人的尖牙，身体呈灰褐色，头上悬垂着一根鱼竿。那根鱼竿（其实是经过改造的背鳍）配有一种发着冷光的催眠诱饵，叫作"饵球"，用来引诱猎物直接进入鮟鱇鱼张开的大嘴。使饵球发光的是共生细菌，它们为鮟鱇鱼提供照明，从而换取庇护。

　　乍一看，发光诱饵似乎是奇怪的选择——鱼肯定不会被荧光棒吸引吧？毕竟，谁会在水下发光呢？然而，真正该问的是谁没在水下发光。据估计，四分之三的海洋生物会发光。发光诱饵不仅能吸引潜在的猎物，还能用来找对象。

散发光芒和引诱，只有硕大勤勉的雌鱼才能做到；相比之下，雄鱼则又小又不起眼。事实上，成年雄性刺头光棒鮟鱇鱼（*Photocorynus spiniceps*）的体型非常小，只有 6—10 毫米，是全球最小的脊椎动物之一（雌鱼的体长超过 50 毫米）。何氏角鮟鱇（*Ceratias holboelli*）的性别差异最明显，雌鱼体重是雄鱼的 500 万倍，简直不可思议。

但即便拥有细菌照明系统，在黑暗的海洋深处寻找配偶也并非易事。雄性鮟鱇鱼采取特殊的适应方式，最大程度地提高自己的生存机会：除了超大的眼睛，它们还有巨大的鼻孔，可以捕捉到任何具有诱惑力的信息素。不难想象，雄鱼一旦发现真命天女，绝对不会轻易放手——它用钳状骨头取代正常的牙齿，专门用来攀住雌鱼。一些类群的雄鱼只是暂时附在伴侣身上，但也有一些得寸进尺，永久附着在伴侣身上。在这个阶段，雌鱼与其说是"伴侣"，不如说是宿主，因为雄鱼的这种行为被称为性寄生。在"你的就是我的"的行动中，雄鱼的身体与雌鱼融合，皮肤组织相互连接，循环系统整合在一起，雄鱼的眼睛和鼻孔逐渐退化，在营养上完全依赖雌鱼，直到死亡将它们分开。自由生活的单身雄性何氏角鮟鱇鱼成年后甚至不会觅食，只会耗尽储存在肝脏中的能量寻找配偶。配对后，它就从美娇娘身上吸取营养物质。

在 1922 年描述过此类现象的冰岛研究人员比亚尼·萨蒙德森曾相信附着的雄鱼是幼鱼。事实上，恰恰相反，只有依附到雌鱼身上，雄鱼才会发育成熟。如果没能幸运地在几个月内找到伴侣，雄鱼就会死亡。雌鱼可能在性成熟前就被寄生；从它的角度看，有个口袋大小的雄鱼在身边是很实用的，即使对方算不上什么伴侣。无论它何时准备生孩子，配偶就在这里——它们形成奇怪的雌雄同体、自我受精的嵌合体。

从免疫学的角度，两个独立有机体要在肉体上（可能在精神上也有）合二为一，需要避免来自免疫系统的互相残杀。被寄生者的免疫系统一旦产生强烈的排异反应，器官移植就会失败，所以性寄生绝非易事。鮟鱇鱼通过共同降低自身免疫反应来解决这个问题。在配偶暂时结合的类群中，免疫反应只是有所减弱，但那些永久融合的类群甚至失去了一些作为脊椎动物必不可少的反应。当一条雄鮟鱇鱼承诺它将永远属于你时，它可是认真的。

鸭子（Ducks）

雁鸭科（family Anatidae）

　　每个人都知道鸭子是什么，对吧？所有人都知道，除了分类学家。鸭子属于雁鸭科，与鹅、天鹅同属一个科，这就是目前它们在分类系统中的位置。就其本身而言，鸭子没有形成一个单系群，也就是说，它们不是共同祖先的后代。相反，它们是一个"形态分类群"：根据形态和行为分出的类群。基本上，大多数分类学家都采用溯因推理测试的老传统来区分什么是鸭子，什么不是鸭子。"如果它看起来像鸭子，游起来像鸭子，叫起来像鸭子，那么它可能就是一只鸭子。"

　　更糟糕的是，鸭子很容易发生种间杂交[1]。绿头鸭（*Anas platyrhynchos*）与四十多种鸭类交配，包括濒临灭绝的夏威夷鸭。棕硬尾鸭会对濒临灭绝的白尾鸭产生好感。总体而言，

1　种间杂交，指异种生物体通过杂交产生杂种子代的手段，比如马和驴杂交，生下骡子。

水禽中已经记录到 400 多个种间杂交种。这是严重的物种保护问题，特别是在本土鸭数量很少的岛屿上。杂交如此频繁，是因为不同物种的基因组成和行为相似，还共用相同的栖息地。然而，可能还有一个促成因素：鸭子属于那 3% 的拥有外阴茎的鸟类。

大多数鸟类比较贞洁：由于缺少阴茎，它们靠"泄殖腔之吻"繁殖。就像裸体的芭比和肯那样，它们只是简单地把私处互相压在一起几秒钟，就足够让精子进入雌性的泄殖腔。瞧，这就是幼鸟的形成过程，除了小鸭子——小鸭子是两性进化战争的产物。

鸭子通常被认为是一夫一妻的（至少在一段时间内），但实际上它们有很多婚外情，这导致了激烈的精子竞争。竞争越激烈，鸭子的阴茎就越大。阿根廷湖鸭（*Oxyura vittata*）是拥有最长阴茎的鸟类——最高记录是 42.5 厘米——它相对于体型的占比也是所有脊椎动物中最大的。此外，鸭子的阴茎覆盖着体刺，可能有利于从雌性生殖道中去除前任的精子。鸭子的性生活绝对不乏爆发力——疣鼻栖鸭（*Cairina moschata*）以每秒 1.6 米的速度将 20 厘米的螺旋状阴茎伸入雌性的泄殖腔。强迫性交配在雁鸭科中并不罕见。因此，雌性发育出令人难以置信的复杂阴道，保留受精控制权。这些阴道由具有欺骗性的分岔、缝隙和死胡同构成。这些阴道内部的迷宫以顺时针蜿蜒，使得逆时针螺旋的阴茎更难到达目的地。这也表明，阴道的螺旋是性冲突而不是合作的结果。

毫不奇怪，母鸭对公鸭都很警惕。据报道，公鸭会强行交配，不限公母，无论死活。2001年，一篇关于绿头鸭同性恋恋尸癖的研究记录了一场持续了75分钟的交配——而这并不是关于绿头鸭同性恋或恋尸癖的唯一记录。

拥有如此刺激的爱情生活，有些鸟类没有留下太多时间照顾后代。黑头鸭甚至懒得筑巢。它像布谷鸟一样，让其他鸟孵化自己的蛋，比如白骨顶、海鸥，甚至是猛禽——它怎么敢的！不过非常独特且幸运的是，这些小鸭子发育很快，出壳当天就能离开巢穴，不会伤害到继兄弟姊妹。

有时寄养会带来意想不到的效果。人工饲养的澳大利亚麝香鸭（*Biziura lobata*）不再只有无趣的"嘎嘎"声，它学会如何拓展自己的演唱曲目。这种鸭子能模仿太平洋黑鸭的叫声和摔门的砰砰声，据记载，一只名叫"开膛手"的雄性麝香鸭甚至曾模仿它的饲养员说："你这个该死的傻瓜！"——证明鸭子的嘴是水禽中最脏的。

吸虫（Flukes）

微茎属（*Microphallus* spp.）

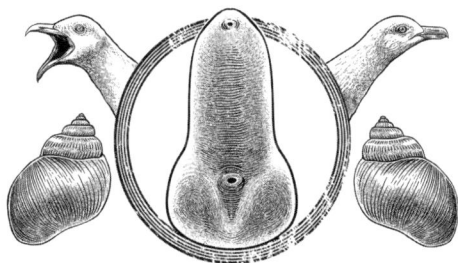

　　不要尝试查阅这些物种的图片——至少不要在上班的时候！谈到这些生物的形状时，微茎属（Microphallus，来自希腊语，意思是"微小的阴茎"）没有给人们留下太多想象余地。微茎属吸虫像所有吸虫一样，属于寄生性扁虫，是我们熟知的绦虫的远亲。它们细长、扁平，长度在1毫米到7厘米之间。它们的体表可以直接进行气体交换，不需要呼吸系统。出于同样的原因，吸虫认为屁股已经过时了：它们摄入食物，然后消化，最后食物从哪里进来就从哪里排出；嘴巴兼作肛门。

　　吸虫在消化和呼吸系统上的不足，在繁殖策略上得到弥补。它们雌雄同体，每只个体都有两个睾丸和一个卵巢，因此它们可以与同伴交配，也可以自己为自己的卵授精。它们甚至既能有性繁殖，又能无性繁殖。而在此基础上，吸虫生命史的复杂性，让人类的存在看上去非常原始。

一切从一颗卵开始。当吸虫妈妈和吸虫爸爸非常爱对方的时候（或者，更有可能的是，当一只孤独的吸虫刚好足够爱自己的时候），它们在能找到的最舒适的地方产卵——大多时候是在毫无戒心的脊椎动物的消化系统里。这种脊椎动物通常是鸟类，被称为主要宿主或最终宿主。在吸虫看来，宿主的工作是为成年微茎属动物提供良好的环境，然后将它们的卵排泄到体外，释放到广阔无垠的世界中。理想情况下，这个广阔无垠的世界靠近水域，所以喜水的鸟类通常是最终宿主。在那里，吸虫可以找到下一个受害者，即中间宿主。这种毫无戒心的生物大概率是蜗牛或者其他软体动物。吸虫的卵会被蜗牛吃掉，或在水中发育，释放出幼虫，感染宿主并进行无性繁殖。生命周期复杂程度较低的吸虫（如梨状微茎吸虫 [*Microphallus piriformes*]），依靠中间宿主被最终宿主吃掉来完成繁殖。生活方式更复杂的吸虫（如棒形微茎吸虫 [*Microphallus claviformis*]），在到达鸟类终点站，即最终宿主的身体之前，会进入第二个中间宿主，例如一只小甲壳动物。抵达终点后，已经成年的它们会进行有性繁殖。

精心安排这些复杂而又神秘的脚本时，吸虫可不会听天由命。它们住进中间宿主的大脑中，操纵中间宿主违背自己的本能，把它们送到最终宿主饥饿的嘴里。例如，吸虫幼虫会进入甲壳动物潟湖沙虾（*Gammarus insensibilis*）的大脑中，并在那里对后者发号施令——它们改变这种甲壳类动物对光、触觉和重力的反应，导致异常的逃跑行为，提高其被吃掉的可能性。同样，受感染的新西兰淡水蜗牛（*Potamopyrgus antipodarum*）更有可能清晨时分在岩石上觅食，以便水禽（吸虫的首选宿主）可以吃掉它们——而很少在下午觅食，因为鱼（一个不合适的宿主）此时在外面徘徊。在世界另一边的苏格兰，受感染的萨克斯玉黍螺（*Littorina saxatilis*）也表现出类似行为——它们比未被感染的同类更有可能向上移动，进入危险的海鸥领地。有趣的是，当寄生虫准备转移到新宿主那里时，这种模式仅在已成熟感染的玉黍螺中普遍存在，而当感染尚未成熟时，或感染非转移性寄生虫时玉黍螺则不会表现出爬上裸露岩石的冲动。

然而，吸虫并不满足于仅仅改变宿主的行为。吸虫会通过占据玉黍螺的性腺来阉割它，这只能用残忍至极来形容。寄生性阉割会促进蜗牛生长，为吸虫自身的繁殖提供更多资源。尽管只有非常原始简单的大脑，这些吸虫却能实施真正的马基雅维利式[1]的计划。

1　即马基雅维利战法，源自意大利政治家、历史学家马基雅维利，人们在被追求时容易产生快感，因此请求对方给予恩惠能达到很好的效果，而这种貌似请求对方给予恩惠的政治策略就是"马基雅维利战法"。

恒河鳄（Gharial）

Gavialis gangeticus

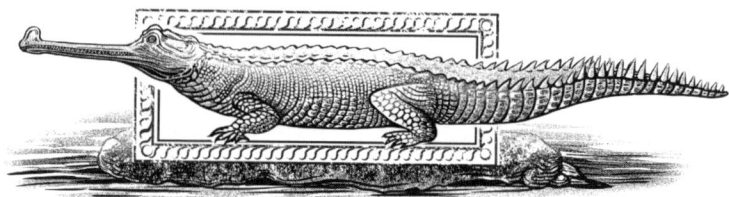

　　您在找保姆吗？不妨考虑一下这位候选人：体贴入微，心思细腻，性格和长相都很有趣（卡通风格的鼻子、圆圆的眼睛、长长的身体），喜欢用腹部滑行和戏水，鼻子适合来当戳戳乐。它几乎是无死角的完美存在！若要在神仙保姆玛丽·波平斯[1]和恒河鳄之间选择，只能靠抛硬币了。

　　恒河鳄是全球第二大鳄鱼，雄性体长超过6.5米，但要比大得离谱的咸水鳄温和得多。恒河鳄原产于南亚的河流中，是一种鱼素主义动物，用长有大约110颗牙齿且瘦得皮包骨的滑稽尖嘴捕鱼。在鳄鱼中，它除了是牙齿最多的，还是最喜欢待在水里的，只在晒太阳和产卵时才会离水。它是出色的游泳选手；但在陆地上，它却只能依靠腹部滑行，同

1　《玛丽·波平斯系列童话》中的人物，是一位神通广大、能使用魔法的保姆。

时用瘦弱的四肢助推。

与一般鳄鱼或短吻鳄不同，恒河鳄的性别一目了然。雄性在 11 岁左右达到性成熟，鼻尖开始长出球状突起。这种突起就像印度一种传统陶罐 (ghara)，该物种因此得名 (Gharial)。鼻突的作用是放大雄性鼻孔发出的嘶嘶声。在安静晴朗的日子里，一公里外都能听到鳄鱼的鼻息声。恒河鳄实行一夫多妻制，雄性守护着由几只雌性占据的领地。

恒河鳄妈妈的蛋是所有鳄鱼中最大的，每枚重约 160 克，是鸡蛋的 3 倍。一窝蛋多达六十枚，密封在沙洲上挖的巢里。妈妈会根据幼崽的啾啾声把已孵化的幼崽挖出来。同窝的幼崽会待在一起，尽管来自多个巢穴的幼崽会加入同一个由 120 余条小鳄鱼组成的"托儿所"，由一只或多只成年鳄鱼照顾。托管员既有雌性，也有体型巨大的雄性（超过 5 米长），它们随时随地保护其幼崽免受任何威胁。这些小家伙通过声音与看护鳄交流，而成年鳄之间还会使用视觉信号进行交流。在最初九周内，幼崽会得到最周密的照顾。不过即使已经九个月大，幼崽们也会得到大老爹们的照顾。

小鳄鱼是在沙窝里发育成男宝宝或女宝宝的。鳄鱼决定性别的方式跟人类不同：人类是染色体系统，XX 是雌性，XY 是雄性，性别由幼崽的基因组成决定；而鳄鱼的性别由环境决定，更准确地说，由温度决定。29℃—33.5℃的环境温度能孵化出可育卵：在低温（低于 31℃）或高温（高于 33℃）环境下孵化的卵以雌性为主，而在 32℃左右孵化的卵以雄性为主。而且，温度越高，卵发育得越快。总的来说，鳄鱼表现为 FMF 模式（即雄性在中等温度下发育），而大多数海龟遵循更直接的 MF 模式——温度高则雌，温度低则雄。

温度决定性别没什么不好，直到……你没猜错，直到因为气候变化导致某一性别数量锐减。更糟糕的是，极度濒危的鳄鱼正受到各种因素的威胁：污染、栖息地丧失、兽皮捕猎和传统医药。渔业也视它们为眼中钉。被渔网缠住嘴巴的鳄鱼会在一年的时间里慢慢饿死，而部分渔民还会故意切掉它们的鼻子，让它们饿死。

值得庆幸的是，它们很容易圈养繁殖，但需要更多的研究来了解照料恒河鳄的复杂性，以确定何时且如何将幼崽放归野外。这些尽心尽力的保姆，自己也需要被保护。

澳大利亚巨型乌贼（Giant Australian cuttlefish）

Sepia apama

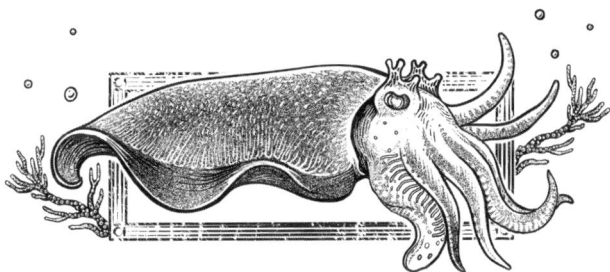

　　雄性为了交配会花多大力气？洪荒之力，至少雄性乌贼是这样。

　　比如说澳大利亚巨型乌贼，也就是伞模乌贼。它们一年中大部分时间都是独居，只在冬天聚到一起产卵。最空前的盛况在南澳大利亚的斯宾塞湾，超过 40000 只巨型乌贼占据仅仅 8 公里长的海岸线。乌贼，像大多数其他头足类动物（如章鱼、鱿鱼和鹦鹉螺）一样，在迅速变色方面出类拔萃。一到海湾，它们就换上最漂亮的装扮。为了吸引雌性，雄性放弃安全的伪装色，皮肤呈现出明亮跳动的斑马纹，而雌性则穿戴着斑驳的外衣，它们都表示做好了准备。

　　两性都会与多个伴侣进行多次交配。乌贼交配的方式是面对面，确切地说，是头对头。雌性张开十只手臂欢迎雄性，雄性先用头部腹面的漏斗向雌性嘴里喷水，以清除竞争对手的精子；接着用茎化腕——经过特殊改造的第四腕——

把精荚放在雌性的喙下，最后在它的口腔里把它打开。产卵之前，雌性会让这些卵穿过口腔部位的精子容器，自己给卵授精。因为它需要花一点时间产卵，雄性会守护着它，以确保父亲的身份。

这个过程听起来已经很复杂了，可澳大利亚巨型乌贼的爱情游戏的复杂度更上一层楼。种群中的雌雄总体比例大致相等，但雄性在产卵地点停留的时间要长得多。这意味着实际的有效雌雄比例大约是1:4，最极端时可达到1个"姑娘"对应11个"小伙"。因此，雄性巨型乌贼在寻找配偶方面竞争激烈，它们会采取各种策略来争取配偶。

体型较大的雄性会直接挑战已配对的雄性，以最有男子气概的模样进行正面对抗，有时可以取得成功。然而，体型较小的那些就没有多少机会赢得挑战了，所以它们只能选择偷欢——类似于侧斑鬣蜥（见44页）的"偷摸策略"。它们要么公开偷情，在雌性的伴侣忙着击退那些具有男子气概的雄性时接近它；要么选择隐蔽式偷情，在雌性即将产卵时躲在岩石下伺机约会。

体型最小的雄性还有个选择：乔装打扮。为了悄悄接近一对夫妇，这些雄性会换上雌性斑驳的皮肤图案，隐藏自己挥舞着精子的第四腕，模拟产卵的雌性姿势。这种伪装非常成功，不仅能愚弄其他雄性（体型较大的雄性对新来者展现出惊人的保护欲，较小体型的则试图与它交配），还困扰着进行行为观察的科学家。

与此同时，雌性则相当挑剔，会拒绝超过三分之二的交配邀约。当它们忙于产卵，或者对交配不感兴趣时，就会在鳍的基部竖起"忙着呢"的标志：一条醒目的白色条纹。忽视这个警告的雄性会被毫不客气地推开，偶尔还会被喷墨伺候。

澳大利亚巨型乌贼的繁殖策略可能已经足够复杂，但显形乌贼还要略胜一筹。在卡巴莱歌舞表演[1]中，单人表演者的衣服从不同角度看呈现出不同的性别。这些软体动物也不落人后，可以在身体一侧显示雄性图案，另一侧显示出雌性图案。因此，一个雄性可以向右侧的雌性求爱，同时安抚左侧的男友。有趣的是，这种"半雄半雌"行为只适用于只有一个情敌的情况，因为要想同时欺骗两个雄性就太难了。说真的，墨鱼把"爱情欺诈"带到了一个新高度。

---

1   卡巴莱是一种起源于18世纪法国的娱乐表演，整场演出通常包含歌舞、艳舞、话剧、杂耍等多种艺术表演形式。

田鳖 (Giant water bug)

大田鳖 (*Lethocerus deyrollei*)

　　鱼吃虫——这听起来蛮合理。但有没有吃鱼的虫呢？田鳖登场了——它是最大的水生昆虫，也是最贪吃的昆虫之一。田鳖，又名咬趾虫，属于负子蝽科，大约170个物种。它们呈灰褐色、扁平，形如叶片，能够完美融入池塘环境，静候毫无戒心的猎物来临。负子蝽科分两类，或者说两个亚科：负子蝽亚科体型较小，长约2厘米；田鳖亚科体型较大，长度可达12厘米。小一些的咬趾虫以昆虫、甲壳类动物或蜗牛为食，而最大的咬趾虫以多种脊椎动物为食，鱼类、两栖动物到蛇、小鸭和乌龟都是它们的美餐。

　　田鳖为捕食性的生活方式做好了充分准备。像所有昆虫一样，它们有六条腿，中对和后对用来游泳，而那对抓捕猎物的前腿，看起来像卡通超人炫耀肌肉的手臂。和所有蝽类昆虫一样，咬趾虫也会进行口外消化。它们用锋利的喙刺穿猎物的身体，注入消化酶，等待一会儿，然后趁猎物还活着的时候，用同一个吸管状口器啜食肉汁。它们的叮咬不会对人类造成持续性损伤，但非常疼，被普遍认为是昆虫叮咬中最疼的一种。

年幼的田鳖学会如何捕食大型猎物的道路十分艰辛——繁殖季节没有较小的猎物，所以小咬趾虫只能攻击比自己大得多的蝌蚪和鱼苗。不过在准备好独自狩猎之前，它们是由父亲照顾的。田鳖是节肢动物中具有父爱关怀的典范。相比之下，母亲的角色简单来说就是产卵，它的成年生活基本上是由觅食和交配构成的交替循环。体型较小的负子蝽亚科直接在雄性背上产卵，而雄性则通过抚摸背上的卵和在需要时浮出水面，来确保背包式托儿所保持潮湿、通风。体型较大的田鳖亚科，如东亚的大田鳖，会将卵排放在附近的植被上。大田鳖爸爸们则会爬上植物，把身体表面携带的水洒在卵上，为它们遮阴，保护它们免受蚂蚁等捕食者的伤害（通过化学防御——爸爸会释放一种有臭味的物质，起威慑作用），同时也保护它们免受同类雌性的伤害。大田鳖的雌性有杀婴行为：当它们准备交配而周围没有单身雄性时，就会破坏卵以摆脱竞争，并为自己的孩子争取一个保姆。为保护自己的卵，正在孵卵的雄性会用前腿攻击入侵者；好斗的（而且体型也较大的）雌性会做出同样的反应。当双方都开始使用自己锋利的喙时，事态会变得很难看，有时雄性会惨烈负伤。为了逃避不想要的求爱带来的尴尬场面，一些雄性花很多时间躲在水面的植被上，和它们的卵待在一起。这样，它们就不会被性欲旺盛的雌性发现。

避无可避时，雄性会尽力为后代战斗一段时间。直到某一刻，它显然决定还是放弃抵抗，抛弃掉卵，屈服于毫不妥协的雌性魅力。这两只田鳖效仿着俗气的浪漫故事，突然停止了战斗，开始交配。恋爱情景剧又开始了——尽管这次换了一窝新卵。

格陵兰睡鲨（Greenland shark）

Somniosus microcephalus

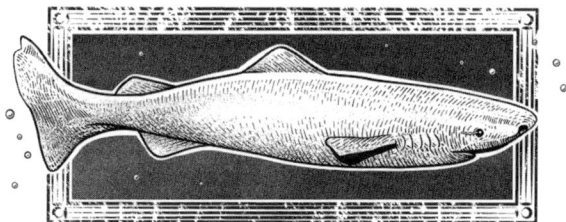

　　从广义的进化意义上讲，鲨鱼（或其直系祖先，可追溯到大约 4.2 亿年前）比树木（可追溯到大约 3.85 亿年前）还要古老。与此同时，现今可见的格陵兰睡鲨某些个体十分高龄，虽然没有树木那么老，但自乔治·华盛顿砍倒樱桃树，牛顿坐在苹果树下的时候，它们就已经出生了。

　　格陵兰睡鲨，来自北大西洋的寒冷水域，是世界上最长寿的脊椎动物——可能达到惊人的 500 岁。如何计算这些古老生物的寿命呢？传统的计岁技术，比如检查骨骼的生长环，对鲨鱼不起作用——它们的骨骼是软骨。不过，丹麦研究人员朱利叶斯·尼尔森领导的一个国际团队使用了放射性碳定年法确定了鲨鱼的岁数。

　　20 世纪五六十年代，热核试验在大气中留下了原子弹产生的放射性碳，这些放射性碳后来进入海洋食物网。核爆时或之后出生的格陵兰睡鲨眼睛里可以发现这种放射性碳的痕迹，因为晶状体组织蛋白质终身不变。研究小组找来不同大小的鲨鱼，体长从 81 厘米到 5 米多不等，检查它们的眼睛，并根据放射性碳的痕迹估算生长速度。研究中体型最大（也是最老）的鲨鱼，年龄为 392 ± 120 岁。作为北极水域体型最大的鱼类，这些生长缓慢的动物可以长得更大——最大纪录是体长 6.4 米，体重刚刚超过 1 吨——这表明还有一些格陵兰睡鲨可能年龄更大。

格陵兰睡鲨眼睛引来的，不只是爱管闲事的科学家。这些鲨鱼还会吸引寄生性桡足类动物，比如长体窥目虫（Ommatokoita elongata），一种直接附着在眼球上的甲壳类动物。这种寄生虫的独特之处在于它们体型较大（雌性的卵囊有 4—6 厘米），而且广泛存在——大约 98.9% 的格陵兰睡鲨感染了这种寄生虫。桡足类动物会感染鲨鱼的一只或两只眼睛，以角膜或结膜组织为食。它们会影响鲨鱼的视力，经常致其失明。鉴于寄生虫的传播如此广泛，未被感染、目光敏锐的鲨鱼，无疑是真正的精英鱼士。

值得庆幸的是，格陵兰睡鲨似乎不太依赖视力捕猎，而是依靠嗅觉来寻找猎物。这很合理：它们生活在低光照环境中，从冰层覆盖的海洋表面到 1200 米深的黑暗水域。根据胃内容物来看，格陵兰睡鲨会吃鱼和头足类动物，以及海豹和小鲸鱼等哺乳动物，但它们如何捕猎还是个谜。失明并不是最大的问题，速度才是，更确切地说，是低速。作为生活在低温中的大型冷血动物，它们的游泳速度约为每小时 1 公里，是所有鱼类中最慢的。这样的龟速引发了一个问题：它们是如何捕猎快速移动的北极海豹的？一种说法是，它们会捕捉在水下睡着的海豹（这下竞争公平了一点）。

作为顶级捕食者，格陵兰睡鲨体内聚集了高浓度的污染物，如PBC或DDT[1]。它们还天然含有大量氧化三甲胺，这种物质可以提高浮力，还可以用作体液的防冻剂，保护蛋白质免受深水压力的影响。这些毒素再加上高浓度的尿素使得格陵兰睡鲨成为一种毒肉，只能在加工后食用。最"臭"名昭著的方法是发酵若干月，制成一种冰岛美食：发酵鲨鱼肉。这种美食闻起来有浓烈的氨水味，不知道冰岛人怎么习惯的。

随着越来越多的北极冰层消失，越来越多的地区可供捕捞，越来越多的鲨鱼成为渔业混获的受害者。而且，由于该物种难以研究，我们无法确定其种群可承受多少捕捞量。何况，格陵兰睡鲨的种群数量不可能迅速地自然恢复：据估计，雌性要到150岁才性成熟。

1 　PBC（聚碳酸丁二醇酯）和DDT（二氯-二苯基-三氯乙烷），30多年前被禁止使用的人造化学品。

盲鳗（Hagfish）

盲鳗科（family Myxinidae）

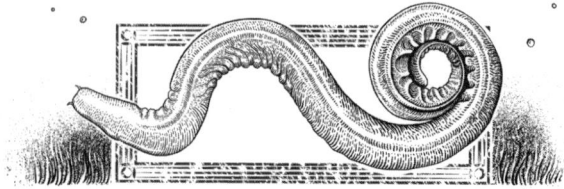

　　如果演员不是人类，而是盲鳗的话，电影《大白鲨》看起来会很不一样。想象一下片头的场景：一条鲨鱼靠近猎物，向前猛扑过去，咬住一个扭动的躯体，然后……厌恶地吐出来，伴随着干呕和咳嗽，唾沫四溅，接着试图清理嘴和腮。

　　那么，这些视死如归的生物是谁呢？是一种无颌鱼类，盲鳗（盲鳗科 70 余种）。它们曾经是拥有骨骼的脊椎动物，但在进化过程中失去了骨骼。它们的"骨性"仅限于软骨头骨、脊索（脊椎骨的前身）和尾部的鳍。盲鳗通常长约半米——尽管有些接近此数的 3 倍——身体呈粉红色或灰色，以鳃呼吸，有四颗心脏。

　　它们可能没有脊椎骨，但这些原始的鱼类亲戚能有效击退鲨鱼、多锯鲈和其他大型食肉动物。它们的武器是黏液，也叫盲鳗防御凝胶。每条盲鳗都有一组分泌黏液的腺体，且在身体两侧有 90—200 个黏液孔，因此得了个不雅的绰号

"鼻涕鳗"。在受到干扰或骚扰时，它们会喷出大量黏液，其结构与普通黏液截然不同。盲鳗的黏液，类似于蛞蝓（见 23 页），由能够形成凝胶的黏蛋白组成；另外，它还含有独特的长丝状蛋白质细丝。这些细丝直径约为 1—3 微米，紧密地包裹成直径不到 1 毫米的绞丝。一旦与海水接触，绞丝就膨胀成一团 15 厘米左右，与黏液囊一起形成的紧密的纤维网，强度是尼龙的 10 倍。这些黏液网并非完全不透水，但确实减缓了水的流动，就像一把非常细的筛子，能够非常有效地堵住食肉鱼类的鳃。盲鳗释放黏液只要几毫秒，于是它们被攻击者抓住时，可以在受伤之前立刻将黏液释放出去。毫不奇怪，任何吃过恶心黏液的食肉动物，再次面对"鼻涕鳗"时都会三思而后行。

盲鳗本身主要是食腐动物，以掉落的腐肉和渔场的废弃物为食，或者从海参和海星那里抢夺猎物。它们很乐于钻进尸体，要么从嘴里钻进去，要么直接在皮肤上钻洞。盲鳗在脊椎动物中独一无二的特性是，能够直接通过皮肤吸收营养，这对于经常钻入猎物体内进食的动物来说是很合情合理的。然而，它们也会捕猎，当然了，也是用黏液。一旦找到一条鱼，"鼻涕鳗"会把它逼到角落里，释放出足够的黏液让对方窒息而死。黏液虽然用处多多，但对制造者来说也是危险的：盲鳗有时也会被自己的黏液困死。

为了防止因过多的黏液丧命，鼻涕鳗演化出了另一种独特的解决方案——把自己的身体打结。它们简直是为此而生的：没有碍事的椎骨，没有挡道的鳍，松弛的皮肤像宽松的袜子一样合身，不限制扭动，同时足够光滑，可以减少阻力。盲鳗把自己身体打成的结向头部推动，在此过程中刮掉黏液。这项技能在其他情况下也很有用，比如从困境中逃脱，或者从洞里拔出猎物。当盲鳗捕食体型比自己大的猎物时，这些结也很方便——由于没有完整的下颚，它们用打结的身体作为临时的下颚，同时转动身体来扯下大块的肉。盲鳗喜欢把自己扭成简单的单结和八字结，有时也会打更复杂的三捻结。

根据化石记录，盲鳗在过去数亿年里变化不大。看来它们渗出黏液、打体结的生存策略没什么需要改进的。

竖琴海绵（Harp sponge）

Chondrocladia lyra

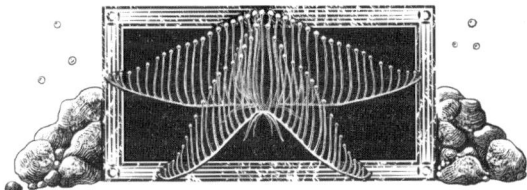

竖琴海绵到底是一种动物，还是科学博物馆里展示物理现象的奇怪装置？看起来都有可能，但这个古怪的几何结构，实际上像狗或蚊子一样，是一种有生命的小动物。这种动物直到2012年才被发现，多亏蒙特利湾水族馆研究所组织的科学考察。如果没有遥控装置的帮助，还真不容易找到这些生物，因为它们生活在令人难以置信的海洋深处。这支考察队在大约3300米的深处发现了竖琴海绵，不过，随后在4800多米深的马里亚纳海沟壁也发现了这种生物。

海绵属多孔动物门，是最原始的多细胞动物，可以追溯到5亿多年前。它们没有消化系统、神经系统或循环系统，但仍然活得很好，真是可喜可贺。它们没有骨骼，但是会用骨针支撑身体。骨针是一种微小的结构件，可以提供支撑并抵御捕食者。这些骨针形似雪花、逗号、心形或箭头，在显微镜下看起来相当漂亮，可以用来区分海绵的种类。很长一段时间以来，科学家一直认为海绵是非常简单的滤食性动物[1]，爱吃细菌和植物。然而，竖琴海绵却是一种食肉动物，能对有行动能力的动物构成威胁。对于一种不能移动的生物来说，这无疑是令人印象深刻的壮举。

这个物种的生态特征跟它罕见的结构密切相关。竖琴海绵，因其长着竖琴或七弦琴模样的分支而得名。组成这种动物的基本框架叫作叶片（vane），叶片支撑着几个直立分支。分支上覆盖着细丝，即捕猎时功能近似于魔术贴的倒刺和钩子。竖琴海绵的受害者通常是幼虫和小型甲壳类动物。它们会被倒刺钩住，然后被转移到分支上——要么是由于猎物自己的挣扎，要么是由于细丝的收缩——猎物被困在分支的膜腔里，然后被整个消化掉。

用这种方式捕猎是很切合实际的——竖琴海绵由名为假根[2]的根状结构固定在海底，无法主动追捕。展开的叶片（通常1—6个，呈放射状对称或星形）增加了暴露在水流中的表面积，最大限度提高了捕获漂流食物的可能性。

这种奇特的宽大形状也有助于繁殖。在每根直立的分支末端，竖琴海绵骄傲地展示着许多充满精子的肿胀小球，使它整体看起来更像现代艺术雕塑。精子塞在精荚中，然后被释放出来，寄希望于遇到其他竖琴海绵，或者更准确地说，

1　滤食性动物泛指任何通过过滤悬浮在水中的有机物质、食物颗粒和其他小型生物（微生物和浮游生物）来获取营养的水生动物。

2　假根，在菌丝下方生长出发丝状根状菌丝，伸入基质中吸收养分并支撑上部的菌体，呈根状外观。

遇到其他海绵的雌性部位。这些雌性部位也是球形的，位于垂直分支的中间。卵子在这里诞生，一旦偶然遇到精子，就会受精并发育成熟。

或许，在不懂得欣赏艺术的外行看来，竖琴海绵不过是花哨的烤面包架。不过，它的极简主义结构展示了在深海极端条件下生存需要什么。

鲱鱼（Herrings）

鲱鱼属（*Clupea* spp.）

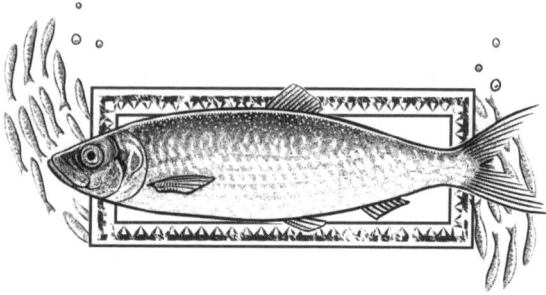

如果你住在欧洲，至少跟鲱鱼短暂邂逅过一次，其中最有可能是以烹饪的形式。英国的腌鱼、德国的腌鲱鱼卷、波兰的鲱鱼沙拉，或者，为勇士准备的瑞典鲱鱼罐头——对于北欧人来说，鲱鱼不仅无处不在，而且用途广泛。有许多其他鱼类（无论和鲱鱼有无亲缘关系）被通称为鲱鱼，不过真正的鲱鱼只有三种——大西洋鲱、太平洋鲱和贝氏智利鲱。鲱鱼是极度合群的生物，它们会组成规模惊人的鱼群，囊括成千上万、数十万甚至数百万条鱼。鲱鱼数量丰沛，因此成为大受欢迎的食物来源。自公元前 3000 年起，人们就开始食用这些多油的银色鱼类。有些城镇能够建成，都要归功于鲱鱼贸易，比如阿姆斯特丹、哥本哈根和大雅茅斯等。

因鲱鱼具有重要的商业价值（在欧洲，鲱鱼被称为"海中之银"），在优化渔业产出的背景下，人们对它进行了广泛的研究。然而，我们对鲱鱼生物学的某些方面仍知之甚少，比方说它们的社会行为。

有一个相对而言受到忽视的研究课题，即鱼产生的噪声。我们通常不会认为鱼是特别吵闹的生物，不过事实恰恰相反。虽然有点反直觉，但鲱鱼确实有很好的听觉，跟其他鱼类相比尤其如此。它们的内耳与充满空气的鱼鳔相连，增强了对声音的感知，构成水声探测系统。这种结构上的复杂性意味着听觉对鲱鱼来说很重要。但是它们在听什么呢？

一种解释是倾听海豚和鲸鱼回声定位用到的超声波，因为这两类动物通常以鲱鱼为食。不过，就算大西洋鲱或许能窥探捕食者，太平洋鲱的听力范围却达不到超声波的频率。

另一种解释是它们在听其他鲱鱼发出的声音，而鲱鱼确实会制造噪声。怎么制造的呢？通过它们的……臀部。鲱鱼通过肛门开口（也与鱼鳔相连）释放气泡，产生一系列高频脉冲，频率在 1.7 千赫到 22 千赫之间。每个系列由几十到数百个脉冲组成，持续时间从几毫秒到几秒钟不等。这些通过肛门发出的声音，被称为快速重复节拍（Fast Repetitive Tick，简称 FRT）。同种生物很可能会用 FRT 进行互动，而这一发现为两个国际团队赢得了"搞笑诺贝尔奖"生物学奖。2004 年，本·威尔逊、劳伦斯·蒂尔和罗伯特·巴蒂以及马格努斯·威尔伯格和哈坎·韦斯特伯格分享了该奖项，他们的研究成果是"证明鲱鱼显然是通过放屁来交流"。他们的结论基于三个关键发现。首先，鲱鱼可以听到高频的FRT，但大多数其他物种听不到。其次，鱼缸里鲱鱼的数量越多，监测到的脉冲发出数量就越多——这两者不成比例，表明这些动物参与了集体性的肠胃胀气。最后，鲱鱼倾向于在天黑时发出 FRT，那时候它们彼此看不见——而在白天几乎监测不到噪声，因为白天它们主要通过视觉进行交流。虽然没有直接证据，但研究人员怀疑，多亏了这种声音信息，鱼群在天黑后也能聚到一起。

然而，很多鱼同时发出雷鸣般的脉冲声是一件危险的事情，因为声音会被错误的目标群体听到。确实，渔民能根据鲱鱼排气的特定特征，如频率或持续时间，更高效地追捕鱼群。大声放屁显然是有代价的。

灯塔水母 (Immortal jellyfish)

Turritopsis dohrnii

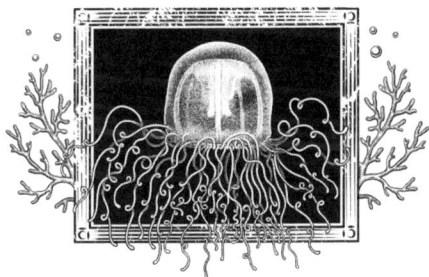

谁想永生不死？皇后乐队[1]和水母！但是，当前者遇到了生物学阻碍时，后者已经把一切都解决了。至少永生不死的灯塔水母做到了。

要想了解水母遏制死亡的独特力量，我们首先需要全面考察刺胞动物的生活。刺胞动物是一个庞大而多样的、相当原始的水生动物群体。水母，学术上称为水母体，仅仅是刺胞生物生命周期中的一个阶段。

刺胞动物的发育从平平无奇的四处游动的幼虫开始。它们在适当的地方定植后，长成水螅体，看起来有点像装饰着繁复触须边缘的花瓶。水螅体是一种固着的生命形态：它们永久附着在基质上，专注生长。当它们足够成熟时，就会发育成一堆盘状水母，这些水母脱落并漂浮到广阔的大海中。

1　皇后乐队有一首歌名为《谁想长生不老》（*Who wants to live forever*）。

一旦完成横裂生殖 [1] 的过程，水螅体就会"咬定尘土" [2] （嗯，也就是海床），或者再次开始横裂。

新形成的水母是能够自由游动的有性繁殖体，经常被看到搁浅在海滩上。在伞形钟状的身体中间有一张嘴，周围有触须，水母的嘴也兼作肛门。从解剖学角度看，水母是非常经济节约的生物。在产卵期间，雄性和雌性水母分别向水中释放精子和卵子。运气好的话，它们会偶然相遇，受精，形成幼体，开始新的循环。有一些物种，雄性水母的精子是漂进雌性的嘴里，使卵子受精。这让人们不禁猜测，这种刺胞动物版的《深喉》是浪漫喜剧还是家庭伦理剧。其他水母没有这么努力，只是通过身体碎片的裂变或再生，坚持无性繁殖。繁殖后，水母最终走向死亡。这种生命周期很有趣，但并不罕见。幼体—水螅体—水母，这就是刺胞动物的生活（有些物种会在这儿或那儿跳过一个阶段）。一个有机生命体经过孵化、成长、冒险，然后死亡或被吃掉。

不过，灯塔水母得出的结论是：生老病死的游戏根本不值一提。这种小小的水母，豌豆瓣那么大的钟罩内依稀可见一个鲜红色的胃。但受到压力时，这种水母能够重新变成水螅体——跳过受精和幼虫阶段。研究人员已经在一些刺胞动物身上观察到这种"个体发育逆转"——实际上就是"逆向衰老"

1 横裂是水螅体在生成水母幼体之前进行横裂产生多个碟状幼体的过程，其生成的碟状体在形态上与水螅体和水母均有显著区别，仍需进一步的发育才能成为一个完整个体。

2 *Bite the dust* 是皇后乐队的一首歌。

——但这种现象从未出现在性成熟的生物体身上。比如灯塔水母，能通过脱分化[1]的过程返老还童。这是什么机理？

细胞通常一开始都是多面手，随着细胞的成熟，分化成特定类型——这一过程叫作细胞分化。一旦完成分化，细胞就会坚守自己的角色，并产生更多具有相同特征的细胞。然而，脱分化逆转了这个过程：完全特化的细胞脱分化为非特化状态，然后再分化为完全不同的特化状态。通过脱分化，自由游动的有性繁殖水母能够变成固着不动的无性繁殖的水螅体。

永生水母在面对压力时，会开启反衰老机制。这些压力可能来自机械损伤、温度或盐度的变化，也可能来自食物缺乏。它们会变形——首先是触手减少，然后身体收缩，失去游泳能力。最后，这种退化的动物会变成被囊状，定居在基质中，最终开始以水螅体的形式生长。理论上，这个过程可以无限循环（当然，除非被吃掉），从而达到永生。这，几乎是一种魔法。

1 指已分化的细胞经过诱导后失去其特有的结构和功能而转变成未分化细胞的过程。

海鬣蜥（Marine iguana）

Amblyrhynchus cristatus

"这是一种极其丑陋的脏黑色生物，愚蠢，且行动迟缓"，在加拉帕戈斯群岛看到海鬣蜥时，查尔斯·达尔文这样写道。他的观点似乎有失公允，毕竟海鬣蜥的生活方式如此独特：它是全球唯一以藻类为食的海洋蜥蜴。作为爬行动物，海鬣蜥依赖环境维持体温，因此，从能量的角度来看，在冷水中觅食绝非易事。记住这些挑战，让我们来驳倒达尔文的论断。

"极其丑陋"？嗯，美丑是主观的嘛。海鬣蜥（Amblyrhynchus cristatus），属名来自希腊语 amblus（"钝的"）和 rhynchus（"喙"），种加词是拉丁语 cristatus，意思是"有顶饰的"。它们扁平的鼻子非常适合刮食岩石上的藻类，其尾巴也扁平有力，可以推动身体在水下像鳗鱼一样游动。它们还有长长的爪子，方便爬上岩石。总而言之，海鬣蜥的身体组合相当实用，尽管不是那么富有魅力。

"脏黑色"？首先，海鬣蜥需要晒太阳，黑色的皮肤能更有效地吸收阳光。其次，海鬣蜥有 11 个亚种，有些亚种的体色根本没那么暗沉。这取决于饮食构成，海鬣蜥——尤其是试图吸引伴侣的雄性——能变成红色、粉红色、绿松石色、祖母绿色、灰色、赭石色，或者几乎变成白色。艾斯潘诺拉岛上甚至有一种红绿相间的蜥蜴，绰号"圣诞鬣蜥"。

"愚蠢"？好吧，达尔文可能有点道理。大约 200 年前，人们就将家犬这样的捕食者引入加拉帕戈斯，但这些蜥蜴仍然没有产生任何有效的反捕食行为。这并不奇怪，因为这个物种的内部争执都是通过张着嘴摇头来解决的——诚然，这副模样看起来不那么聪明。

"迟缓"？看过大卫·阿滕伯勒的《地球脉动 2》（Planet Earth II）的人，都不可能同意这个观点。在这部纪录片中，青年海鬣蜥为躲避加拉帕戈斯跑蛇（Galápagos racer snake），以武术大师般的敏捷跳到岩石上。还有一件非常有趣的事情：这个物种名字里有"海"，但很奇怪，它们似乎并不愿意下水。只有体型最大的那 5% 的海鬣蜥会潜水觅食，其余个体则不愿意弄湿它们的冠。于是，它们只能啃食暴露在岸边的藻类，只在退潮时跑到浅水区匆匆吃一顿。对变温动物来说，短暂地涉水也会消耗大量能量，而海鬣蜥需要通过日光浴来"充电"。加拉帕戈斯群岛尽管属于热带地区，但环绕群岛的寒流意味着海鬣蜥在游泳时体温可下降多达 10℃。

正如有关爬行动物的谚语所说：天气不够暖，蜥蜴爬得慢。寒冷会影响它们的新陈代谢和行为：咀嚼和消化的时间变得更长，行动变得迟缓（更容易被捕食）。这就是著名的海鬣蜥悖论：我是花更多时间觅食呢，还是花更多时间在下水后重新升温？

最年幼的海鬣蜥以一种有点倒胃口的方法，绕过了这个困境：孵化出来的最初几个月里，它们以成年海鬣蜥的粪便为食，这些粪便为消化藻类提供了必要的细菌群。与此同时，体型较小的成年海鬣蜥比体型较大的海鬣蜥热量流失得更快，所以它们只能在岸边藻类最多的地区（和时间）觅食。因此，似乎体型越大就越有利——但凡事有利必有弊。

厄尔尼诺事件期间，海水变暖导致它们最喜欢的藻类枯死，海鬣蜥面临饥荒。这期间它们的死亡率可达 90%，而其中体型最大的蜥蜴风险最高，因为它们无法满足自身的热量需求。令人惊讶的是，为了提高生存几率，海鬣蜥进化出了缩小体型的能力——它们在两年内将身体长度缩短了五分之一。

也许，如果达尔文再次来访，他会给出海鬣蜥"依各种情况看来，此物种表现十分优异"的评价？

隐龟（Mary River turtle）

Elusor macrurus

　　如果你在 20 世纪 60 年代的澳大利亚生活，又碰巧想买一只宠物龟，你很可能会在阿德莱德、布里斯班、墨尔本和悉尼的宠物店里偶然发现一些灰色的小乌龟。这些小小的爬行动物分布很广，得了"便士乌龟"或"宠物店乌龟"的绰号。它们在孩子们中很受欢迎，在科学界却不为人知。直到 1994 年，约翰·坎恩和约翰·拉格勒才首次描述这个物种。他们花了 20 年时间分析圈养个体和博物馆的标本，最终在昆士兰东南部玛丽河的原生栖息地追踪到了这种乌龟。这种新发现的隐龟（又称玛丽河龟），属名来自拉丁语 *eludo*，意思是"躲过注意"，表达了难觅踪迹的沮丧，种加词来自希腊语 *makros*，意为"长"，以及 *oura*，意为"尾巴"，强调它形状独特的尾巴。

　　这些澳大利亚乌龟外表看上去相当朋克，因为它的脑袋和龟壳上长着藻类。它们下巴上有几根触须——也就是凸出

171

的感觉器官，帮助它们在水中探测食物。然而，最有趣的是隐龟身体的另一端。跟许多需要呼吸空气的水生生物一样，它面临着一个挑战：如何获得足够的氧气并尽可能有效地加以利用，从而避免频繁浮出水面大口呼吸空气。两栖动物的对策是直接用皮肤呼吸，但这种解决方案不适合龟类，因为它们的皮肤要厚得多，身上还裹着一层不透水的壳。然而，隐龟找到了自己的出路——借助"出路"，它可以在水下呼吸，而这正是它的……屁股。它利用泄殖腔——多合一式的开口，包含泌尿道、消化道和生殖道的末端——完成呼吸。水生乌龟的泄殖腔还包括"泄殖腔上囊"，即一个内衬有手指状突起的囊，可以直接从水中交换气体。泄殖腔式呼吸为隐龟提供总吸氧量的四分之一，但对其他物种如费兹洛河龟（*Rheodytes leukops*）来说，这一比例可以增加到70%。多亏这种多功能的屁股，以及低温下缓慢的新陈代谢，难觅踪影的隐龟可以在水里连续待上两天半，其中一些水生龟类甚至可以在水下冬眠。

不幸的是，依赖双峰式（屁股模式？）呼吸[1]意味着，在遭到污染或破坏的、含氧量较低的河流中，隐龟的生存状况不佳。由于栖息地的丧失和退化，这个物种饱经磨难，现在已经是澳大利亚濒危程度排名第二的龟类，也是全球25种最为濒危的龟类之一。讽刺的是，使得该物种能被发现的宠

1　双峰式呼吸，即在空气和水中交换呼吸气体的能力，发生在许多无脊椎动物和低脊椎动物身上。

物贸易也是导致数量下降的因素之一——在 20 世纪 60 年代和 70 年代，为了满足宠物店的需求，每年有高达 2000 枚龟卵遭到人为采集。此外，幼崽和卵也会遭受野狗和狐狸的捕食。更糟糕的是，隐龟发育缓慢，雌龟要到 15 岁到 20 岁才能繁殖，而最近的调查很少发现幼崽，意味着这些独特的爬行动物很难活到繁殖年龄。希望随着栖息地保护的加强，澳大利亚人口中的"屁股呼吸者"种群能重新振作起来。

拟态章鱼（Mimic octopus）

Thaumoctopus mimicus

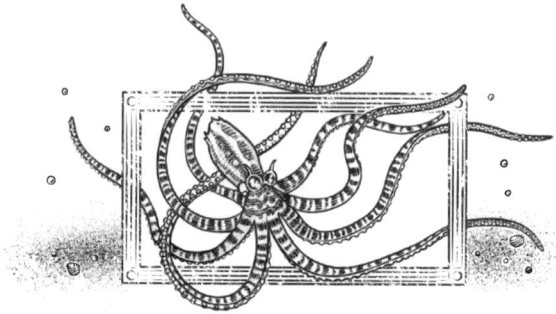

　　章鱼是出了名的聪明。它们会使用工具，能破解谜题，还是天赋异禀的逃生艺术家，逃生能力只受到身体内部硬喙大小的限制。尽管许多头足类动物都会改变颜色或花纹来寻找或冒充配偶（参 147 页的澳大利亚巨型乌贼和 241 页的银磷乌贼），甚至可以模仿一些纹理来适配环境，但有一种天才软体动物还能更胜一筹。拟态章鱼，至少能模仿 13 种不同的物种——不仅仅是通过改变皮肤的颜色或图案，还包括身体的姿态和运动方式。海蛇？没问题——把身体和六只触手藏进沙子，剩下两只触手像蛇一样摆动。多刺的狮子鱼？小菜一碟——张开所有触手，并优雅地漂浮。比目鱼？来吧——将触手并拢，身体保持扁平，贴近海底沙地潜行。不想动？还有一些固着的（不移动的）选择，比如从沙子里探头的多毛类蠕虫、海鞘或海绵。直到 20 世纪 90 年代末，人们才在印度尼西亚周围的浑浊水域中发现这种小巧而有条纹

174

的、白棕相间的章鱼，后来在大堡礁和红海也有报道。这种章鱼丰富的模仿技巧让科学家瞠目结舌。

这些令人印象深刻的本领是从哪里学来的？大多数章鱼喜欢有遮蔽的岩石栖息地，但拟态章鱼生活在河口附近，河底是淤泥和沙地。它们的住所没有什么遮蔽物，除了偶尔在沙地上出现的洞，不过只有捅捅戳戳才能发现这些洞（许多章鱼因此失去了触手尖端，可能是洞的原主人不是特别欢迎它们）。生活在这样一个一览无遗且有很多捕食者的栖息地，拟态章鱼就不得不依靠动态模仿或称变形来寻求生存。但是，与那些专于一种造型的模仿者（见 292 页，兰花螳螂）相比，这种软体动物有一整套造型选择——它会根据环境做出最合适的伪装。

遭到领地意识强烈的雀鲷纠缠时，这种章鱼就变装成有毒的环纹海蛇。而比目鱼的造型——很可能模仿了该地区常见的有毒鳎鱼——便于在海底附近快速游动。在水柱中游泳时，伪装成长着尖刺的有毒狮子鱼能提供最大程度的安全保障。其他章鱼更喜欢隐身，这个物种却故意张扬，向捕食者表明它可能是有毒的——并在几秒钟内切换造型。

如此复杂的进化学上的招牌技能需要复杂的神经系统。与人类不同的是，章鱼神经系统的主体不在大脑里——三分之二的神经元位于触手内的神经索中，这些神经索可以在没有大脑输入的情况下进行反射动作。章鱼触手真的是"有脑子"。

由于中枢神经系统非常复杂，头足类动物被授予了有意识的生命体的地位。在英国，它们得到了与脊椎动物同等的福利保护。而另一方面，因为拟态章鱼的数量稀少且害羞胆小，其保护状况尚不清楚。它的栖息地正受到沿海污水排放和采矿业的威胁。此外，自从被发现以来，这种章鱼便备受媒体关注，收藏者也饥渴难耐。很少有圈养个体能够存活下来：渔民用氰化物、硫化铜和其他有毒化学物质将它们赶出巢穴，水族馆管理员也不知道如何照顾它们。平心而论，拟态章鱼在自然栖息地中的价值，肯定远高于在水族馆短暂停留然后死亡的价值，不是吗？

洞螈（Olm）

Proteus anguinus

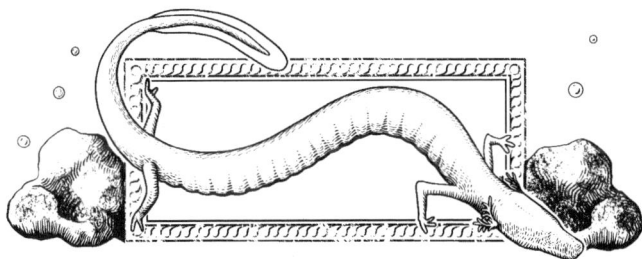

洞螈，是一种细长的肉色两栖动物，身长约 30 厘米，生活在巴尔干半岛西部地下洞穴的水域中。它的样子有点不寻常（可以想象成婴儿加蜥蜴，或者咕噜加史矛革[1]），当地人称它为幼龙或人鱼。实际上，更恰当的名字应该是"何必蝾螈"（why-bother newt）。这种神奇的动物是奥卡姆剃刀原理[2]的化身，将简约原则发挥到了绝世新高度。

洞螈是洞居生物（troglobiont，源自希腊语 *troglos*，意为"洞穴"，而 *bios*，意为"生命"），完全生活在洞穴内。安静、漆黑、养分贫瘠的生存环境，赋予了它们同样朴实无华的生活方式、体型和行为。

成长？何必呢？洞螈是脊椎动物世界的彼得·潘。大多

---

[1]　咕噜和史矛革均为英国作家托尔金小说《魔戒》的虚构角色。咕噜是灰白皮肤的类人类生物，史矛革是中土世界的巨龙。

[2]　这个原理称，"如无必要，勿增实体"。

数两栖动物的成长需要变形，洞螈则不然，它在成熟阶段仍保留幼体特征，如外鳃、大脑袋以及尾部和肢体的再生能力。这些幼龙在少年时期就达到性成熟。此后它们并不经常繁殖：一只雌性每12年半产几十个卵。

粗壮的腿部、视力、皮肤颜色？何必呢？洞螈四肢细弱，比其他两栖动物的趾数更少：前肢只有三趾，后肢只有两趾。洞螈幼体开始时眼睛正常，但几个月内就会萎缩，并被皮肤覆盖。尽管如此，成年个体仍保留部分光敏感性（通过萎缩的眼睛以及皮肤），它们遇到光就游开。为弥补视力缺陷，洞螈具有敏锐的嗅觉，也能在水中捕捉声波、地面的振动，以及电场和磁场。洞螈身体苍白或呈浅粉色，源于它们半透明、没有色素的皮肤——唯一的色彩来自流经外鳃的富氧血液的红色。尽管如此，这些幼龙其实能够产生黑色素，暴露在光照下会变黑。事实上，也有人报道过黑色的洞螈亚种，它们身体较为短小粗壮，眼睛发育稍微好一些。

四处移动？何必呢？如果你曾经懒到连吃的都不想去找，或许洞螈就是你的精神图腾。洞螈是最能守株待兔的动物了，大多数个体的领地仅有几平方米。据报道，有一只洞螈七年来从未挪过窝。这些静坐等待的捕食者会吃掉偶然靠近它们鼻子的甲壳动物和其他水生无脊椎动物。如果没有东西靠得足够近，幼龙们会愉快地禁食数年。

死亡？何必呢？作为全球最大的洞居脊椎动物，洞螈似乎已经找到了永葆青春的秘诀。它们的寿命据估计超过一个世纪，而且即使年龄增长，它们也没有衰老的迹象。难道狄那里克阿尔卑斯山脉寒冷的地下水是不老泉？显然更有可能的是，在寒冷黑暗的地下栖息地中，一切事物都会以较慢的速度运行，而洞穴螈螈以随遇而安的态度和对低氧水平的高容忍度，完美融入其中了。

研究洞螈不容易，因为要进入它们栖息的许多洞穴，需要做危险的洞潜，况且有些地方根本无法进入。此外，用于标记两栖动物的方法——剪下一点尾巴或脚趾——不适用于洞螈，因为剪下的身体部位很快就会再生。幸运的是，研究人员能够通过水中散落的 DNA 来调查幼龙，例如皮肤或粪便中残留的 DNA。这种名为环境 DNA 的技术可以仅通过洞穴水样就确认洞螈的存在。

事实证明，科学家也可以玩"何必呢"的游戏。

雀尾螳螂虾（Peacock mantis shrimp）

Odontodactylus scyllarus

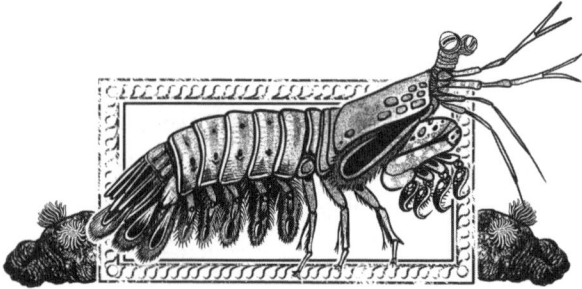

    Dactyl Club 并不是 Soho 区新开的时髦场所。恰恰相反，它是某种甲壳动物挥舞的一种致命水下武器：鳌棒（Dactyl Club）。该甲壳动物就是雀尾螳螂虾，它体色鲜绿，足呈橙色，头部有红色斑点，生活在印度—太平洋地区的热带海域。

    像象鼩或裸滨鼠一样，螳螂虾是众多以两种其他动物命名，但实际上两者都不是的生物之一。它们自成一目，即口足目（共有约 450 个物种）。口足目跟虾不一样，尽管两者都属于软甲纲，形态上也有些相似。名字中的"螳螂"源于口足目的捕猎方式：它们是伏击者，会静待猎物经过，然后迅速弹射出前肢——但相似之处也就仅限于此了。

    口足目的第二对胸肢，有着凶悍的名称："猛禽附肢"。它们配备了适应近距离战斗的强大武器——不同物种的附肢分为两类，刺击型和砸击型。刺击型有一组带倒钩的尖刺，用来袭击身体柔软的猎物，例如虾或鱼。砸击型的物种则以外壳坚硬的动物（蜗牛、螃蟹）为食，用一对大头棒击碎猎物的外壳或外骨骼。这种锤形装置就是前面提到的螯棒——指的是它们的末端肢体段。砸击型倾向于白天活动，喜欢清澈的水域，生活在珊瑚中——它们会用附肢挖掘住所——而刺击型则栖息在混浊的环境中，更多在夜间活动。

孔雀螳螂虾可以用附肢肘部砸击，或者用尖端刺击。尽管它的身体不过 18 厘米长，但它可以造成相当猛烈的打击。在 10400G 的加速度下，附肢的冲击力相当于一颗点 22 口径的子弹，而弹簧载荷的打击速度高达每秒 23 米。这种巨大的加速度是通过包括弹簧、闩锁和杠杆在内的功率放大机制实现的。螳螂虾的重击如此强大，以至于重击之后和猎物之间会产生微小的空泡，随后，这些空泡会猛然破裂，产生噪声、热量和闪光，以及相当于初始冲击力一半的余震。可怜的蜗牛或螃蟹先被螳螂虾的附肢击打，再被砸击产生的气泡击打。

这些强大的武器还非常耐用，可以承受数千次有力的打击。这要归功于它们的复合结构：由三层柔韧性不同的材料构成，最外层由非常坚韧的羟基磷灰石矿物质组成。与此同时，就算螳螂虾不幸失去一只手臂，下一次蜕壳时也会长出新的。

能力越大，责任越大。为了判断强力打击的方向并衡量其准确性，螳螂虾有着动物界最复杂的眼睛。刺击型螳螂虾的视觉仅适用于在昏暗的光线下短距离狩猎，砸击型螳螂虾的视力却非常敏锐。它们的两只复眼分为三个部分，能够用三个独立的区域聚焦光线。结果怎样呢？它们每只可转动的眼睛都具有独立的三眼视觉。人类只有三种光感受器（红色、绿色和蓝色），雀尾螳螂虾却有十二种。它们能够检测到圆偏振光——这是我们需要 3D 眼镜才能做到的——并看到紫外光范围内的光线。比较实用的一点是，它们能通过身体反射的紫外线图案与其他口足目动物进行交流：雄性和雌性的偏振不同，比方说在它们触角的鳞片上的偏振光就有所差异。

即使不用它们非凡的眼睛，螳螂虾仍然可以通过嗅觉探测到彼此。它们的领地意识很强，所以只要能迅速发现对手的存在就可以避免冲突。然而，涉及种内竞争，它们会注意建立基本规则——避免重"拳"出击。

隐鱼（Pearlfish）

潜鱼科（family Carapidae）

位置，位置，位置——在海洋中和在陆地上都一样重要。隐鱼是潜鱼科一种小而薄的无鳞鱼，形态类似鳗鱼。它们理想的栖息地或许与我们的略有不同：它们生活在海参（见 201 页）的肛门里。

是什么让一种海洋无脊椎动物的后庭如此宜居？在臀部的种种功能中，海参选择用它来呼吸（类似于隐龟，见 171页）。海参让水流通过所谓的"呼吸树"，这种器官位于肛门内部，用于提取氧气。因而臀部不仅通风良好，且舒适柔软，不可避免地吸引了访客。隐鱼通过化学信号找到适合的海参种类，可能是通过搜寻由呼吸产生的水流来区分其背面和正面的。有的隐鱼会先把头部钻入海参体内，但更常见的是借助长而逐渐变细的尾巴倒着钻进去。如果海参拒绝合作——毕竟，不是每只海参都愿意让鱼钻进肛门——并关闭肛门开口，隐鱼就会等待：无脊椎动物总得呼吸，隐鱼趁此机会破"门"而入。

海参的内脏对大多数动物来说是有毒的，但隐鱼似乎对此相当耐受。一旦入住，隐鱼就变为一位爱干净的房客——因为它自己的臀部恰好位于下巴正下方，只需把头伸出房东的肛门即可如厕。

一条隐鱼可能会独占一个海参公寓，也可能合住。在一个住所中发现一对雌雄伴侣的情况屡见不鲜。事实上，一些隐鱼夫妇会决定在这新发现的爱巢（又或许是廉价的海参汽车旅馆？）中组建家庭，并在这个安全的臀部交配产卵。幼鱼通常会在宿主呼气时释放出来，成为浮游生物的一部分。

隐鱼有个很便利的特点，它能够通过鱼鳔上的肌肉鼓动发出声音——当它们进入已有寄宿者捷足先登的海参时，就会这样做。这种敲击声能够帮助确定访客的性别和物种，在它们的无脊椎动物之家外也能听到。这种敲"后门"的能力非常便利，因为某些隐鱼领地性更强，会攻击闯入私有的肛门空间的入侵者。这样一来，可怜的海参不仅承担产房的功能，还成了生死搏斗的场所，胜者将享用败者的残骸。不过，也有一些隐鱼非常乐意与室友共处，甚至是不同物种的室友。有条海参创纪录地容纳了整整一个宿舍——多达十五条鱼！

隐鱼也会住到其他无脊椎动物如海星、海鞘或蛤体内。还有几种隐鱼完全是自由生活的。潜鱼属和钩潜鱼属营共生生活，它们利用宿主，但不伤害宿主。它们开发宿主作为住所，然后出来捕猎，常用相当大的牙齿和下颚捕食其他鱼类和小型甲壳动物。然而，另一些来自细潜鱼属的隐鱼，则视海参为带餐旅馆，在海参体内大快朵颐。它们较小的牙齿非常适合啃食宿主的柔软内脏，特别是生殖腺。所以，毫不奇怪，一些海参已经发展出特殊的防御机制，保护自己免受寄生隐鱼的侵害，并演化出类似中世纪贞操带的生物学结构：肛齿！

智利腕海鞘（Piure sea squirt）

Pyura chilensis

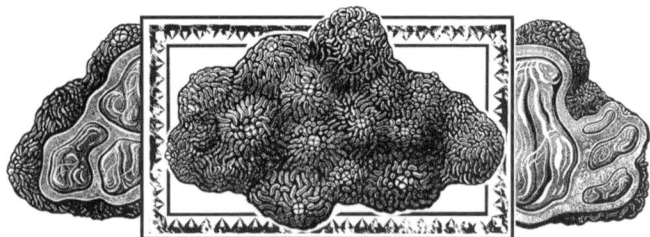

　　想象一下，切开一块岩石，却发现里面是血液横流的鲜红器官，这该多么恐怖。谢天谢地，你没有被传送到粗制滥造的充满血腥砍杀的电影世界——你只是切开了一只智利腕海鞘。

　　大多数海鞘（被囊动物亚门）相当好看，色彩缤纷，姿态各异，令人眼花缭乱。有些海鞘能在黑暗中发光，有些点缀着各种图案或凸起。简而言之，它们是海底迪士尼电影的魔法担当。但是，智利腕海鞘显然没有拿到被囊动物的着装指南。比起它的伙伴"海洋紫罗兰""海洋风信子"或"海洋之桃"（坦率地说，这些名字听起来像是《小马宝莉》里各种角色的水下化身），智利腕海鞘看起来更像一块肉石头。

　　抛开外表，海鞘的构造方式都是相似的。它们是滤食性动物，有两根管子或虹吸管：一根用于吸入水和食物，另一根负责排出水和废物。口腔虹吸管总是位于厕所污水管的上游，这样可以避免吃到垃圾。顾名思义，被囊动物的身体包裹在一层被囊中。这种被囊可能是坚硬的软骨，也可能柔软易碎，还可能是透明的凝胶。它的主要成分之一是纤维素，这非常独特，原因有二：第一，纤维素主要存在于植物中，而被囊动物是唯一能够合成纤维素的动物；第二，这种被囊随着动物的生长而生长，不需要定期蜕换，这在无脊椎动物中更是独一无二。

　　智利腕海鞘的被囊很厚，皱巴巴的，覆盖着沙子和泥土，使其看起来像是石头。这层被囊覆盖着智利腕海鞘那血红色、约5厘米长的身体，它的虹吸管则毫不起眼地从石头般的表面伸出来。这些活岩石生活在石质海底，有的独行，有的群居，群居数量从几个到几千个不等，给人的感觉就像是混凝土里嵌着西红柿。它们多见于智利和秘鲁的沿海地区，那里的人们经常采集这种生物，把它当成可口的零食，煮熟和生吃都可以，也（毫无根据地）把它当成催情剂使用。然而，如今人们日益担忧起智利腕海鞘的毒性：它高效的过滤功能会富集污染物，使其体内含有高浓度的金属，如铁、钛或钒。这种毒性可能本是用来威慑捕食者的。尽管存在这种风险，智利腕海鞘还是在分布范围内遭到过度捕捞，既在国内消费，也出口到瑞典和日本。过度的成体采集严重威胁到这个物种的生存，因为捕捞地区的种群恢复非常缓慢。

　　为了繁殖小海鞘，智利腕海鞘有两种选择——寻找伴侣或自行解决。它们最开始是以雄性身份开始成年生活，长到超过1厘米的大小后变为雌雄同体。这些被囊动物要么将配子喷射到海水中，然后祈祷在茫茫大海中找到另一个配子；要么顺利完成自体受精。异体受精策略更常用，不过两种策略都能产生幼体。海鞘只在幼虫期很短的一段时间（12—24小时内）可以自由活动，之后它就会安顿下来，在"石"化变形之前将自己固定在基质（或其他海鞘）上。唯一可活动的幼年期如此短暂，所以智利腕海鞘种群的扩散能力不大好。

蝌蚪状的幼体揭示了智利腕海鞘的家族秘密。幼体长得不像桶状的成体；相反，它有一条肌肉发达的长尾巴，以及一个中空的神经管和脊索，就像盲鳗（见 156 页）、青蛙或人类一样。这条脊索表明：海鞘是脊索动物，就跟我们一样！事实上，它们是与人类亲缘关系最近的无脊椎动物。如果我们想追寻祖先的踪迹，就要不遗余力地翻开每一块石头，尤其是那些带有红色虹吸管的、坑坑洼洼的"石头"。

鸭嘴兽（Platypus）

Ornithorhynchus anatinus

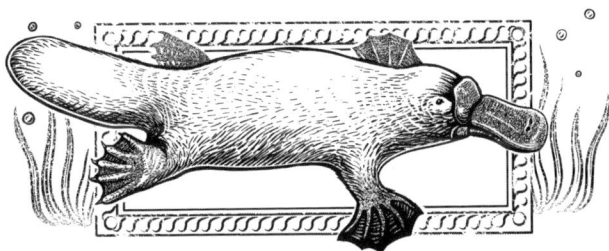

　　仅仅用长得很怪形容鸭嘴兽无疑是百年不遇的轻描淡写。这种标志性的、长着鸭嘴的、半水生的、50厘米长的动物，将哺乳动物、鸟类和爬行动物的特征完美地集于一身。

　　与针鼹的五个物种一样，鸭嘴兽也是单孔目的卵生哺乳动物。单孔目的意思是"一个孔"，指的是它们的泄殖腔，这个"孔"通常位于鸟类和爬行动物的尾部。鸭嘴兽跟有胎盘哺乳动物一样，有皮毛，能产乳汁。跟爬行动物一样，它们会产卵，雄性还长有毒刺，含有类似蛇的毒液。跟鸟类和哺乳动物类似，它们保持着稳定的体温——尽管仅有 31—32℃，比有袋类和胎盘类亲戚要低得多。

　　鸭嘴兽会闭着眼睛、耳朵和鼻孔，在浑浊的河流和溪流中捕猎无脊椎动物。为了寻找食物，它们使用鸭嘴上的电感应系统探测蠕虫、甲壳类动物和昆虫的幼虫收缩肌肉产生的电场。跟鸟类类似，成年鸭嘴兽没有牙齿，用角质化的牙床来磨碎食物。更不寻常的是，它们没有胃——只有一个变宽的食道末端直接跟肠道连接。它们厚厚的皮毛不仅能防水，还能产生生物荧光，会在紫外线下发出蓝绿色的光芒。鸭嘴兽的脚是有蹼的（鸭嘴兽的英文名 platyus 来自希腊语，意思是"宽／平的脚"），而其强壮的前爪上额外显眼的脚蹼在行走时保持着折叠——为了保护脚蹼，鸭嘴兽用指关节行走。鸭嘴兽的腿长在身体两侧而不是下面，所以步态跟爬行动物非常像。

这些奇怪的生物怎么繁殖呢？这个过程并不像把鸭子先生介绍给河狸女士那么简单，而是又一次囊括了许多不同动物类群的小伎俩。雌性鸭嘴兽有两个卵巢，但是，跟许多鸟类和部分爬行动物一样，只有左边卵巢起作用（右边卵巢没有发育成熟）。雄性鸭嘴兽的睾丸在腹部，而它们的尖端分叉刺状阴茎则安放在泄殖腔中，只在输送精子时才会露出来（小便则直接通过泄殖腔）。鸭嘴兽激情约会三周后，雌性会产下一对吉百利迷你巧克力蛋大小的、软壳革质的蛋。十天后 15 毫米长的幼崽就会孵化出来，人们亲切地称它为巴格[1]。

为了决定巴格是雄还是雌，鸭嘴兽用的可不只是两条染色体。对大多数哺乳动物来说，XX 的染色体组合产生雌性，XY 产生雄性；对鸟类来说，这个系统是颠倒的，ZW

---

[1]　Puggle，巴哥犬和比格犬混合的杂交犬种。

产生雌性，ZZ产生雄性。在鸭嘴兽中，产生雄性巴格的是一长串的XXXXXXXXXX，而XYXYXYXYXY产生雌性巴格。鸭嘴兽不满足于只拥有一对性染色体，它们拥有五对。更奇葩的是，其中一对染色体携带的基因在鸟类的Z染色体上也能找到。

胎盘哺乳动物的幼崽通常在母亲干净舒适的子宫里发育，但幼年巴格不一样，它们在地下洞穴堆满树叶的、肮脏潮湿的巢穴里完成早期发育。为了应对不卫生的环境，鸭嘴兽的乳汁含有强大的抗菌成分，即单孔类泌乳蛋白。单孔类动物没有乳头，巴格直接从母亲的皮毛上舔下这种能量饮料。对鸭嘴兽基因组的研究清楚地表明，哺乳动物的祖先在停止产卵之前，就已经开始产生乳汁，它可以用来滋润羊皮纸状的蛋壳。随着时间推移，早期的哺乳动物开始以乳汁作为食物，并长出取代卵黄的胎盘，用于喂养胎儿。

多亏了这鸭嘴小怪物，"先有哺乳动物还是先有蛋"这个古老的问题，终于有了解答。

彩色车标扁虫（Racing stripe flatworm）

Pseudoceros bifurcus

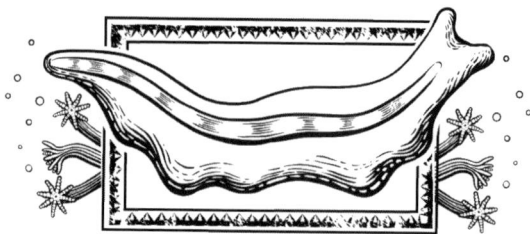

　　彩色车标扁虫（学名：双叉伪角涡虫）是一种华丽的生物：外形精致，呈亮蓝色，身体中部有条醒目的黑白橙三色条纹。像所有扁形动物一样，它们没有呼吸系统，扁平的形状有助于通过扩散进行有效的气体交换。它们就像是5厘米长的精美布料。

　　显然，这样的尤物找对象应该不成问题。彩色车标扁虫广泛分布于热带印度洋—太平洋海域，而且，它们属于同时雌雄同体，约会就更容易了。这不仅意味着，它们的人称代词应该是"他 / 她们"，还意味着它们同时拥有雄性和雌性的生殖器官，能够生出漂亮的扁虫宝宝——任何同种扁虫都能成为真命之虫。

　　但问题是：在彩色车标扁虫的世界里，做妈妈和做爸爸的责任是不平等的。当怀孕的个体处心积虑消耗能量来培育新一代的时候，播下野种的家伙早已经无忧无虑地游走了。

除此之外，它们做爱的机制也很尴尬，这些扁虫用尖锐的阴茎给对方注射精子（类似于床虱的创伤性授精，见 38 页）——毕竟，没有什么比"皮下注射授精"更性感的了。精子在伴侣的皮下形成液滴，然后迁移到尾部的卵巢里。这样做的结果就是，这对伴侣中的一方被搞大肚子并受了伤，而另一方一去不返。

这就引出了扁虫们如何决定谁得到哪个角色的问题。嗯，扁虫热衷性爱游戏，其中最流行的是阴茎击剑。规则很简单：拔出你的阴茎，竖起来，刺伤其他扁虫，同时避免被刺伤。如果成功刺入，就直接授精。每一轮大约持续 20—30 分钟。尝试的次数没有上限，不过先动手的一方往往更容易成功。授精后，胜利者似乎还不满足，继续跑去和另一只扁虫厮杀，而失败者会成为母亲。

对某些扁虫来说，爱情似乎是一场终将输掉的比赛，但事实上，这种不公平确实伴随着进化层面的好处。避免刺伤可能是对击剑者灵巧程度的考验，这是由性选择驱动的：一个更有能力的击剑者可以为后代提供更好的基因。这就解释了为什么交配是一场决斗，而不是更和平或被动的事情。

然而，还有比输掉阴茎大战更糟糕的局面，另一种 1.5 毫米长的透明水生扁虫，即带刺大口涡虫（*Macrostomum hystrix*）证明了这一点。如果找到伴侣的机会很渺茫，这种孤独的小扁虫不会任由时间流逝，而是选择孤注一掷，自我受精，即用针状的阴茎刺自己。通常它们会刺头部——因为身体结构的限制，阴茎只能够到头部。紧接着精子会游到尾部，使卵子受精。这并非理想之计，但总好过没有后代。如此说来，"自拍杆"（selfie-stick）一词从未双关得如此令扁虫绝望。

蠕线鳃棘鲈（Roving coral grouper）

Plectropomus pessuliferus

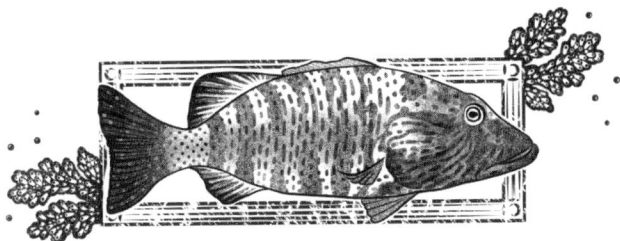

　　每隔几年，关于"怪物石斑鱼"的报道就震惊一次世界——这种鱼重达 400 公斤，能一口吞下小鲨鱼。有些石斑鱼确实能长到令人瞠目结舌的尺寸，不过身长超过 1.2 米的蠕线鳃棘鲈不仅肌肉发达，头脑也很聪明。

　　石斑鱼生活在印度洋—太平洋地区的珊瑚礁中。它们是食肉动物，常在开阔的水域中觅食，主要以鱼类和甲壳类为食。为了避免被吃掉，岩礁鱼类会躲在体型庞大的石斑鱼无法接近的珊瑚之间。看起来狩猎到此为止了——然而，饥饿的石斑鱼可不会轻言放弃。它们没有认输，也没有守着珊瑚默默等待，而是设计了狡猾的追捕策略，设法将它们从藏身之处赶出来。

　　石斑鱼的捕猎计划包括三个简单的步骤：1) 招募合作伙伴；2) 告诉它们该怎么做；3) 分享"赏金"。

　　一起进行狩猎狂欢的好搭档们都有一套特定的技能，与石斑鱼的技能相辅相成。海鳗，比如爪哇裸胸鳝（*Gymnotho-rax javanicus*），就是很棒的候选者。细长的海鳗能在礁石的裂缝中捕食，挤过狭窄的空间，将石斑鱼无法接近的猎物赶出来。波纹唇鱼（*Cheilinus undulatus*）也是合适的探险伙伴，尽管出于不同的原因。它们可以用巨大的下颚撞碎礁石，或吸出躲藏起来的猎物。不管怎样，躲在礁石里的鱼只能逃到开阔的水域，而石斑鱼就在那里等着。捕猎的搭档不一定是鱼类——章鱼也是好手。章鱼和海鳝一样，是挤进狭小区域的行家，也因擅长合作狩猎而闻名。

直到最近，人们才在少数动物身上发现各个物种扮演不同角色合作狩猎的行为，但这些物种均为哺乳动物或鸟类。合作狩猎是一种复杂的社会行为，需要良好的沟通和明确的信号来发起狩猎。石斑鱼用特殊的姿势来吸引海鳝：游到躲在住所里的海鳝面前，让海鳝看到自己全身，然后有力地摆动身体，用鱼的语言说："走起，哥们！"如果海鳝犹豫不决，或中途分心，石斑鱼的摇摆会重复多次。石斑鱼还掌握了所谓的"指涉姿势"（相当于人类指向某物），用来指示希望同伴关注到的对象。要是追捕失败，石斑鱼会头朝下垂直游动，以一个"倒立"的姿势立在跑掉的鱼躲藏的地方。这种姿势通常只在潜在的狩猎伙伴面前展露，而且通常会引起后者的注意和回应。使用指涉信号的能力是伟大的认知壮举，科学家此前认为只有鸟类和哺乳动物能做到。所以，当注意到超级石斑鱼会指着感兴趣的东西后，科学家开始重新思考动物的认知机制。

最后，要使这次狩猎圆满共赢，双方在合作狩猎结束时的收获必须比单独行动时更多。而研究表明，合作捕猎者捕获的猎物的确更多——以石斑鱼为例，几乎是单独捕猎的 5 倍。石斑鱼和海鳝都倾向于把猎物整个吞下，所以几乎没有扯皮的余地。不过，如果跟章鱼一起捕猎，那些想要抢到比自己应得份额更多的鱼就要小心了。据观察，这些软体动物会痛扁不合作或贪婪的伙伴。

吸液海蛞蝓（Sacoglossan sea slugs）

Elysia marginata, Elysia atroviridis

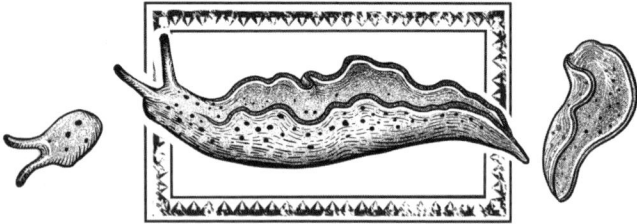

许多动物都喜欢晒太阳——但真的有动物是太阳能驱动的吗？尽管听起来不太可能，但的确有。

吸液海蛞蝓是一群生活在海洋中的软体动物，包括两个物种：缘边海蛞蝓（*Elysia marginata*）和缘深海蛞蝓（*Elysia atroviridis*）。它们看起来像是长着翅膀的绿色蠕虫，头上有一对触须。这些海蛞蝓以藻类为食——这对海洋生物来说并不罕见。然而，海蛞蝓利用藻类的方式不止一种：不仅会吃掉藻类，还能窃取它们的叶绿体。叶绿体是植物细胞中能够进行光合作用的部件。吸液海蛞蝓用齿舌（蛞蝓式刮食口器）中最大的牙齿刺穿藻类细胞，消化掉大部分细胞内容物，但留下叶绿体，将之整合到自己的消化腺细胞中。这种结合本身已是一种壮举，但更令人惊奇的是，吸液海蛞蝓还会设法保持叶绿体的光合活性，让它们连续工作数月。这些叶绿体会产生碳化合物，海蛞蝓便以此为食。这种叶绿体掠夺被称

为盗食质体 (kleptoplasty)，常见于原始单细胞生物，即原生生物。在动物界，盗食质体极为罕见——能做到这一点的，就只有几种海洋扁形虫。

那么，体内有了活跃的叶绿体，海蛞蝓晒晒太阳就能发胖吗？不尽然。但尽管如此，对于缘深海蛞蝓来说，食物和强光的结合会终生减缓其体重流失速度——比食物和弱光的结合更有效。在强光环境下同样可以使其产卵数量变多，幼虫体型变大，后代存活率变高。抢夺叶绿体显然是有回报的。

缘深海蛞蝓和缘边海蛞蝓虽然不能完全靠叶绿体提供的食物维持生存（不像它们的表亲绿叶海蛞蝓[*E. chlorotica*]，可以靠叶绿体生活一年左右），但它们的另一项更非凡的才能补足了这点。它们可以丢掉脑袋，或者，更确切地说，它们的脑袋可以丢掉身体。

这并不是比喻——这两种海蛞蝓都能自切或自我截肢。人类已经在许多动物身上观察到这种现象，例如蜥蜴或蝾螈会在捕食者面前失去尾巴，但从未在任何其他动物身上观察到如此激进的方式。在自我斩首的过程中，海蛞蝓沿着整齐的"领口"切掉大约 80%—85% 的体重，包括心脏和其他器官，然后头部会自己游走。被切掉的身体还能活几个星期，甚至几个月，其心跳会越来越微弱，直到腐烂。然而，头部开始了崭新的独立生活，并通过极端的再生行为长出新的身体。新身体三周内就能长好，包括心脏，一应俱全。

自我截肢的过程会持续几个小时，意味着这不太可能是针对捕食者的防御行为——花的时间实在太长了。因此，自切可能是为了摆脱寄生虫；受寄生桡足类动物（小甲壳类动物）影响的缘深海蛞蝓可以蜕去身体，重新长出没有寄生虫的新身体。据观察，有些个体甚至能斩首两次！

有一种假说认为，头部之所以能够存活足够长的时间，让身体重新生长出来，其关键就在于盗食质体。偷来的叶绿体能够提供光合作用产生的食物，直到海蛞蝓能够再次消化食物——这种技巧可真妙，可以让它们把身体都抛在脑后。

海参（Sea cucumbers）

海参纲（class *Holothuroidea*）

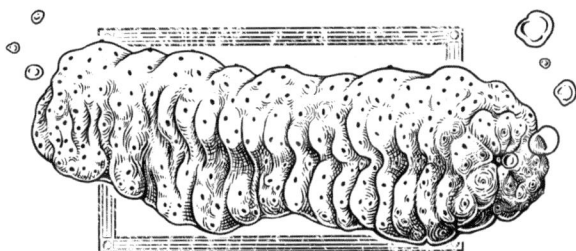

　　海参（直译为海黄瓜），就像它们的同名植物一样，通常体型较长，没有大脑，移动速度也不是特别快。然而，相似之处就到此为止了。海参属于棘皮动物，是海星和海胆的近亲。海参种类超过 1700 种，大多数体长在 10—30 厘米之间，最短的只有几毫米，最长的可达 3 米。大多数海参呈管状，有些长得像蠕虫或蛇，其余海参（"海苹果"）几乎是圆形的。尽管海参无法跟大多数动物比赛短跑，但它们的确可以移动——有些利用小小的管状脚，有些利用被改造成鳍或帆的附体，还有一些海参通过蠕动爬行。它们没有大脑，但仍然拥有简单的神经系统，对触觉和光很敏感。

　　这看起来可能没什么，但真的很少有生物能像海参一样酷。首先，它的身体主要由"胶原结缔组织"组成，可以轻易改变其机械性能。因此，海参拥有三种弹性状态。第一种是标准状态；当它被触摸时，就触发第二种状态，僵硬状态；

继续遭到用力挤压，海参就进入第三种状态：柔软状态，此状态下海参几乎能液化自己的身体（有助于从狭小的空间中逃出来）。这三种状态都是完全可逆的，胶原组织可以让海参的身体再次变得坚硬。

面对捕食者，改变状态的能力是很有用的。某些海参有一种极好的防御机制：掏空内脏——向攻击者榨出它们黏稠有毒的内脏。僵硬状态和柔软状态的结合，有助于控制哪些内脏该留下，哪些内脏该抛出——谢天谢地，内脏器官几周内就会长回来。同样，如果条件不够好（比如水或食物不适合），海参也会剔除或重吸收它们的性腺。可能这是一种抗议行为，表示这个残酷的世界不值得生孩子。

然而，如果条件合适，这些长条状棘皮动物会继续繁殖。这并不是一件特别亲密的事情："雄黄瓜"释放精子，"雌黄瓜"释放卵子，双方都对结果抱着热切的期盼——也就是说，希望在水中某个地方形成受精卵。不过，至少有10种海参通过横向分裂或一分为二的方式进行无性繁殖。前半部分和后半部分同时朝着不同的方向扭曲变形，直到中间越来越薄，最后裂开。大多数情况下，双方都能生存下来，尽管前半部分不太容易。

这一切还不算什么，海参对海洋生态系统可谓至关重要。它们食用沉积物，摄入沙子，消化碎屑，再把干净的沙子送回海中——像是海中的蚯蚓。它们还会混合不同沉积层的沉积物（这可以提高氧气含量），促进养分循环，降低海水酸度（有助于珊瑚生长），并增加生物多样性。好家伙！——连大脑都没有的生物居然承担了这么多责任。

由于海参具有再生能力，在中国是广受欢迎的烹饪食材和药材。而由于其生殖器般的外形和渗出内脏的能力，中国人认为它能壮阳。此外，在宴会上供应海参也是一种炫富的方式，高价海参每公斤售价超过 1800 美元。海参全球都有分布，不过亚太地区的物种数量最多。目前，全球 90% 以上的热带海岸都向中国出口海参。海参正在遭受过度捕捞。截至 2011 年，38% 的海参产区遭到过度捕捞，还有 20% 的海参产区已经枯竭。与此同时，需求正在稳步增长，海参捕捞量约每年 2 亿只，既包括常见物种，也包括濒危物种。因此，在我们有机会深入研究它们的超能力之前，这些迷人的美食可能已经被吃完了。

海胡桃（Sea walnut）

Mnemiopsis leidyi

　　它很小，松软湿润，闪闪发光——同时它也在整个海洋栖息地中掀起浩劫。它是卑微的海胡桃，学名淡海栉水母，一坨5厘米长的凝胶块，看起来不像致命的入侵者，更像是游乐场里廉价的新奇玩具。这种不起眼的动物是一种栉水母，或者叫梳状水母——劳驾，请不要喊它水母；它们和水母属于完全不同的动物门。

　　到目前为止，人类只记录到大约200种栉水母。栉水母比海绵复杂一点，差不多和水母一样复杂，但比其他所有动物都简单。像真正的水母一样，栉水母通常是透明的，主要由水组成，而且大多数是食肉动物。不过栉水母有一个额外的部件：栉，或者叫栉板。栉板是八列彩虹色的小毛，或称纤毛，能像小桨一样推动它们前行。

　　使用可以折射光的"梳子"们在海水中游泳有点酷，不过栉水母真正出名的原因是：它是具有神经系统的动物群中最古老的生物——或许也是最早发育出神经系统的生物。在谁能赢得"谁是最古老的生物"的奖杯的问题上，科学界存在分歧：一些研究人员支持栉水母，另一些研究人员支持海绵（多孔动物门）。

这种看似不起眼的海胡桃有一些非常有趣的特征，但从表面上看，并没有什么征兆表示它会引发灾难。像其他栉水母一样，它不蜇人；它是荧光动物，使用荧光素酶和发光的底物荧光素发光。其他栉水母拖着长有黏性细胞的触手捕猎，而海胡桃则利用口腔两侧两个肌肉发达的唇状叶吞食整个猎物，就像一张透明的漂浮的嘴。完成进食后，它利用稍纵即逝的肛门——为排便而出现的屁眼（大约每小时出现一次），不使用时就消失——排泄。人们起初以为海胡桃属有三个物种，不过目前科学家一致认为，它们都是一个物种，尽管长得各式各样。

这种栉水母原产于大西洋西部，20世纪80年代随着船舶压舱水进入黑海——这是水生入侵生物极其常见的传播途径。海胡桃适应性很强，能耐受污染，也能适应各种温度和盐度。它们以小甲壳类动物、鱼卵和幼虫为食，而新家有很多这些东西。因为它们的适应能力、贪婪的食欲，再加上捕食者稀少，海胡桃很快在黑海繁盛起来，以高达每立方米300个的密度把黑海变成海胡桃波波池。随之而来的，是本已脆弱的生态系统遭到严重破坏，渔业崩溃，而且外来物种的入侵继续向邻近海域蔓延。作为雌雄同体的生物，海胡桃可以自我受精，每天产生2000个卵——这还只是一个个体。随后几十年里，它们成为黑海、亚速海、里海、马尔马拉海、地中海、北海和波罗的海等七海的祸害，吞噬并淘汰了对人类和当地野生动物至关重要的鱼类资源。随着贪得无厌的外来栉水母的到来，五种鲟鱼以及已经非常脆弱的里海海豹的数量进一步下降。因此，在世界自然保护联盟列出的100 种全球最恶劣的入侵物种名单中，海胡桃获得了一个十分不光彩的地位。

在第一次入侵近二十年后，另一种外来的叫作卵形瓜水母（*Beroe ovata*）的栉水母来到黑海。值得庆幸的是，它很喜欢吃海胡桃——这让黑海的鱼类松了一口气。在亚速海和北海，冬季低温可以季节性地杀死栉水母，但它们依然定期重新蔓延。幸运的是，2016 年签署的一项公约要求所有船只销毁压舱水中的任何此类生物，以减少未来入侵的可能性。毕竟，即使是那些最微小、最不起眼的小家伙，也能对生态系统产生巨大影响，这一点值得我们铭记。

染料骨螺（Spiny dye murex）

Bolinus brandaris

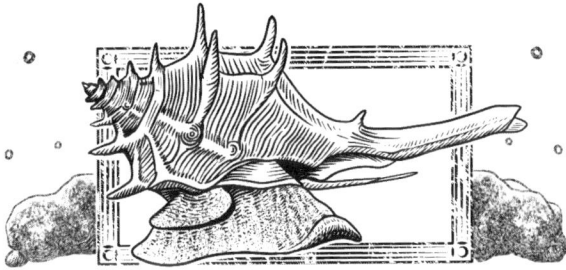

　　涂颜料能增加阴茎长度吗？简短的回答是：能。稍长的回答是：能，如果你是海螺，并且暴露在含有防污剂的油漆中。而且——在有人开始考虑阴茎彩绘之前——要记住，这并不是好事。

　　从最初的海上航行开始，海军工程师就一直在研究生物污损的问题：微生物、植物或小动物在船只表面积聚。各种水生生物在船体、管道、格栅和其他设备上的积聚，对船舶来说可是个坏消息。它们可能造成损坏，影响安全，或增加阻力（导致更高的燃料消耗，从而提高运营成本），减缓船舶运行。毫不奇怪，航海业一直在尝试各种方法，防止动物选择船只作为移动的家园。早期是把铜片钉在船体上，最现代的方式是使用模仿鲨鱼皮的涂层，而在 20 世纪六七十年代，常用的解决方案是使用防污涂料。这种涂料内含具有生物杀灭性能的有机锡化合物，如三丁基锡和三苯基锡。但是，这些物质不仅可以防止野生动物附着在船上，渗入环境后还会影响非目标物种。

受到防污涂料严重影响的一种生物是染料骨螺。这是一种生活在地中海和大西洋部分地区的海螺。几千年来，这种带尖壳的腹足动物一直具有重要的商业价值，很早以前腓尼基人就用它来生产珍贵的"泰尔紫"（Tyrian purple）染料。这种鲜艳的色素提取自骨螺的鳃下腺（黏液分泌腺），不会随着时间的推移而褪色。由于生产过程昂贵且复杂，只有最富有的人才能负担得起，因此泰尔紫成为地位和权力的象征。古罗马曾出台禁奢法令，限制使用泰尔紫染色的材料。在公元 4 世纪，只有皇帝才能"身披紫色"。如今，染料骨螺依然在地中海周围地区被消费，特别是在西班牙的部分地区。

多数陆生腹足类动物都是雌雄同体的（见 23 页的香蕉蛞蝓），但新腹足目是雌雄异体的，比如染料骨螺。也就是说，有单独的雌性和雄性，这导致它们找到真爱的机会减半。除此之外，这些海螺还面临更严峻的问题——从防污漆中浸出的低浓度有机锡化合导致雌性海螺长出了雄性生殖器。这种现象叫作性畸变，雄性海螺的部件被强加到了雌性身上。某些海螺物种可以在增加了阴茎的情况下繁殖，但其他物种做不到。染料骨螺也做不到，通常是因为新获得的输精管会阻塞生殖孔，导致雌性不育。

受性畸变影响的物种大约有 200 种，染料骨螺是化学物质导致动物内分泌紊乱的最佳案例之一。《国际控制船舶有害防污底系统公约》于 2008 年底生效，以限制用作生物杀灭剂的有机锡化合物的使用，但目前该污染仍然屡见不鲜，尤其是在造船厂、港口和码头。由于法律修订的影响，在一些栖息地腹足类动物的性畸变发病率有所下降，但又出现了新问题：微塑料。海螺摄入微塑料，人食用海螺，于是微塑料富集到人的胃里。

染料骨螺这种高度敏感的物种，是非常优异的环境污染指示种。从更广泛的意义上说，可以利用性畸变发生率评估一个地区受有机锡化合物污染的严重程度。可以使用的生物监测指标包括输精管序列指数、相对阴茎长度指数和相对阴茎尺寸指数。一个物种的某些成员想要更小的阴茎，这无疑是一种罕见情况。

负子蟾（Surinam toad）

Pipa pipa

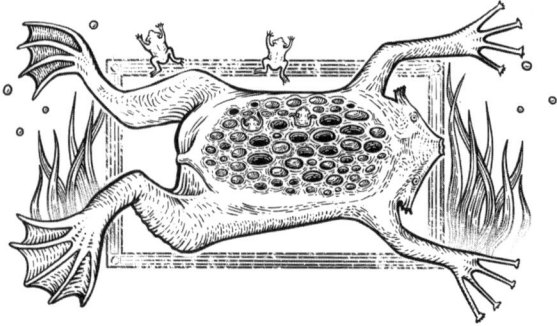

你有密集恐惧症吗？或者说，看到大量的密集的小洞会引起你的不适吗？如果是的话，你或许应该跳过这一篇。

你看，这是一只蟾蜍。它长约 10—20 厘米，重约半公斤，像是长着四肢的长方形煎饼。这就是负子蟾。它也许不是最俊美的蛙类，看起来更像一片灰色或棕色的干枯叶子，而不是两栖动物。介绍到目前为止，还没什么太令人吃惊的。

负子蟾生活在南美洲的热带地区。它非常亲水，栖息在阴暗的静水池塘、缓慢流动的溪流以及河流的底部。如果机会合适，负子蟾不介意食腐，但它尤其爱吃活的猎物，比如鱼或无脊椎动物。然而，它不仅没有牙齿和舌头，眼睛还发育得很不完全，负子蟾是如何捕猎的呢？

答案就藏在它们的触觉之中。这些蛙（顺便说一下，蟾蜍和蛙之间的区分相当随意——蟾蜍是蛙的一类）的触觉妙招有两种。第一种是侧线器官，也常见于鱼类，用于探测运动、压力或振动，并转化为电脉冲。第二种是怪异的手指。负子蟾后腿的脚趾是正常的，就像青蛙一样，趾间有蹼；但前肢没有蹼，而是长着女巫一样长长的手指。每根手指的末端又有自己的手指，而这些手指又有自己的小手指，一种分形结构。这些星形的附肢可帮助负子蟾感知水流的一切运动，以明确潜在猎物的位置。

张开手指，静静等待。如果小鱼掉以轻心游得太近，负子蟾就会张开大嘴，呼的一声将其吸进去，然后用手把猎物任何留在嘴巴外面的部分扒拉进嘴里。为了产生足够的吸力，把猎物吸进去，它会压缩内脏（肺、肝、胃等）并将其推向身体后1/3的位置，腾出空间好制造一个更大的口腔。

这种吸食机制还不是负子蟾最奇怪的特征。摘得最古怪特征奖杯的，是一个令人费解的事实：雌性用背部孕育后代。在交配过程中，雄性以一种名为"抱合"的爱的抱抱抓住雌性的后背，在雌性产卵时授精。抱合时（负子蟾交配可能需要好一会儿，12到24小时！），雌蟾四处游动，时不时翻滚几下[1]——因此，受精卵最终会沉积到它背上。由于荷尔蒙水平的变化，雌性背部的皮肤开始肿胀，使得卵陷进去，并最终嵌套进一个个小洞里。40—120个卵将形成不均匀的蜂窝状，这情景常常诱发密集恐惧症。

小蟾在妈妈背上变形，经历从卵、蝌蚪到完全成形的幼蟾等所有发育阶段。小蟾妈妈受孕后大约两到三个月时，小

1　在此过程中雄性也会帮忙安放这些卵。——编者注

蟾准备开始独立生活，变成迷你负子蟾。它们从妈妈的背上跳出来，就像有四肢的粉刺。随后，妈妈将脱落多余的皮肤。而这，是真正的（皮肤学上的）生命的奇迹。

缩头鱼虱 (Tongue-eating louse)

Cymothoa exigua

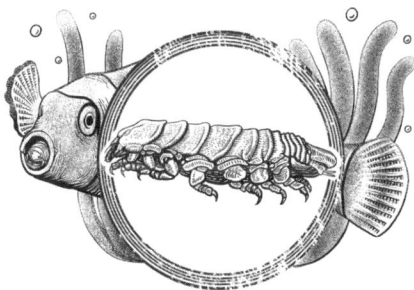

　　用这样的开场白如何："你有没有想过用三叶虫做舌头会是什么样子?"对几个鱼类物种来说，多亏等足类小型海洋甲壳类动物，这个问题根本不是理论假设。

　　等足类动物与现已灭绝的三叶虫相似：椭圆形身体，有呈分段式的外骨骼和七对足。它们常见于水中，不过也有一些等足类动物更喜欢陆地生活，比如木虱（又称鼠妇、西瓜虫或潮虫）。许多水生甲壳类动物都是寄生的，尤其是缩头水虱科，它们以可怕的习性而闻名。缩头水虱科属于体外寄生虫（生活在宿主身体表面，而非体内），宿主通常是鱼类。这些等足类动物会附着在鱼类的不同部位——皮肤、鳃、鳍、嘴、甚至会刺入肌肉。不过，有一种吃舌头的虱子，名为缩头鱼虱，更是得寸进尺，而且不难猜出它的专长。

　　缩头鱼虱果真名不虚传。进入受害者嘴里后，这种肉色等足类动物会用爪子切断对方通往舌头的血管，导致其舌头退化。然后，它便开始操作无证器官移植，把自己的 14 条腿附着在剩下的一小段舌头和嘴的底部，成为鲜活灵便而且有腿的鱼舌替代品。有趣的是，缩头鱼虱牌舌头功能非常好，因为它们的大小基本合适，可以舒适地嵌入鱼嘴。鱼的舌头不像大多数其他脊椎动物那样肌肉发达，而是骨质的，主要功能是确保食物放到正确的位置。在觅食过程中，鱼类只要舌头紧贴上颚，就可以把食物推到犁骨齿（长在上颚外的牙齿）上。据报道，在鲷鱼嘴里发现的缩头鱼虱，其胸部有上颚牙齿留下的磨损，这表明它当舌头当得很尽职。有鱼虱舌头的鱼看起来相当健康，尽管比没被寄生的要瘦一点——毕竟，这些等足类动物确实以鱼的血液和黏液为食。尽管如此，有一个鱼虱舌头总比没有要好。

吃舌头也就罢了，鱼虱还有一个古怪的特征：雄性先熟雌雄同体。一旦找到合适的鱼——鱼虱不太挑剔，在大西洋和东太平洋温暖水域中，至少观察到过八种不同的寄主——它们会通过鳃进入鱼嘴，然后开业。但这里有一点变化：所有缩头鱼虱一开始都是雄性，长到一厘米以上才会变成雌性。如果一条鱼身上有两只缩头鱼虱，那么，较小的那只会作为雄性留在鱼鳃，而较大的那只则进入嘴里，除了切断舌头，它还会经历性别变化。雌性体型是雄性的 2 倍，体长可达 3 厘米以上。雌性还有一个育幼袋，可以保存数百个卵。雄性通常停留在鳃中，会在夫妻探视时间冷不丁地进入鱼嘴。是的，没错：这条鱼根本不知道自己嘴里住了一对正在交配的甲壳类动物。请细"嚼"慢咽，好好品味吧……

水熊虫（Water bears）

缓步动物门（phylum Tardigrada）

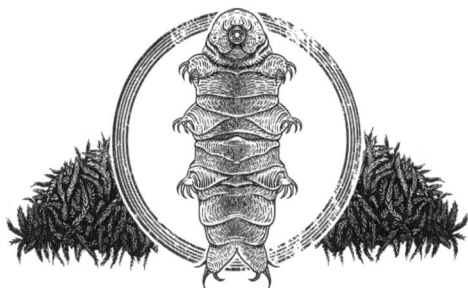

　　总的来说，科学家是一个和平、友好、不招摇的群体。然而，过去几个世纪里，有一小群科学家似乎奇怪地执迷于一个病态的目标：用最极端和最复杂的方式杀死水熊虫。

　　什么是水熊虫，为什么有人想要杀死它们？它们危险吗？会传播疾病吗？它们犯下了什么值得研究人员愤怒的罪行吗？一点也没有。水熊虫，又称缓步动物或"苔藓小猪"，是一种微小的无脊椎动物，平均长度不过半毫米。缓步动物门大约有1300种生物，在显微镜下看起来都像是八足米其林轮胎人。虽然体型微小，但它们有大脑、内脏、生殖腺，腿上甚至还有小爪子。这些矮胖笨拙的微小动物对人类完全无害。它们通常以细菌为食，但有些是素食动物，有些是肉食动物，捕食比自己还小的微型无脊椎动物。科学家痴迷杀死它们的唯一原因，只不过是喜欢这种挑战——作为一个门，缓步动物是地球上（以及地球外）最难以杀死的物种。

在任何潮湿的地方都能找到水熊虫:淡水,海洋(从潮间带到超过 4.5 公里深的大洋),或潮湿的陆地——有苔藓、湿沙或落叶的地方是理想之选。然而,这种水陆环境容易变得干燥,因此,缓步动物需要一种方法应对环境的不可预测性。

当环境变得艰难时,"苔藓小猪"会暂停自身的新陈代谢。这种状态被称为隐生[1]——由冰冻、干燥、缺氧或高浓度的化学物质引发。为了妥当进入隐生状态,它们会形成一种被称为"桶"(tun)的半球形——收缩身体,把腿缩进去,尽可能减少体表面积。在随后的干燥过程中,"桶"状态能减缓水分流失,防止器官受损。接着,缓步动物用海藻糖等生物保护剂来代替水。它们会通过其他保护性分子进一步强化自己,比如热休克蛋白(撒哈拉银蚁,见 88 页)和保护 DNA 免受辐射的损伤抑制蛋白。一旦再次接触液态水,水熊虫就会激活自己,继续"隐生"之前的生活——就像"加水即食"的速食餐。

隐生现象最早是由显微镜发明者安东尼·范·列文虎克在 1702 年观察到的。1773 年,德国动物学家约翰·奥古斯特·埃弗拉伊·格策恰当描述了水熊虫。从那以后,科学家一直在测试水熊虫的极限。而且,孩子呀,水熊虫的上限遥不可及。它们的正常寿命只有几个月,但在没有水的情况

---

1   缓步动物门的一些陆生种类,对恶劣的外部环境具有极强的适应能力,比如遇到干旱时,它们可以将身体含水量由正常的 85% 降至 3%,同时停止活动,身体逐渐萎缩,这样维持生命达数年之久。当环境好转时,身体再度复苏,这种现象称为隐生。

下，能以"桶"的形态存活几十年。它们能承受的温度范围，从略高于绝对零度（-272.8℃）一直到150℃以上。它们能承受惊人的压力，以及足以反复杀死哺乳动物数百次的伽马射线和X射线。它们惊人的承受力可以归因于以"桶"的形态经历的代谢停滞。但是，即使是含水的、活跃的"苔藓小猪"也比大多数动物更有承受力；它们能在-196℃到38℃的温度范围内和大约100个大气压（相当于水下1000米的压力）下快乐生存。

因为惊人的耐寒性，水熊虫成为太空研究的模式生物。在"杀死缓步动物"的最新阶段，"苔藓小猪"被送到外太空，用于观察这个物种是如何应对真空环境（应对得还行，谢谢）和太阳紫外线辐射的全面爆发（有几只还是安然无恙地回来了）。2019年，当人们获悉在撞向月球的以色列探测器上携带了水熊虫时，恐慌随之而来。难道人类把生命——无敌的生命——洒落在月球上了吗？为了调查水熊虫能否在碰撞中幸存，人们把一些水熊虫装进二级轻型气体枪，在真空室里向沙靶射击。事实证明，它们可以承受高达900米/秒的冲击力，也就是1.14千兆帕——但这比太空探测器坠毁的冲击力小得多。我们并没有创造出我们自己的不可战胜的外星生物。暂时还没有。

肉垂水雉（Wattled jacana）

Jacana jacana

"别这么挑剔！你什么时候才能安定下来？"

人类并不是唯一面临寻找伴侣的压力的物种。然而，涉及哪一方能挑挑拣拣的问题时，动物世界可能会简单一点。

这一切都归结于成本——不是资金，而是精力。每种性别都承担着与繁殖有关的成本，无论是配子的产生（精子或卵子，大或小，多或少），后代的发育（孕育或孵化胎儿），还是产后护理方面（喂养幼崽，保持它们的体温和确保存活率）。所有这些过程都需要能量投入，而且，根据物种的不同，两性中的一方可能比另一方在育儿方面投入更多。但这种投入跟挑剔有什么关系呢？

罗伯特·特里夫斯在1972年提出的亲代投资理论认为，在生育方面投入更多的性别在择偶方面也更挑剔，而投入较少的一方必须通过竞争才能获得配偶。与这个理论相一致的是，当雌性投入更多时——比如怀孕、哺乳或产大型卵——

它们就需要被雄性用炫目的容貌、礼物或求爱行为所吸引。这些表现自己的方式可能向雌性表明，该雄性作为一个潜在的伴侣是否适合，以及对方是否值得自己为繁殖费心。因为雌性通常是繁殖的"限制因素"，所以它们是挑剔的一方——而雄性则面临更高的进化压力，需要更有攻击性，更令人印象深刻，或者有更强的占有欲（见91页，赛加羚羊，和268页，圭亚那动冠伞鸟）。

大多数物种都是雌性在繁殖方面投入更多，但也有一些物种是雄性承担育儿的重任，比如南美洲的肉垂水雉（田鳖也是如此，见150页）。肉垂水雉是一种涉禽，以长得出奇的脚趾而闻名。"爱德华剪刀脚"般的超长脚趾将身体重量分摊到更大的表面，于是这种鸟可以在睡莲上行走，因此获得了"耶稣鸟"的绰号。肉垂水雉还表现出性角色的逆转：雌性体型更大，更具攻击性，橙红色的垂肉（喙周围松散的皮肤）比雄性更鲜艳，翅刺（从翅膀上伸出来的刺状角质武器）也更大。肉垂水雉女士实行一妻多夫制，忙着追逐多个伴侣，会争夺雄性，并保卫自己的领地。雌性给每只雄性产四枚卵，然后转移到下一个伴侣那里；如果雄性被吃掉，有需要的话雌性会把卵替换掉。与它的体型相比，这些卵非常小，而且它只需要大约三周时间就能产卵。相比之下，单身水雉爸爸则要花大约四个月的时间照顾孩子。

只有雄性在照顾后代——它负责孵化并庇护所有的蛋；幼鸟孵化出来后，它要保护幼鸟，教它们如何觅食，让它们在自己羽翼的庇护下苗壮成长。遇到危险时，肉垂水雉雏鸟可以采取两种逃跑策略。一听到爸爸发出危险警报，它们就跳进水里，在水里至少待上半小时，在此期间用喙尖当通气管。如果威胁来自水中，它们就躲到父亲的翅膀下面——更不寻常的是，父亲会用专门的翼骨把雏鸟抱起来，将它们带到安全的地方（同时给旁观者展示羽毛下面伸出数个长脚趾的惊悚模样）。雄性也会假装受伤来分散捕食者的注意力，或者，偶尔也会召唤雌性攻击入侵者，自己则带着孩子溜之大吉。

除了这些零星的保护，妈妈很少和孩子接触。只有当爸爸死了，或者它错误估算了自己的产卵量，导致雄性既要照顾满是蛋的巢穴，还得看护一窝会走动的雏鸟时，妈妈才会站出来。在这种紧急情况下，雌性能够承担所有必要的育儿职责。从各个方面看，肉垂水雉女士拥有令人羡慕的自由生活。

雪人蟹（Yeti crab）

泰勒里雪人蟹（*Kiwa tyleri*）

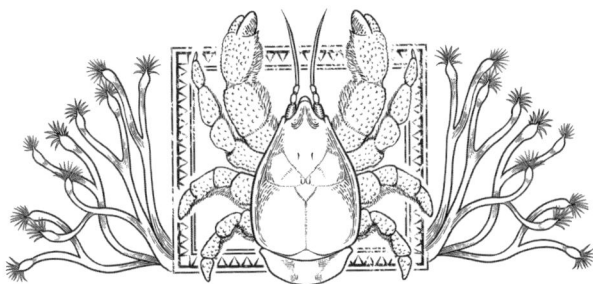

在罗尔德·达尔的小说《蠢特夫妇》（*The Twits*）中，刻薄又讨人嫌的主人公蠢特先生从来没有真正挨过饿，因为他总能用嵌在浓密胡须里的一点点食物养活自己。达尔先生去世25 年后，在海洋深处发现了自然界中的蠢特先生：雪人蟹。

雪人蟹是基瓦属[1]甲壳类动物。不过，它们并不是真正的螃蟹。实际上，它们属于铠甲虾类。其属名来自波利尼西亚贝壳女神基瓦（Kiwa），然而其中一个物种泰勒里雪人蟹，又称"霍夫蟹"，以美国电视之神大卫·哈塞尔霍夫的名字命名。根据雪人蟹这个绰号，你可以猜到它们的长相——浑身覆盖着刚毛状的鬃丝，其中霍夫蟹的胸部更是和《海滩游侠》（*Baywatch*）里的明星一样多毛。嗯，严格来说不是胸部，而

1　雪人蟹是一种新发现的甲壳类动物，由于与其他甲壳类动物截然不同，科学家为其新创了一个动物科属——基瓦（Kiwa）。

是甲壳的下侧。其他雪人蟹则有毛发浓密的钳和腿；这些多毛的身体部位相当于蠢特先生的胡须——食物的来源。

身长 5 厘米的霍夫蟹发现于南大洋的东斯科舍海岭，生活在地质活动活跃的海底裂缝处——热液喷口。在那里，构造板块运动导致富含矿物质的热水喷涌而出，为某些细菌提供了极好的（某种程度上也是极端的）生存条件。这些细菌是自养的，也就是说，它们会自己生产食物，但与植物和陆生细菌不同，不是通过光合作用，而是采取化学合成的方式，使用甲烷或硫化合物作为原料。细菌接着成为其他动物的食物，于是热液喷口就成了名副其实的野生动物热门打卡地。

而且此处的热度真的很高！活跃的热液喷口顶部流出物的温度高达 380.2℃，不过温度变化幅度大：位置较低的部位温度在 3—19℃左右波动，仅仅靠近或远离喷口几厘米的距离都会造成热量水平的差异。相比之下，环绕四周的南大洋海平面以下的 2600 米深处，海水平均温度在 0℃左右，于是便形成了海底最热的环境被全球最冷的海洋所包围的情况。这对雪人蟹来说真是坏消息——作为十足类动物，它们无法应对极地温度，低温下会变得不活跃甚至无法活动。它们偏好的温度高达 24℃，因此生活环境受到很大限制。热液喷口处形成水下热岛，越来越多的迷你霍夫蟹聚集到这里，密度可达每平方米 700 多只。在这般激烈的竞争下，这些小盲蟹（在没有阳光照耀的海底深处，谁又需要眼睛呢？）会牢牢抓住每一小片热水口。体型较大的雄性选择最温暖的地方，而正在孵卵的雌性则只能选择最冷的边缘地带。

稀缺的不仅是空间，还有资源。当然，到处都生长着大量细菌，足以供螃蟹掠食，但甲壳类动物们的竞争太激烈了，还是自己生产食物最安全。这时刚毛就派上用场了：它们能为细菌提供完美的培养环境。另一种雪人蟹，即普拉维达雪人蟹（*Kiwa puravida*），生活在水下的甲烷泄漏处。它们甚至会慢慢摆动鬃毛蟹钳，确保以最佳的矿物流为自己的细菌农场施肥。在毛茸茸的钳子里大力培养细菌，这听起来并不是最有吸引力的解决方案，不过确实能保障零食总是（在字面意义上）唾手可得。

僵尸蠕虫（Zombie worms）

食骨蠕虫属（*Osedax* spp.）

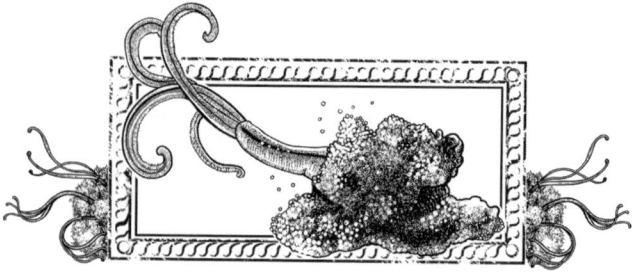

鲸鱼死亡时会发生什么？它们巨大的身躯沉入深达数千米的海底。因为下沉速度很快，而且一路上没有太多食腐动物，鲸鱼到达海底时，尸体还相对完整。鲸落创造了营养丰富的独特生态系统，可以供养深渊中的生物数十年：在寒冷的海洋深处，富含脂质和蛋白质的鲸鱼是难得的佳肴。它们的肉会被鲨鱼、螃蟹和盲鳗（见 156 页）吃掉；骨架则被留下，被精致多彩的美丽"花朵"覆盖，就像挚亲刚刚落成的坟墓。只不过，这些花并不是真正的花——它们是虫子。僵尸蠕虫。它们是来吃骨头的。

僵尸蠕虫，又称食骨蠕虫（属名 *Osedax* 直译为食骨者），是相对平凡的蚯蚓的远亲。它们体型很小（只有几厘米长），有粉红色的"茎"和像羽毛掸子一样的"花瓣"——实际上是用于呼吸的触须——使得它们更像植物而不是动物。其中一种甚至获得了魅力四射的学名"食骨鼻涕花"。像植物一样，这些蠕虫也有根，不仅能用作锚，还能用来获取食物。根十分必要，因为僵尸蠕虫似乎忘了相当关键的身体部位：嘴和肠道。对于以骨头为食的动物来说，这简直匪夷所思。它们柔软的根状组织会分泌酸和酶，以便钻入富含脂质的鲸鱼骨架并溶解营养物质，随后再将其输送给生活在蠕虫体内的共生细菌。然后，这些共生体将代谢有机化合物，为宿主提供食物。这些被酸蚀的钻孔也被蠕虫当作住处。

食骨蠕虫几乎无处不在。从瑞典到加利福尼亚再到南极，大西洋和太平洋30米到3000米的海洋深处都有它们的身影。一具鲸鱼骨架可以容纳50万到100万个蠕虫成体。但这里有一个问题：这些成体都是雌性。如果你以为蠕虫的进食习惯已经够奇怪了，那么，就等着瞧它们的性生活吧……

所有食骨蠕虫都是性二态的：雌性和雄性的外观非常不同。在茎状胶质管中，雌性僵尸蠕虫怀揣大约100个微小的雄性。雌性越年长，体型越大，后宫规模也就越大。每个雄性——或者我们应该叫男宝，差不多可以说是充满精子的幼虫——仅仅依靠卵黄液滴提供能量（雄性没有共生细菌提供食物）。这种多夫制关系是严格意义上的严肃的以物易物：住所换精子。超级多产的雌性会源源不断地产下幼虫。大多数幼虫无法存活，但幸运的幼虫会找到另一处鲸落安顿下来。幼虫性别很可能是由环境条件决定的——落在鲸尸上的变成雌性，落在雌性身上的则变成雄性。雌性以每厘米3只到20只的密度在骨骼上定居；一旦它们安顿下来，后到的蠕虫就会变成雄性，住在女友体内。

不幸的是，商业捕鲸减少了鲸落的数量，剥夺了食骨蠕虫等动物宝贵的营养来源，这可能导致深海物种多样性下降。鲸尸减少意味着幼虫在找到新住所之前需要游过更长的距离——这无论如何都不是容易的任务。不管在解剖学上有什么限制，雌性僵尸蠕虫无疑很擅长一件事：在鲸鱼的坟墓上与未成年雄性后宫发生性关系。这项技能如此标新立异，蠕虫们理应拥有虫丁兴旺的未来。

AIR

蜜蜂（Bees）

蜜蜂总科（superfamily Apoidea）

决定把《谈话》（*The Talk*）脱口秀节目称为关于"小鸟和蜜蜂"的闲聊的家伙，不管是谁，一定会对性教育有非常奇特的见解。在鸟类的生活方式普遍都不太得体（比如鸭子，见138页）的同时，蜜蜂也表现出一系列奇怪的繁殖行为。而按照人类的标准，这些似乎一点都不健康。

全球大约有2万种蜜蜂，分属喜花类进化枝的7个科。它们有一个共同点：单倍二倍性——在这种繁殖系统里，受精卵（二倍体）发育成雌性，而未受精卵（单倍体）发育成雄性。具有生殖能力的雌性把精子储存在受精囊中，然后通过让卵子受精随心所欲地控制后代的性别。但实际上，在这样的单倍二倍性繁殖模式下，雄性蜜蜂生来就没有父亲。

严格来说，雌性蜜蜂也缺乏雄性榜样。父母双方都照顾后代的蜜蜂，记录详尽的目前只有一种，黑角蜂（*Ceratina nigrolabiata*）。其他蜜蜂的情况，就不那么乐观了。蜜蜂属的雄蜂就算想做体贴的父亲也不可能，因为它们活得不够长，见不到自己的后代。在蜂后的婚飞过程中，蜜蜂一边飞行一边交配。这个过程短暂而甜蜜，持续1到5秒。蜜蜂交配时，爆炸性的射精将精液喷射进雌性的输卵管，有时还发出清晰可闻的砰的一声。不幸的是，爆炸的威力如此强大，连雄蜂的内生殖器（相当于阴茎）都会被撕裂，不久后雄蜂就会死亡。蜜蜂的爱情生活可以用美剧《贱女孩》(Mean Girls) 里的一句话来概括:"不要做爱，因为你会怀孕，然后死去。"尽管如此，雌蜂还是会与多达20只雄性交配。一旦雌性完成交配，它体内不仅留下满满的精液，还会有撕裂的阴茎残骸。

其他蜜蜂也好不到哪里去。强迫发生的性行为并不罕见。许多种蜜蜂的雌蜂在交配时没有太多选择，因为雄蜂会不顾雌蜂明显的反抗，用下颚和腿抓住它们。比如北美沙漠中独居的挖掘蜂 (Centris pallida)，其雄蜂会饥渴到从地下挖出雌蜂，以确保处女雌蜂出巢后就立刻怀孕。西欧的巧克力穴居蜂 (Andrena scotica) 偏好近亲交配，70% 的雌蜂会与同巢雄蜂交配。最后，还有性玩偶的问题：许多雄蜂会被蜂兰所欺骗。这种花模仿雌蜂的外表和气味，诱骗雄蜂与它们交配，在此过程中完成授粉。每种蜂兰会迎合不同传粉者的口味。

真社会性物种（见77页，裸滨鼠），如欧洲蜜蜂 (Apis mellifera)，其特点是合作照料后代和生殖分工，以及大多数雌性实行禁欲。蜂后以工业规模的数量（每天多达2500只）产下后代，工蜂们放弃性生活来照顾弟弟妹妹。这一举动很容易理解，因为蜜蜂是"超级姐妹"，工蜂彼此间的关系比它们与母亲或潜在后代的关系更加密切。工蜂遗传了母亲 50% 的基因，但继承了父亲 100% 的基因（父亲是单倍体，即每个基因都有一个拷贝），也因此这些姐妹间共享高达 75% 的遗传物质。

尽管如此，一些工蜂仍然能够通过孤雌生殖生下女儿，比如海角蜜蜂（*Apis mellifera capensis*）的亚种。不幸的是，这些工蜂克隆体对蜂巢来说是个麻烦：它们不会工作，只会产卵，而这些卵发育成更多痴迷于繁殖的克隆体，最后整个蜂群都会消失。

从禁欲到乱伦再到会爆炸的阴茎——也许人们谈论"小鸟和蜜蜂"，是为了讨论所有的可能性？

射炮步甲（Bombardier beetles）

气步甲亚科（subfamily Brachininae）

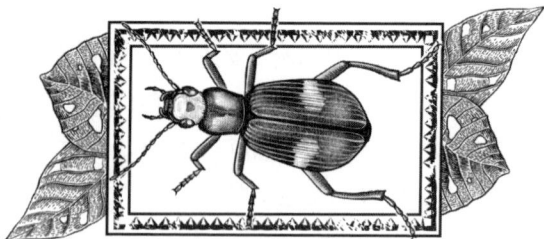

甲虫会飞，但不像其他会飞的昆虫那样很快地起飞。它们在飞行前需要张开翅膀，当危险迫在眉睫时，这项任务花费的时间就显得太漫长了。由于逃生程序存在延迟，步甲进化出了其他自保的方法——其中，气步甲亚科大约500种射炮步甲的手段最为惊人。

射炮步甲在体育课的飞行项目中可能成绩不佳，但在化学课上肯定很认真。它们能制造化学武器：一种灼热的有毒喷雾，能瞬间从腹部的两个腺体之一喷射到敌人身上。射炮步甲的内脏就像实验室的存储仓，以独立的缸室储存不同的试剂。每个臀腺都有两个加固的隔室——内部隔室是大型储液池，里面装有对苯二酚和过氧化氢的溶液；外部是反应室，包含过氧化物酶和过氧化氢酶的混合物。为了部署大炮，射炮步甲会将一些储液挤压到反应室中，以便引发一系列快速而不稳定的事件。过氧化氢释放的氧将对苯二酚氧化成醌类化合物，后者对许多动物具有高度刺激性。氧气也能起到推进剂的作用，促使这种物质从射炮步甲下体喷射出来。这个反应是放热的，释放的能量可将混合物加热到100℃，并气化其中约五分之一的部分。这种爆炸会产生巨响，能进一步威慑天敌。就这样，这种步甲变成了有毒且令人讨厌的"烫手山芋"。

射炮步甲能够以惊人的精度操纵大炮的"喷嘴"——它不仅能够瞄准，比如说，一只坐在它右前腿上的蚂蚁，甚至能精确地瞄准这条腿的某个区段。这名神炮手可以将喷射器指向任何方向——自己身后、头顶上方、腹部下面等等——且射程达几厘米。在弹尽粮绝前它能发射 46 发炮弹，而且射速惊人，几乎达到每秒 1000 发。这些数据让工程师们惊叹不已，先进的飞机引擎很可能模仿了射炮步甲臀部的结构。

这种爆炸性的防御手段不仅在被攻击前有效，在被攻击期间和之后也有一定作用。射炮步甲能用冷静的头脑和滚烫的屁股设法摆脱看似致命的困境：被青蛙或蟾蜍吞进肚子里时，在掠食者肚子里引爆几发炸药很有可能让自己逃出生天。一旦发生这种情况，这只两栖动物不仅会吐出恶臭灼热的步甲，而且如果爆炸发生在消化道更深处，它还会把胃外翻过来，以摆脱这种攻击性极强的食物。为了查明这种行为究竟是不是射炮步甲的爆炸引起的，神户大学研究小组监听了蟾蜍体内的爆裂声。他们发现那些开炮的甲虫都能从冒险中毫发无伤地脱身，即便是被吞下一个多小时后，而且，它们还会四处夸耀自己勇闯鬼门关的经历。

动物为什么需要如此复杂的防御系统？理查德·道金斯和约翰·克雷布斯用"活命—一餐"原则解释说：被捕食物种面临更强的选择压力，猎物必须比捕食者跑得更快（或者，更笼统地说，进化得更快），因为猎物是为了活命，而捕食者只是为了美餐。

不得不说，对蟾蜍而言，一餐甲虫就有可能让它患上名副其实的"胃灼热"。

鲣鸟（Boobies）

Sula granti, Sula nebouxii

不要嘲笑这个名字！"booby"这个词实际上来自西班牙语bobo，意思是"笨蛋"或"傻瓜"。鲣鸟得到这个相当不友好的称号，要么是因为它们在陆地上看起来很笨拙，要么是因为它们太不怕人，使得水手可以轻易把它们抓住吃掉。

全球有七种鲣鸟，其中最著名的是蓝脚鲣鸟（*Sula nebouxii*）。它们明亮的天蓝色脚趾在宣示健康和生育能力方面功勋卓著：颜色越亮的鲣鸟越性感。不过还有一种长着普通黑脚的鲣鸟，即橙嘴蓝脸鲣鸟（*Sula granti*），可能比它的蓝脚亲戚更有趣——也更无情。

橙嘴蓝脸鲣鸟和蓝脚鲣鸟都常见于美洲西海岸的热带，在加拉帕戈斯群岛上繁殖。鲣鸟夫妇在地面上下蛋，共同承担父母的责任。这两种鲣鸟的雌性体型都较大，善于引吭高歌，而雄性都会吹口哨。但仔细观察就会发现，这两个物种的行为天差地别。

鲣鸟通常被认为是一夫一妻制的，跟其他海鸟一样，至少在"纸面"上是这样。橙嘴蓝脸鲣鸟对伴侣非常忠诚，蓝脚鲣鸟却偏爱通奸，超过一半的雌性会跟非配偶交配。出轨率如此之高，连家庭的概念都变得宽泛了——流浪的雏鸟可能会被非亲属成鸟收养，主要是因为父亲们从来都不太确定自己究竟是谁的父亲。不过，母亲们明察秋毫，对没有血缘关系的雏鸟攻击性要高得多。

　　鲣鸟可能是不错的伴侣，但肯定不是好家长。事实上，如果你曾经因为你的孩子老是打架，就认为自己是失败的家长，请放心，你远不如鲣鸟糟糕。橙嘴蓝脸鲣鸟通常下两枚蛋，然后都孵出来；第一个雏鸟会比第二个早几天孵化，因此在体型和力量方面都遥遥领先。当第二只雏鸟孵化出来时，鲣鸟父母只是在一旁平静地看着那只强壮的雏鸟折磨另一只弱小的。这绝对算不上友好的打闹，而是一个全新的境界——手足相残。这种现象在鸟类中并不罕见。通常来说，这种情况会在特定条件下发生，也就是说，只发生在食物匮乏、体弱的雏鸟生存机会渺茫的情况下。事实上，蓝脚鲣鸟就属于这种：只要食物充足，年长的雏鸟就可以容忍年幼的雏鸟——不过，如果肚子饿得咕噜噜响，年幼的雏鸟就必须滚蛋了。然而，橙嘴蓝脸鲣鸟的手足相残是无条件和必然的，无论环境因素如何，杀戮都会发生。只有一只雏鸟能活到成年——橙嘴蓝脸鲣鸟先孵化的雏鸟往往会在孵化后一周内杀死自己的弟弟或妹妹。这种现象的演化推理，可以用E.F. 杜尔瓦德1962年提出的"保险蛋假说"来解释。这个假

236

说很简单：第二枚"边缘"蛋是为第一枚"核心"蛋失败的情况而准备的。说白了，鲣鸟生出一个继承人和一个备胎。

有趣的是，父母的干预的确会对手足相残产生影响。在林恩·洛希和大卫·安德森的一项研究中，研究人员将橙嘴蓝脸鲣鸟雏鸟交给温和的蓝脚鲣鸟抚养，将蓝脚鲣鸟雏鸟交给橙嘴蓝脸鲣鸟抚养。蓝脚鲣鸟父母养大的橙嘴蓝脸雏鸟攻击性较弱，弟弟妹妹的存活率更高；而橙嘴蓝脸鲣鸟养大的蓝脚幼崽更容易自相残杀。蓝脚父母试图安抚雏鸟，而橙嘴父母似乎在给雏鸟拱火！

不幸的是，橙嘴蓝脸鲣鸟的幼鸟不仅会受到自己家庭成员的威胁。大约 80% 的非繁殖期的橙嘴蓝脸成鸟会对没有血缘关系的幼鸟产生兴趣——而且可能非常残忍。成鸟不会直接杀死幼鸟，但可能会啄咬它们，摇晃它们，或拉扯它们的羽毛。这对幼鸟产生了持久的影响：在幼年受到的霸凌越多，成年后施加的霸凌就越多。暴力的循环在继续。

加利福尼亚丛鸦（California scrub-jay）

Apbelocoma californica

在天主教中，帕多瓦的圣安东尼被尊为非常有用的圣徒：他是找回丢失物品的守护神。然而，如果天主教徒能更像丛鸦，圣安东尼就可以休息一下了——这些鸟从不会弄丢任何东西！

加利福尼亚丛鸦是北美洲一种中等体型的蓝灰色鸟类，之前又称西丛鸦，后与伍氏丛鸦（*Apbelocoma woodbouseii*）合并为一个物种。它们是喜鹊和旧大陆松鸦[1]的远亲。跟其他鸦科动物一样，加利福尼亚丛鸦会储藏食物，以备日后取食。

不像我们这些经常忘记把钥匙放在哪里的人，西丛鸦能形成系统记忆，分毫不差地记住自己藏了什么，藏在哪里，什么时候藏的。这种记住特定储存事件的时间和地点的能

1　"旧大陆"一词带有殖民色彩，不过在撰写本书期间，它是公认的生物地理学术语，用于描述来自非洲-欧亚大陆的野生动物。标准用法包括旧大陆松鸦、旧大陆猴、旧大陆果蝠（见 289 页）等。

力，推翻了动物没有情景记忆的假设。更厉害的是，这些丛鸦还表现出拥有规划未来的能力：它们还能记住食物的易腐程度，提取食物时会优先考虑那些很快就会变质的东西。

丛鸦并不仅仅只吃自己储存的食物，只要有机会，它们也会偷其他丛鸦囤积的食物。因其记忆力超群，一旦食物的原主人离开，它们就会回到其他丛鸦储存食物的地方大肆偷盗。为了防范小偷，丛鸦会在储存食物时采取多种策略。首先，它们会在同类稀少的地方寻找储存点。其次，丛鸦会在没有其他同类看见，或者有东西挡住同类视线的时候储存食物。再者，如果有同类在场，它们会把食物藏在尽可能远的隐蔽处，藏到难以精确定位的位置。然而，如果以上选择都不可行，它不得不在旁观者在场的情况下藏匿食物的话，那么，一旦目击者离开，丛鸦就会飞回来，改变储存食物的位置。有趣的是，只有偷过东西的丛鸦才会改变储存地点；单纯善良的丛鸦身上观察不到这种行为。丛鸦还会记住哪些同类一直在窥视它们，以及应该提防哪些同类。

不制订复杂的后勤计划时，丛鸦像许多其他鸟类一样，享受愉快的消遣：水疗护理（SPA）。然而，这种护理可不像人类的水疗那么平静，因为它们是使用活生生的昆虫来洗澡。昆虫水疗的专业术语是"蚁浴"，尽管其他无脊椎动物如射炮步甲（见232页）和马陆（见65页），也被鸟类用于护理。

"被动式蚁浴"意味着丛鸦在蚁丘上展开身体，摩擦翅膀和尾巴，让昆虫爬过羽毛。而在"主动式蚁浴"中，丛鸦会叼起昆虫，用喙将之压碎，然后放在羽毛上摩擦。这种行为的确切目的尚不清楚，可能有助于保养羽毛，利用蚂蚁的甲酸（或昆虫释放的其他物质）对抗寄生虫或细菌和真菌感染。有些鸟会吃掉已"排空"难吃毒素的蚂蚁。圣安东蚁[1]估计不会赞成这种做法。

1 Saint Ant 是 Saint Anthony 的谐音。圣安东尼一生清苦，有时好几日才进食，吃的是面包、盐和清水。

银磷乌贼（Caribbean reef squid）

Sepioteuthis sepioidea

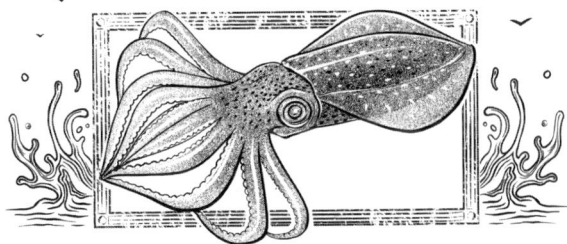

"活在当下，及时行乐！"因为这种生活态度，银磷乌贼（又称加勒比珊瑚乌贼）可能赢得了海底世界摇滚巨星的称号。这种乌贼生活在百慕大到巴西的温暖水域中，它体型较小（当然是与 13 米长的巨型乌贼相比），有一层外套膜，也叫作"帽兜"，只有大约 20 厘米长，包裹着大部分重要器官。不过，只要你有格调，有魅力，酷到没边，那么体型什么的都无关紧要。

这些软体动物从不会安坐不动。它们没有鱼鳔，所以必须不断运动——否则就会下沉。银磷乌贼可能不会像詹姆斯·迪恩那样会摩托飞车，但它能做一些酷得多的事情。当这种乌贼感到倦怠，受到威胁，或仅仅只是想要耍酷时，它不会选择游泳，而是……飞行！为什么？因为它能飞——还因为飞行实际上能耗更低。

乌贼有两种运动方式：通过从腕足间的漏斗释放水流来

推动自己，或者划动鱼雷状外套膜两侧的两个圆形鳍。喷射漏斗可以向前或向后瞄准，这样乌贼可以朝着任何方向快速移动。但是，任何游过泳的人都知道，水的密度会阻碍高效运动。为了克服这一点，乌贼在火箭般的漏斗喷射器的帮助下，能跳出水面约 2 米，展开翅膀般的鳍，至少能飞行达体长 50 倍的距离。想要刹车时，它们会张开手臂，然后落回水中。2001 年，西尔维娅·马西亚首次观察到银磷乌贼的这种行为——随后她在其他六种乌贼身上也观察到类似的能力。有些乌贼甚至能在腕足间铺一层黏液来提高飞行能力。

与其他头足类动物不同，银磷乌贼并没有酷到不屑于与其他乌贼为伍——它是群居物种。因此，它的社交情况可能比独居型软体动物好得多。在光线充足的浅水中活跃意味着它们在社交互动中十分重视外貌。乌贼群体类似于大学派对，会举办"争夺赛"，参赛的每个乌贼都会努力为自己寻找伴侣。就像在大学新生的"红绿灯派对"中，参与者穿着红色、琥珀色或绿色的衣服，显示自己是否单身，乌贼也会用视觉线索向同种个体发出表示单身状态的信号。不过，这些海中狂欢派对不是使用颜色，因为乌贼是色盲——它们用的是图案。

银磷乌贼的细胞含有色素体，这种细胞可以根据需要收缩或扩张。因此，银磷乌贼可以更换总共 16 种不同的图案——包括闪烁的花纹、斑马纹、马鞍纹或条纹。这些皮肤图案表明此动物渴望交配，但也可能是对竞争对手的警告。当受到威胁时，乌贼会换上一套威慑性皮肤（见 86 页，红眼树蛙），在外套膜上闪烁两只黑色的"眼睛"。此外，它们还会通过喷射墨汁来迷惑对手——这也是示意其他乌贼滚蛋的信号。

乌贼是双方自愿的自由性爱的拥护者——雄性和雌性都会与多个伴侣交配，尽管雌性往往在数次交配后丧失动力和热情。一对情侣在闪烁适当的图案并相互追逐之后，就会同步摇摆着游泳。随后，雄性把其精子储存在雌性手臂的底部。未经雌性同意，精荚不能转移到它的外套膜下：对乌贼来说，不行就是不行！

不幸的是，生育后代结束了乌贼无牵无挂的生活。这种动物是单次繁殖的（见宽足袋鼩，17 页）。这意味着在雄性交配、雌性产卵后，成年乌贼会在不到一年的时间里死去。它们从未见过自己的后代。在没有更年长、更睿智的榜样的情况下，它们的后代注定要重复父母"摇滚"的生活方式。

查岛鸲鹟 (Chatham Island black robin)

Petroica traversi

　　起初，有一个群岛。准确地说，是新西兰南岛以东约800公里的查塔姆群岛。它是鸟类的伊甸园，栖息着许多特有物种——其他地方都没有的物种。不幸的是，人类，尤其是欧洲定居者以及他们的猫和老鼠的到来，给当地鸟类带来了末日。当地鸟类在进化过程中是没有哺乳动物参与的，于是它们无法适应后者的捕食而纷纷走向了灭绝，比如查塔姆渡鸦、查塔姆蕨莺和查塔姆秧鸡。人们以为，查岛鸲鹟，一种麻雀大小的黑色绒毛球，也遭遇了同样的命运——直到1938年，人们在小曼格雷岛上发现了一个小种群。

　　小曼格雷岛，不过是一个不到200米高的岩石堆，覆盖着大约5公顷快速退化的灌木丛和森林，绝不是什么天堂。到1973年，这里只生活着18只查岛鸲鹟；6年后，下降到7只。这7名幸存者被重新安置到邻近没有捕食者的曼格雷岛，那里新种植的森林提供了更好的栖息地。然而，它们的生存状况依旧不乐观。到 1980 年，整个查岛鸲鹟种群只剩下 5 只个体。其中有一只健壮的雌鸟，根据其腿带的颜色被命名为"老蓝"。

就在这时，守护天使出现了：来自新西兰野生动物管理局的唐·默顿采取了更具有干预性的保护方法。查岛鸲鹟繁殖缓慢，它们需要数年时间才能性成熟，寿命约为六年，每窝只下两枚蛋。然而，一旦失去了一窝卵，它们就能生出另一窝——默顿就利用了这一特点。童年时的恶作剧给了他灵感：有一次，他设法让祖母的金丝雀去照看金翅雀的蛋。就这样，他启动了查岛鸲鹟的交叉抚养计划——这是有史以来第一次采用这种方法保护濒临灭绝的雀形目鸟类。最初，查岛鸲鹟的卵交给查塔姆岛莺抚育。然而，由于这种莺无法抚养超过 10 天的幼鸟，他就改换查塔姆大山雀，后者是更好的养父母。大山雀负责孵化，查岛鸲鹟只需专注产卵，于是宝贝蛋的产量大为提高。

1979 年至 1981 年间，"老蓝"和配偶"老黄"是唯一成功繁殖的伴侣，它们使该物种免于灭绝的命运，成为目前现存查岛鸲鹟的亚当和夏娃。神奇的是，"老蓝"是位名副其实的玛士撒拉[1]，至少活到了 13 岁，且一直保持着稳定的产蛋量，直到生命的最后一刻。它总共诞下 11 只幼鸟。

1984 年，人们观察到一个现象：一些雌鸟会把卵产在

---

[1]　玛士撒拉，天主教称为默突舍拉，西方长寿者的代名词，是希伯来语《圣经》中一位最长寿的老人，据说他在世上活了 969 年。

巢的边缘，而不是巢中央，这将导致其无法正常孵化。在恢复计划的早期，每枚卵都是无价的。因此，野生动物管理局的工作人员将蛋重新安置在巢的中央，促进其正常发育。这项工作一直持续到 1989 年，在那期间，超过一半的雌性查岛鸲鹟在巢边缘下蛋。这表明这种行为是遗传性的。善意的工作人员无意间促进了一种不利于适应的性状，阻碍了自然选择这种演化机制。幸运的是，1990 年开始实施更放任的保护方法，重定位鸟卵被叫停——随后，在巢边缘产卵的雌鸟下降到 20% 左右。

最新的查岛鸲鹟普查显示，其种群数量约为 250 只。尽管严重的近亲繁殖使它们容易受到疾病侵害，但种群数量仍在增加。目前查岛鸲鹟已被列为濒危物种。鸟类对遗传瓶颈表现出了惊人的韧性，许多物种都在灭绝的边缘被拯救回来，比如粉红鸽（曾下降到 10 只），莱岛鸭（7 只），或是纪录保持者毛里求斯红隼（4 只）。尽管数量少得惊人，这些物种均顺利繁殖，数量倍增。真好！

原鸽（Common pigeon）

Columba livia

　　1936 年，波兰巧克力商人简·威德尔为其公司的最新产品取名"Ptasie mleczko"，这个名字意为"鸟之奶"，一种无法获得的美味。不过，鸟奶并不像传说中的那样可望而不可即。威德尔完全可以简单地把谷物撒在店铺前，然后从卑微的鸽子身上获取神话中的美味。幸好，威德尔的产品只是裹着一层巧克力的香草味甜点，而不是从鸽子嗉囊内壁脱落的充满液体的细胞混合物。

　　所有野鸽和家鸽（还有火烈鸟和帝企鹅）都喂雏鸟"鸽乳"（又称"嗉囊乳"）——由亲鸟从食道的囊中反刍出来的富含脂肪和蛋白质的半固态物质。雏鸽在出生后的第一周就靠这种倒胃口的食物果腹，之后才逐渐开始吃浸泡过鸽乳的谷物。这是因为，刚孵化出来的雏鸽无法消化成鸽的食物——这些雏鸽还是瞎子，满身稀疏的一撮撮的绒毛，长着尺寸过大的喙，没有哪个部位称得上好看。

在野外，雏鸽在悬崖上的洞里孵化出来。但是对鸽子来说，"野生"的定义已经变得非常多变——就像这种鸟自身一样。普通鸽子最初就是原鸽，原产于地中海和西亚。它们至少在 5000 年前已被人类驯化（形成家养的亚种），但后来许多家鸽又选择了自由。这些野鸽目前分布很广，远远超出原鸽的分布范围。人造建筑完美模仿了岩石悬崖，鸽子在城市里生活得如鱼得水也就不足为奇了。

驯养鸽子是为了食用（鸟奶喂养的雏鸽尽管外表难看，味道却不错）、陪伴、地位，或许最重要的是传递信息。家鸽拥有难以置信的导航能力。在和平时期，人们使用鸽子传递信息——例如新闻报道的先驱保罗·路透。在战争时期，鸽子更是被广泛利用，从恺撒大帝、成吉思汗到二战的士兵，都曾使用鸽子。

达成这些的前提很简单：把鸽子带到新的地方，释放它，然后它会——魔法般地——找到回家的路。它们只朝一个方向飞行（飞向鸽舍），但速度很快（时速 97 公里），飞行距离也很远（最远可达 1800 公里）。因此，回信必须用另一只鸽子传递。普法战争期间（1870—1871 年），人们把鸽子装进热气球运出被围困的巴黎，到达安全地域后，再放出鸽子给巴黎人送信。一战期间，英雄鸽子雪儿阿米（Cher Ami），在身受重伤的情况下成功传递信息，使 194 名美国士兵免受友军误伤。

鸽子导航的基本机制仍然是一个谜。使用 GPS 记录仪的研究表明，在熟悉的路线上，鸽子会利用道路和其他地标等视觉线索来确定方向。但这不能解释此种情况：把鸽子放到完全陌生的地方，有时甚至是数百公里外，它们还是能找到回家的方向。

有一种解释认为，鸽子可以通过探测地球磁场来导航。这有点棘手——鸽子确实有内置的磁感罗盘来确定方向，但只有知道所在地相对于鸽舍的位置，磁感罗盘才有用。因此，鸽子更有可能是靠嗅觉找到回家的路。通过结合对鸽舍周围气味和吹来气味的风向的了解，鸽子能很好地确定应该朝哪个方向飞行。1971 年，意大利动物学家弗洛里亚诺·帕皮证明，失去嗅觉的鸽子无法找到鸽舍；随后的研究进一步证实了这一发现。相比之下，操纵磁场并没有影响鸽子的归巢能力。

虽然一些野鸽种群与原鸽驯化技术本身一样古老，但某些野鸽跟信鸽基因的相似性要高于任何一种其他鸽类。这表明，那些固执的信鸽可能对我们在城市街道上看到的鸽子种群做出了重大贡献——也许使得城区的鸽子相比害虫而言更像训练有素的老兵。[1]

1　鸽子被称为"空中老鼠"，鸽子及其粪便携带大量瘟疫病毒，有超过 60 种病原，且在城市中的行为类似于老鼠。

普通林鸱（Common potoo）

Nyctibius griseus

　　大家都说："要像树一样活着!"嗯，小林鸱们把这个建议牢记在心——这个物种生活的主要目标就是假装自己是一截断掉的枝干。

　　林鸱科，与夜鹰科和澳大利亚蟆口鸱科有亲缘关系，该科由 7 种新热带鸟类组成，其中普通林鸱分布最广。普通林鸱在从墨西哥到阿根廷的各个地区都有分布，但与鹦鹉或巨嘴鸟这些热带鸟类不同，它们的颜色既不鲜亮也不艳丽。它们的羽毛单调得令人难以置信，不过这有一个充分的理由：这样才能完全融入树木中，假装自己是其中一部分。

　　除了灰褐色的羽毛，这种鸽子大小的鸟主要由一张嘴和一双大得有些离谱的眼睛组成，就像是《大青蛙布偶秀》(*The Muppet Show*)里的家伙。普通林鸱的眼睛似乎模仿了咕噜牛 [1]：

1　咕噜牛是英国童书中的角色。

鼓鼓的亮黄色眼球，有着黑色的瞳孔。相比之下，大林鸱（*Nyctibius grandis*）长着深邃如黑洞般的乌黑眼睛，非常瘆人，好像瞪谁一眼就能钻进谁的灵魂里。这些物种在夜间活动，会用它那双巨眼探灯侦察昆虫（尤其是甲虫、飞蛾和蚱蜢），接着用大得荒谬的嘴整个吞下猎物。捕猎时，这些鸟从它们最喜欢的树枝上快速冲刺，并在飞行途中抓住猎物；它们不太喜欢走路，也不会试图从地上捡起昆虫。

尽管它们巨大的眼睛在夜间狩猎时非常有用，但在白天，这样的眼睛暴露给任何一个天敌都是致命的。然而，这些林鸱却将防御机制建立在满不在乎的态度和沉着冷静之上：它会一整天都一动不动地待在光天化日之下，伪装成折断的枝干。当危险逼近，这种鸟会闭上眼睛和嘴巴，再慢慢抬起头，使自己更像树的一部分。普通林鸱可以不间断地观察是否存在威胁，要么是通过非常轻微的斜视，要么在眼睛完全闭上的情况下，通过眼皮上的两个小缺口窥视。它们闭着眼睛，以免暴露自己的位置；不过也可能会轻微地移动，瞅瞅掠食者在干啥，但绝不会突然移动，以维持太平无事的表象。然而就算它很可能会把"木头人游戏"一直玩下去，不到最后绝不移动，但如果捕食者靠得太近，它就会直接飞走，或者突然张开它惊悚的大眼睛和嘴巴来吓跑对手。

普通林鸱组建家庭时，生活也不会有太大变化。它们不会为筑巢而烦恼——雌性选择它最喜爱的断枝、树桩或篱笆柱，最好上面还有一点凹陷或节孔，然后下一枚蛋。晚上，这种一夫一妻制的鸟轮流孵蛋，白天则主要由雄性负责。这似乎也算不上什么牺牲——毕竟，它本来就整日坐着不动，那还不如坐在蛋上。小家伙一孵化出来，就准备好了扮演生来注定的角色：一截折断的树枝。雏鸟会保持静止不动，最初是蜷缩在父母的羽毛里，长大之后则坐在妈妈或爸爸身旁，或独自坐着。幼鸟的伪装跟成鸟不一样：白色蓬松的羽毛像某种长在树上的真菌。尽管如此，伪装还是起到了作用。跟父母一起一动不动地站上大约50天后，小鸟开始独自静站。从无须费神照料的童年，到安然平稳的青春期，再到无忧无虑的成年期，这些鸟一辈子平淡无奇，从无惊险逸事。但它们深悟如何将单调乏味升华为艺术。

普通雨燕（Common swift）

Apus apus

几个世纪以来，欧洲人一直在问自己：雨燕不在的时候，它们干什么去了？这些鸟在5月到9月间飞过欧洲人的头顶，然后就消失了——它们去哪儿了？亚里士多德认为，雨燕和燕子、海燕一样会冬眠，冬眠处（冬季庇护所）就在池塘底部的泥土里。这种观点持续了近两千年。直到18世纪晚期，英国第一位生态学家吉尔伯特·怀特请工人挖掘探查雨燕可能的越冬地点。很不幸，怀特没有找到冬眠的雨燕，于是转而倾向于认为它们会迁徙。

事实证明，怀特是对的。普通雨燕只在繁殖季节出现在欧洲，其余时间它们属于非洲。这些炭灰色的鸟是天空的主人。飞行时，雨燕的身体形状就像回旋镖，翅膀比身体长，短短的尾巴符合空气动力学，小小的双脚紧贴身体。（雨燕的学名apus，意为"没有脚"，反映了古人对雨燕的看法，即一种没有脚的燕子。但实际上雨燕与蜂鸟的亲缘关系更近。）

雨燕是飞行能力最强的鸟。从离巢的那一刻算起，它们能够连续飞行 10 个月，一刻不停。雨燕是食虫动物，以飞行中捕捉到的任何东西为食。它们的喙很短，但可以张得很大，能够吞下 2—10 毫米长的食物。雨燕不挑食。它们至少会吃英国本土的 312 种不同的猎物。雨燕还能在飞行中喝水，在飞行中收集巢穴材料，最独特的是，在飞行中交配。据推测，它们甚至能在飞行中睡觉——很可能是飞升到高海拔时——不过空中打盹的细节仍是个谜。

雨燕一生仅在养育后代时着陆。因为它们忠于自己的筑巢地，所以人们可以年复一年地观察它们。在 19 世纪，因疫苗而出名的爱德华·詹纳[1]是最早研究雨燕筑巢行为的人之一。

当时还没有发展出环志法[2]，詹纳采用了一种相当令人不适的方法来标记雨燕，即切断它们的脚趾（至少他意识到了它们有脚）。他注意到一些雨燕每年春天都会回到同一个鸟巢，如果巢坏了就把巢修好。1948 年，大卫和伊丽莎白·拉克夫妇在牛津自然历史博物馆开始研究雨燕的繁殖。这项研究一直持续到今天——这是全球对单一鸟类进行的持续时间最长的研究之一。

如今，得益于轻量的地理定位器——可以根据环境光线水平确定位置——我们终于能了解雨燕旅途中的经历。要抵达非洲撒哈拉以南的越冬地点，雨燕会走更长的路线，以便

1　以研究及推广牛痘疫苗，防止天花而闻名，被称为免疫学之父。
2　通过给鸟类佩戴标记，如金属或塑料的脚环（或颈环、翅环），科学家可以追踪鸟类的迁徙路径、停歇地点、迁徙时间与速度等详细信息。

途经多个补给点（这并不意味着停止了飞行，它们只是在昆虫丰富的地方飞来飞去）：平均下来，它们每天要飞行500公里。在春天，雨燕会选择更直接的路线，大约比冬季路线短2000公里，而且飞行速度要快得多。由于顺风且风速提升了20%，它每天能飞行800多公里。雨燕可以活到18岁以上，一生最远飞行距离可能超过600万公里——是地球往返月球距离的8倍。

为了踏上如此艰苦的旅程，雨燕从小就表现得如同职业运动员一般。还在巢里的时候，雏燕就用翅尖练习做"俯卧撑"，每次把身体抬离地面几秒钟。它们还会观察自己的体重——通过俯卧撑判断自己的身体相对于翅膀长度是否太重。如果超重，雨燕就会禁食，直到达到目标体重。在鸟界奥运会上，雨燕是毫无争议的不停歇飞行冠军。

普通吸血蝠（Common vampire bat）

Desmodus rotundus

　　这是一个关于鲜血、同志情谊和自我牺牲的故事。不过这个故事并没有发生在第一次世界大战的战壕里，也与崇高的农民革命无关——它讲的是吸血蝠。

　　全球有三种吸血蝠，均原产于拉丁美洲。吸血蝠是世界上唯一以吸血为生的哺乳动物，这意味着它们只以血液为食。这些吸血蝠体型较小（长约 9 厘米，翼幅约为体长的 2 倍），寿命很长——有些雌性个体在圈养条件下可以活到 30 岁。普通吸血蝠以兽类的血液为食，另外两种则偏好鸟类的血液。普通吸血蝠的猎物主要是家畜，但有时也会咬人，尤其是那些在户外睡觉的人，因此会引发狂犬病和其他疾病的传播。

　　德古拉的子嗣们已经完全适应了血腥的食谱。普通吸血蝠的牙齿是所有蝙蝠种类中最少的，但那 18 颗牙齿像剃刀一样锋利。它们能利用回声定位（见飞蛾，283 页）进行远距离导航，通过倾听动物熟睡时的呼吸模式来识别喜欢的猎物。一旦落到猎物身上，它们就会用鼻腔中的特殊蛋白感知热源，以便选择血液靠近皮肤的部位下嘴。切开皮肤后，吸血蝠用带沟槽的特殊舌头舔舐流淌的血液。它们的唾液中含有抗凝剂，可以防止凝血。这种抗凝剂叫什么？德古灵（Draculin）。没错，科学家都是书呆子。

吸血蝠每次进食会持续 10 分钟到 1 个小时，吃饱后它们的体重可能会增加 3 倍。开始进食的几分钟内，吸血蝠就会尿出多余的水分，以减少不必要的飞行负荷。与其他蝙蝠不同的是，吸血蝠非常擅长以四肢着地的方式行走和奔跑——速度可达 1.2 米 / 秒——它们甚至还会跳跃。在大型动物身上寻找完美的用餐地时，这项技能会派上用场。

然而，吸血蝠不仅是贪婪的嗜血机器——它们也有温和善良的一面。吸血蝠有时会和数百只同类组成群体共同生活；而在群体内部，10 到 20 只左右的雌性又会组成更加紧密的闺蜜团。它们能认出彼此的叫声，会花时间互相理毛，有时也会一起进餐。

一旦哪只吸血蝠没吃上晚餐，那麻烦可就大了——在饿死前它最多能撑 70 个小时。好在它还有族群罩着：满载而归的觅食者会与饥饿的朋友分享血餐（以不那么开胃的反刍的方式）。吸血蝠的社会规则显然相当公平：如果某只吸血蝠之前捐赠过食物，那么它更有可能得到别人的食物。这种帮助不限于家庭——母吸血蝠不仅会养育后代和其他晚辈，还会给没有血缘关系的成年同窝伙伴提供食物；相互之间的反刍比亲缘关系或互相理毛更重要。

在野外，分享食物的通常是雌性，主要因为雄性不常形成稳定的关系。一只饥饿的吸血蝠通常由其他几只吸血蝠喂养，构建出一个基于社会纽带的"支持网络"。此外，捐赠者会很热心地伸出援手：比起被捐赠者提出索要的请求，捐赠者更有可能主动捐赠食物——令人震惊的是，有时热心捐赠者提供的食物还会被受益者拒绝，这表明了一些吸血蝠对于捐赠者的偏好。(扪心自问一下：你想要吃谁反刍的血当午餐?)

吸血蝠间的团结精神远不只体现在分享晚餐上。据报道，一只雌性普通吸血蝠抚养过死去伙伴的遗孤。这位伙伴是它关系密切但没有血缘关系的雌性。当伙伴的健康开始恶化，这只雌蝠花了更多的时间反刍食物，并给伙伴及其幼崽理毛。伙伴最终去世后，雌蝠还收养了失去母亲的幼蝠。这场哺育至少持续了9个月，断奶时间是同一家族其他吸血蝠的3倍，足以展示出这只雌蝠抚养孤儿的决心。此外，还有更多雌性吸血蝠收养非亲属的记录。这些动物远不是自私的吸血鬼，它们表现出的社会良知足以令多数人类汗颜。

蜻蜓（Dragonflies）

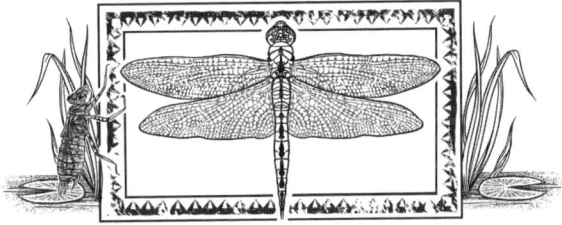

蜻蜓的飞行技术无与伦比。它们不仅能够前后、上下、左右飞行，还能够盘旋，眨眼间改变方向，甚至在交配时串联飞行。在蜻蜓亚目的 3000 种蜻蜓中，只有几十种会迁徙，但这些迁徙者非常专业。薄翅蜻蜓的迁徙路线是所有昆虫里最长的：全程 18000 公里，跨越多代，部分个体会飞行约 6000 公里，包括从印度北部到索马里的不间断越洋旅行。它们飞越开阔的海洋，飞越喜马拉雅山脉 6300 米高的山脊。不仅如此，蜻蜓的机动性无可挑剔，四个翅膀可以彼此独立活动。凭借非凡的飞行技巧，蜻蜓成为非常成功的捕食者，捕获猎物的成功率高达 95%。

然而，出乎意料的是，这些令人眼花缭乱的肉食性"特技直升机"一生大部分时间在水下度过。蜻蜓和豆娘（Damselfly）都属于蜻蜓目。有些昆虫目是完全变态的，如蝴蝶和甲虫——一生会经历整套变态过程：卵—幼虫—蛹—成虫——但蜻蜓是半变态的，一生只经历三个阶段：卵、若虫和成虫。蜻蜓的若虫和成虫一样，也是肉食性的——但有一点与成虫不同，它们是水生的。

尽管若虫（nymph）——也被称为稚虫（naiad）——是以古希腊的水泽女神[1]命名的，但它们并不像自己的名字那样精致优雅。恰恰相反，它们更像是水中食尸鬼：它们是贪婪的猎人，不仅以其他昆虫（包括蜻蜓同伴）的水生幼虫为食，还会捕食蝌蚪，偶尔甚至会吃小鱼。它们一边进食，一边长大——一边长大，一边蜕皮。有些若虫需要蜕皮17次，才能变成成虫；它们在水下的这个阶段可以持续几个月到几年。由于体型庞大（有些品种可达近10厘米），它们是重要的水生捕食者，特别是在由于干涸而不适合鱼类生存的池塘里。与此同时，它们自己也会成为水禽或大鱼的猎物。

为了能够在水下生存，蜻蜓若虫有一个特别有用且可能有些出乎意料的部位——它们的屁股。若虫的屁股简直是屁股界的瑞士军刀——帮助持有者应对任何情况的多功能工具。更准确地说，蜻蜓宝宝的屁股主要有四种功能。第一种功能比较常规，并不独特：排出废物。第二种功能，跟隐龟（见171页）或海参（见201页）很像，可以用来呼吸——通过位于直肠的内鳃进行呼吸。第三种功能是一种精妙的逃生反应：若虫能够在关闭头部括约肌的同时收缩腹部，然后从

1　Nymph 即宁芙，指出没于山林、原野、泉水、大海等地的女神（或仙女、精灵）；Naiad 尤指水泽女神、水仙女。

屁股喷射出速度高达 50 厘米／秒的水流，推进着它快速逃跑。而屁股的最后一种功能与一个可伸缩的下颚有关，而这想必激发了 1986 年电影《异形》（*Alien*）创作者的灵感。通过关闭另一端的括约肌——这次是在肛门——若虫可利用液压射出可延展、带盔甲的下颚。这是一种带着尖刺和钩的铰链式唇瓣，休息时折叠在若虫身体下方，狩猎时则迅速弹出。这些依赖屁股维生的捕食者某种程度上真的把"屁股蛋"（ass）变成了"坏蛋"（badass）。

蜻蜓这种不妥协的态度会一直持续到成年。比方说，竣蜓（*Aeshna juncea*）的雌性如果不喜欢某只雄性，会通过装死避免交配。当雄性靠近时，正在愉快飞行的雌性会突然坠落到地上，一动不动，假装死亡，直到讨厌的追求者离开。这可真是史上最无情的拒绝！下次你发现自己的约会很糟糕时，这个策略值得一试。这稍显极端，但毫无疑问，效果立竿见影。

扁头泥蜂（Emerald cockroach wasp）

Ampulex compressa

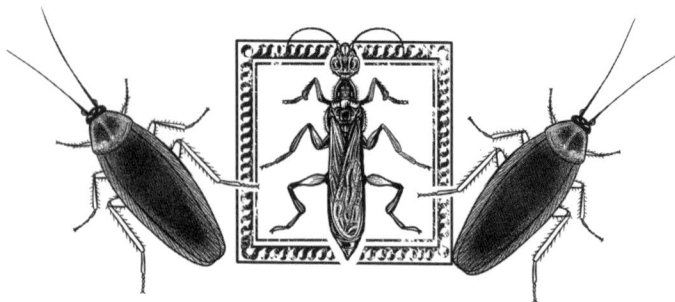

优雅、高贵、闪闪发光——毫不奇怪，这种翡翠绿的泥蜂被人们称为宝石黄蜂（即扁头泥蜂）。这种昆虫分布在亚洲、非洲、太平洋岛屿和巴西的热带地区；体长 2 厘米，有着大大的眼睛、蓝绿金属色的身体和红色的中后腿，仿佛刚从法贝热彩蛋[1]中孵出。然而，一旦了解了扁头泥蜂，就不太可能有人称它为"小可爱"——它们是节肢动物中的护士拉契特[2]。

泥蜂可能是所有昆虫中最谙熟厚黑之道的一类——参见粉蝶盘绒茧蜂（310 页）——而扁头泥蜂则是美丽与残忍的完美结合。像泥蜂科的其他物种一样，这种泥蜂是蟑螂猎

1　法贝热彩蛋，又名俄罗斯彩蛋，是指俄国著名珠宝首饰工匠彼得·卡尔·法贝热所制作的类似蛋的作品。

2　拉契特（Ratched）是电影《飞越疯人院》中的反面人物，后有专门的剧集《拉契特》。

手，还属于寄生蜂，雌蜂会将猎物作为幼虫的食物来源。然而，扁头泥蜂不仅仅是简单杀死一只蟑螂，它的作案手法算得上一种野蛮的杀戮艺术。

在成为小泥蜂的活动食品柜之前，蟑螂需要被制服并带回巢穴中。没有蟑螂会自愿牺牲（有些蟑螂会试图通过踢咬来阻止攻击者），这就给宝石黄蜂的准妈妈在运输方面造成了麻烦，因为蟑螂的体型和它自己一样大，甚至比自己还大。想搬运一只不停地踢咬、拼死抵抗的蟑螂，绝非易事，不如让六条腿的祭品心甘情愿地听从指挥。

这场洗脑分两步进行。首先，泥蜂在蟑螂的胸部蜇一下，致使蟑螂前腿暂时瘫痪两到三分钟。这个术前麻醉对第二步是必要的，因为泥蜂接着会对蟑螂的脑部动手术，在它的头部神经节上精准刺入。泥蜂的这种足以媲美最先进的药物递送系统（DDS）的精确瞄准，一击就能把猎物变成行尸走肉。蟑螂不会因此瘫痪，只会变得神志不清。手术后半个小时内，蟑螂会清理自己的身体。随后，泥蜂的毒液会引起运动迟缓，不过受害者仍然能自我清理，在仰卧时翻身，或者飞行，但它们逃跑反应已经严重受损。更重要的是，蜇伤改变了蟑螂的新陈代谢，此时的它们会消耗更少的氧气，代谢更少的水分，通常能活得更久——为成为活生生的食物储存柜做好了准备。

一旦猎物被制服，宝石黄蜂就会用下颚切断它的一根触角，然后大口啜饮它的血淋巴——这相当于昆虫的血液。它这样做要么是在检查蟑螂是否适合当作宿主，要么是获得一些额外的蛋白质，以提高产卵质量。随后，它会抓住蟑螂的另一根触须，像用狗绳牵着小狗一样，把这只刚刚驯服的蟑螂带到窝里，然后再在蟑螂的腿间产下一两个卵。蟑螂不会再抗议了，任由宝石黄蜂用小石子封住入口，把自己活活囚禁起来。

大约在蜂卵孵化五天后，幼虫会通过蟑螂腿上薄薄的角质层啃进蟑螂的身体中。幼虫以宿主的内脏为食——这时候宿主还是活着的，尽管已经被麻痹了——再过三天，幼虫才会化蛹。五周后，一只成年扁头泥蜂将从终于死去的蟑螂的尸体中钻出来。

在实验室的条件下，扁头泥蜂会每隔一天寄生一只新的蟑螂，持续两个月。在野外，可能频率低一些，因为要为下一个孩子的病态托儿所找到目标没那么容易。

飞鱼（Flying fish）

飞鱼科（family Exocoetidae）

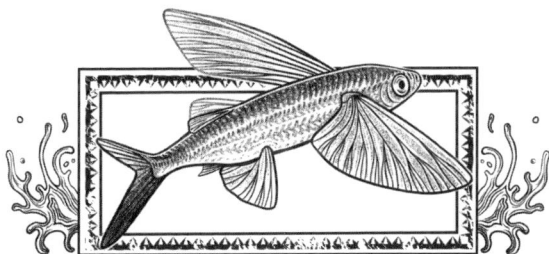

　　飞行是很棒的旅行方式——只要你有一双合适的翅膀。即使没有翅膀，滑翔也仍然是不错的选择：你仅需爬到最高的树顶，然后跳下来，并确保减轻坠落时的撞击力度。大多数会滑翔的脊椎动物——包括蛇（见 295 页）、壁虎、鼯鼠或青蛙——都来自东南亚；这可能是因为森林里有些高大的树木会挨在一起，而树木之间的藤本植物则相对较少。与其从 60 米高的树上慢慢下来，再爬上另一棵树，不如直接跳过去，这样更容易、更快捷。然而，有些滑翔的动物不需要树木，它们会从海洋深处把自己射向天空。

　　飞鱼就是这样的动物。它们广泛分布于世界各地的温暖海域，体长在 15 至 50 厘米之间，由飞鱼科的 60 多个物种组成。飞鱼科的拉丁名（Exocoetidae）来自希腊语 ex（"外面"）和 coitos（"床"），因为飞鱼会上岸睡觉，至少老普林尼在《自然史》中是这么说的。事实上，它们并不会上岸，但名字还是保留了下来。

对于飞鱼来说，这种飞行冒险不是为了在陆地上度过放肆的一夜，而是为了躲避海洋捕食者，比如金枪鱼、旗鱼或马林鱼。飞鱼的起飞，跟飞机一样，靠的是速度。在起飞之前，飞鱼（此时尚是游鱼）以每秒 20—30 倍体长的速度接近水面，将翅状鳍在身体两侧收拢，形成更具有流线型的形状。然后，跳出海面，展开翅膀，进入所谓的"滑行期"，用尾巴以每秒 50—70 次的速度猛烈拍水。经过 30 次左右的拍尾后，飞鱼就起飞了。在自由飞行过程中，它们张开"翅膀"，尾巴高高翘起，一动不动，看起来就像一支战斗机编队。在下降时，飞鱼放下尾巴，然后进行下一次起飞前的滑行，或潜入水中。如果有军舰鸟之类的空中捕食者，潜入水中可能是更好的选择。

飞机分单翼和双翼，飞鱼也有两种类型：双翼和四翼（不过后者的翼不是堆叠起来的）。双翼飞鱼的滑翔能力得益于较大的胸鳍，而四翼飞鱼则可以同时使用胸鳍和腹鳍作为浮升面，从而延长飞行时间。有趣的是，雅各布·达恩（Jacob Daane）的研究表明，鳍的过度生长是由某种基因引起的，这种基因影响了钾元素流入细胞，从而改变了胚胎发育和组织再生：给实验室培育的斑马鱼（一种鳍尺寸正常的鱼）插入这些基因，斑马鱼也长出了类似飞鱼的翅膀。

似乎这还不够，所有飞鱼都有垂直分叉的不对称尾巴，底部较长的硬叉起到方向舵的作用。飞鱼知道自己要去哪里，因为它们的眼睛有扁平的角膜，这使得飞鱼在水下和空中都能很好地聚焦视线。

由于配备这些适应特征，这些海洋中的"红男爵"[1]创造了非常令人印象深刻的纪录。它们可以滑翔到离海面8米的高度，空速15—20米/秒。飞行时，飞鱼会把飞行距离最大化，而不是出水时间。在这方面，它们表现十分卓越，其滑翔距离可达400米，是陆基树栖滑翔动物的2倍。在滑翔性能方面，飞鱼的翅膀与鹰、海燕和林鸭相当。体型最大的飞鱼，其翅膀载荷——总翅膀表面积所承载的质量——与鹈鹕和鸬鹚相似。

凭借这样的飞行能力，飞鱼简直能与雨燕和信天翁一较高下——如果它们也能呼吸空气的话！

1　"红男爵"指的是"一战"中最耀眼的王牌飞行员曼弗雷德·冯·里希特霍芬（Manfred von Richthofen），他驾驶一架大红色阿尔巴特罗斯三翼战斗机，共击落80架敌机。

圭亚那动冠伞鸟（Guianan cock-of-the-rock）

Rupicola rupicola

　　"这边走，这边走，女士们，请观看南美洲北部最精彩的表演！"就像插着羽毛的马戏团接待员一样，一群雄鸟大声吆喝着招揽路过的雌鸟。这是属于它们的时刻，这是它们大放异彩的机会；在生活中，这些雄性除了为表演做准备，几乎无事可干。

　　给动物命名时，鸟类学家多少该适可而止一些，对此，这里介绍的物种就是最好的证据——它叫作圭亚那动冠伞鸟[1]。雄鸟呈亮橙色，有冠羽，而且不易认错——至少比其他任何鸟类都好认；然而，它们可能会被误认为长着披萨刀头的粗胡萝卜。灰棕色的雌鸟冠羽小得多，当然，也长得更普通。

　　雌性动冠伞鸟表里如一，有一种脚踏实地、不胡闹的生

1　英文名 cock-of-the-rock，直译为摇滚阴茎或岩石公鸡。

活态度。它们会把用泥土和植物纤维做成的坚固的巢穴建在岩石地带（也因此得名），并长年累月地去修缮它。雌鸟会产下一到两枚蛋，以单身母亲的身份抚养幼崽。在同一棵果树上觅食时，雌鸟可能会遇到雄鸟，但大多数时候，也就仅限于此。

与此同时，雄鸟终生致力于出风头。动冠伞鸟是使用竞偶场的物种，意味着雄性通过竞争来吸引雌性。竞偶场（lek），来自瑞典语，意思是"玩"或"游戏"，指的是进行此类求偶行为的地方。每只雄鸟都会为自己准备一块场地——清干净所有落叶的一片林地，约一米宽——和一个邻近的栖息处。动冠伞鸟整个竞偶场可以容纳五十个左右这样的场地，中央的场地价值最高，有点像乡村游乐场中央的旋转木马。当一只雌鸟路过此地，雄鸟们便以响亮叫声欢迎它，并在竞偶场上表演精心准备的拍翅求爱舞。经过几分钟的表演之后，如果雌鸟感兴趣，就会落在竞偶场上方约2—6米高的地方瞥上两眼，但不会选定任何场地，此时雄鸟会蹲在地上，并摆出展示姿态。这时候，保持静止至关重要。雄鸟趴在地上，一动不动，背部——装饰着一层蓬松的橙色羽垫——对着雌鸟。如果雌鸟对谁的表演感兴趣，就会降落在它的场地上，然后更加仔细地检查。在此期间，这只雄鸟的羽毛会更加蓬松，头冠冲向地面，试图使"披萨刀头"看起来无比锋利。

最后，雌鸟做出选择，示意这只幸运的雄鸟它已经准备好交配了。一旦开始交配，其他雄鸟会再起哄一番，也叫

"交配警报"，或者大声尖叫，以试图最后一次转移雌鸟的注意力。如果雌鸟没有因此而失去兴致，交配就会继续进行。交配过程大约持续 10—15 秒，伴随着附近雄鸟尖锐的警报声（台词想来应该是"它们做了！"）。之后，雌鸟通常会对雄鸟失去兴趣，直到下一次尝试繁殖。这个物种实行一夫多妻制，一些雄鸟能够进行多次交配，而另一些（有时超过竞偶场雄性的一半）则根本没有机会。

集中的竞偶场可使雌性的择偶过程更加省力——它不需要四处检查每只雄鸟的竞偶场，只需快速扫视一圈就足以评定合意的对象了。它拜访求偶场的唯一理由是找对象，这片地面上没有多余的食物或筑巢资源。雄鸟需要让自己引人注目，因而在黑暗的森林里，荧光橙的鸟看上去像火焰一样。然而，它们也会引起捕食者——猛禽、野猫或蛇——的注意。由于只需少数成功的个体就足以维持整个物种的生存，这些冒险的雄鸟比起雌鸟更容易葬身捕食者腹中也不足为惜。从好的方面来说，竞偶场提供了数量上的安全性：众多炫耀的雄鸟相当于反捕食的瞭望员。这独特的橙灯区还真有些实用价值。

蜂鸟（Hummingbirds）

蜂鸟科（family Trochilidae）

像蝴蝶一样进食，像蜜蜂一样飞舞——蜂鸟可能篡改了拳王阿里的名言[1]，以匹配自己的需要，但有一点毋庸置疑：这种小鸟就跟蜚声世界的拳击手一样强悍。蜂鸟科大约有360种，它们似乎都有共同的愿望——变得像昆虫一样（但比昆虫更好）。随着它们宏伟计划的推进，小蜂鸟们打破了纪录，远远超出了预期。

从阿拉斯加到火地岛，这些羽毛精美的鸟类遍布美洲各地。蜂鸟分成多个亚科，其美妙的名称包括黄玉蜂鸟（即赤叉尾蜂鸟）、翡翠蜂鸟、辉煌蜂鸟、冠蜂鸟和宝石蜂鸟。体型最小的一种，吸蜜蜂鸟（*Mellisuga helenae*，重 2 克，相当于两颗图钉），也是全球最小的鸟类。而巨蜂鸟（*Patagona*

1　"Float like a butterfly, sting like a bee."（如蝶般飘然移动，如蜜蜂突然出击。）

gigas)，体型最大的一种，体重也不过是吸蜜蜂鸟的 10 倍。毕竟，对于想要成为昆虫的鸟，体型不能太大。

蜂鸟非常认真地像蝴蝶一样进食——它们是专门的食蜜动物，有一系列的适应特征可以证明这一点。虽然鸟类这个群体失去了品尝糖的能力，但蜂鸟却通过二次进化，变得能够感知甜味，含糖量越高的食物越能吸引它们。蜂鸟沟槽状的分叉舌头能以每秒 15—20 次的速度吮吸和舔食花蜜。这种效率对于满足蜂鸟每天的热量摄入至关重要——以稀糖花蜜为食的蜂鸟每天消耗的热量是其体重的 5 倍多。除了花蜜，蜂鸟也吃树液和水果，还会捕捉无脊椎动物来获取一点蛋白质，甚至会吃土来获取矿物质。

作为所谓的"陷阱线进食者"，蜂鸟喜欢定期访问同一株植物（就像猎人检查装夹路线一样），并顺便给植物传播花粉。这些鸟开展授粉服务的奖励是花蜜，它深埋于细长花朵的底部。这种伙伴关系可能导致了协同进化的升级：更长的管状花需要有更长喙的蜂鸟——最终导致几乎荒谬的适应特征。刀嘴蜂鸟（*Ensifera ensifera*）是鸟类中相对喙长的纪录保持者，也是唯一一种喙比身体长的鸟类。然而，尽管作为觅食工具非常具有竞争优势，但这种形状的喙携带起来非常麻烦。因此，蜂鸟在歇息时总是将喙朝上举起，以减少肌肉紧张。长喙对梳理羽毛也毫无用处——刀嘴蜂鸟用脚来清洁自己。

仅仅拥有类似昆虫的喙是不够的，蜂鸟还会像昆虫一样飞行。像蜜蜂一样，这种鸟通过悬停接近花朵，也能倒着飞以便向后撤离——它们会不断地扇动翅膀，速度高达每秒

80 次。这种非凡的飞行能力需要一系列的生理调整：蜂鸟拥有巨大的胸肌（占其体重的四分之一以上）和相对体格而言最大的鸟类心脏。为了弥补悬停时的能量消耗，蜂鸟的新陈代谢率是所有脊椎动物中最高的。它们的腿缩短到了最低限度，而且羽毛的总数是所有鸟类中最少的——有时不到一千根——以减轻不必要的重量。在不飞行时，蜂鸟进入蛰伏状态来节省能量。这是一种类似冬眠的状态，其间它们的体温从 40℃降至 18℃，心跳从每分钟 1200 次以上减至 100 次以下。

好像还不够引人注目似的，蜂鸟在求偶时还能再度提高飞行技巧。雄性安氏蜂鸟（*Calypte anna*）俯冲的速度高达每秒 385 倍体长——这个数字是游隼的 2 倍——这使它们成为相对于体型而言速度最快的脊椎动物。这只小小的鸟儿承受着 10 克的向心加速度；相比之下，仅仅 7 克就足以导致战斗机飞行员昏厥和暂时失明了。所有这些努力到底是为什么呢？只是为了让尾羽发出吱吱声——飞得越快，吱吱声就越响。这听起来可能不值得拿性命冒险，但雌性蜂鸟显然深深为此折服，它们青睐的是最勇敢无畏的特技飞行大师。

珠袖蝶（Julia butterfly）

Dryas iulia

　　"鳄鱼的眼泪"一词自古以来就广为人知，至少可以追溯到普鲁塔克[1]时代，用于指代不真诚地展示同情或悲伤等情感的行为。但究竟是什么会让一条真正的鳄鱼流泪呢？

　　鳄鱼通常不会哭哭啼啼，但在现实生活中，有一种动物确实会让它们哭泣。这种生物就是看起来人畜无害的珠袖蝶，它们这样做是为了饮用鳄鱼的眼泪。这种行为被称为"食泪"（lachryphagy），可能听起来怪怪的，有种冷漠无情且有点恶心的神经质的意味，但实际上这仅仅是一种获取必要矿物质的方式。珠袖蝶甚至会用它的长喙戳鳄鱼的眼睛，来刺激眼泪分泌。不仅鳄鱼（尤其是凯门鳄）会成为蝴蝶霸凌的受害者，海龟也是营养丰富的眼泪的好来源。

　　喝眼泪是一类更广泛的行为的一部分，它被称为"趋泥

1　　古希腊哲学家、历史学家，代表作为《希腊罗马名人传》。

行为"（puddling），通俗地说，是"通过饮用奇怪的物质来获取营养"。和其他一些昆虫一样，蝴蝶会摄取最奇怪的液体——从水坑里的水、腐烂的植物和动物的组织，到粪便、尿液，还有字面意义上的血液、汗水和眼泪。在珠袖蝶这里，主要是雄性蝴蝶会有趋泥行为——它们需要矿物质来产生精荚。交配时，它们把这些富含矿物质的包裹传递给雌性，作为结婚礼物。与此同时，雌性珠袖蝶则坚持素食，利用花粉中的营养物质产卵。无论雌雄都以花蜜为食。

珠袖蝶会把卵产在西番莲藤上，而对于被饥饿的珠袖蝶毛毛虫吞食的前景，西番莲可不太高兴。因此，各种西番莲都进化出了防御食草昆虫的能力——甚至能应付那些结构相当复杂的昆虫。其中，最基本的保护机制是长出难以分解的厚叶子，以及改良过的可以刺穿幼虫身体的钩状毛刺。更复杂的方法是欺骗：一些西番莲藤会长出相当令人信服的假蝴蝶卵，表明自己已经被占用，产卵的雌蝶该换个地方了。有些则会长出卷须状的器官，看似是完美的产卵点——然而，卵产在上面后，卷须就会脱落，从而摆脱了麻烦的吃白食者。西番莲还能进行化学防御，它含有微量的氰化物，可以起到威慑昆虫的作用。此外，大多数西番莲物种都能产生令蚂蚁无法抗拒的含糖物质，从而获得盟友。蚂蚁在吃点甜点之余……嗯，还会攻击并带走蝴蝶幼虫。

但蝴蝶也可以看穿其中一些诡计。珠袖蝶脚上有化学感受器，蝴蝶妈妈会用脚"品尝"味道，非常仔细地寻找产卵位置。有时，它们可能会在目标植物旁边产卵，而不是产在目标植物上，以保护后代免受蚂蚁的侵害，且让它们距离食物仅有几步之遥。幼虫会在卷须上觅食，而不是去吃那些嚼不烂的叶子，而且它们还能在危险的钩刺下面或上面行走。至于氰化物，它实际上对珠袖蝶有利，因为吃了氰化物的幼虫能让捕食者难以下咽。

事实上，正是西番莲藤中的氰化物成为珠袖蝶及同类蝴蝶的识别标志。它们鲜艳的橙色翅膀是一种警告信号："我味道不好，不要吃我。"珠袖蝶不是唯一使用橙色作为警示的物种——其他难吃的新热带蝴蝶也会这样做。这种具有同样目的的诚实信号被称为缪勒拟态[1]，而形成"橙色综合体"的蝴蝶强化了这一信息：远离姜黄色[2]！

1　19 世纪德国动物学家弗里兹·缪勒首先描述了这种现象。在这种拟态类型中，许多没有联系的生物在形态和行为上相互模拟，以降低被捕食的概率。

2　原词为"Ginger"，英国俚语中一般指姜黄色头发的人，这类人常被贴上"暴躁""生人勿近"的标签。

黑背信天翁（Laysan albatross）

Phoebastria immutabilis

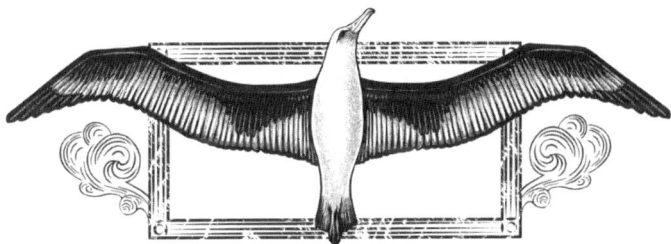

　　"体态优美，羽毛黑白相间，翼展 2 米，雌性，想谈一段认真的恋爱"，黑背信天翁的约会简介中写道，"喜欢跳舞、海鲜和长途旅行。常驻夏威夷。男女不限。"

　　在恋爱关系中，信天翁无论哪个性别都极其注重承诺，因为作为海鸟，它们的生活方式所面临的挑战使它们不得不这么做。黑背信天翁在遥远的海洋岛屿上筑巢——繁殖地几乎只限于夏威夷西北部——但是，作为水面捕食者，它们需要飞越广阔的海域，以寻找海洋中的头足类动物。对于自由的单身人士来说，一些说走就走的长途旅行没什么大不了，但养家糊口则需要建立更可预测的日常生活习惯。

　　信天翁在 5—7 岁时就已经准备好恋爱了。经过一段带有舞蹈环节（包括精心设计的舞蹈动作和作为背景音乐的鸣叫）的求爱后，一对幸福的情侣就准备好繁殖了。一旦产下蛋，两只成鸟就会轮流坐巢。养育后代是夫妻共同的工作：

卵的孵化需要 65 天，之后还要再照顾 3 个月——几周放任不管的话，幼鸟必死无疑。

当其中一方孵蛋时，另一方就会踏上数千公里的觅食之旅。在它们的"假期"里，人们在日本发现了原本该在夏威夷孵蛋的黑背信天翁。与此同时，当不值班的一方飞往北海道或其他目的地时，守巢的家长则困在巢中，等待伴侣。记录到的最长等待时间是 58 天。在整个轮班中，这种鸟不会离开巢，也不进食，只是偶尔接点雨水喝。它们一次轮班能减轻超过五分之一的体重。这种对彼此的承诺印证了伴侣间"无论顺意还是失意，贫穷还是富有，都要携手活下去"的忠贞。但是，如果没有足够的异性伴侣，信天翁该怎么办呢？

2008 年，林赛·杨和同事报道称，夏威夷瓦胡岛上的黑背信天翁聚居地中，由于单身雄性信天翁数量不足，31%的繁殖对由两只无亲缘关系的雌性信天翁组成，共同承担抚育一颗卵的责任。大多数情况下，卵是由一只已有伴侣的雄性受精的，这表明即使是一夫一妻制的鸟类有时也会出轨。如果两位母亲在同一个季节产卵，那么只有一位的卵能孵化——而至于是谁的卵，选择似乎是随机的。这听起来可能不太公平，但信天翁非常不善于观察，它们会开开心心地在巢里孵一个咖啡杯或啤酒罐，而不是卵。顺便说一句，当它们吞下漂浮的塑料袋而不是美味的鱿鱼时，这种粗心大意可能是致命的。

信天翁通常会终生交配，而且一对成功的雌性信天翁伴侣会共同生活多年，因此，两位母亲都有机会繁衍后代。尽管孵化率低于雌雄配对，但雏鸟成活率差不多，这表明两个母亲也能很好地抚养雏鸟。尽管繁殖成功率低于传统家庭，但雌雌配对肯定比不繁殖要好。这些雌性伴侣相濡以沫，互相梳理羽毛并且守护彼此，这表明它们真的打算白头偕老。

对于黑背信天翁来说，生命的旅途真的很长。有一只名为"智慧"（Wisdom）的雌鸟，于1956年12月10日戴上脚环，在当时它的年龄保守估计是5岁，目前它是世界上已知年龄最大的野鸟。它不仅比给它配戴环志的研究人员钱德勒·罗宾斯活得更久，而且，它在丧偶后可能还结识了新伴侣。在育儿方面，"智慧"没有表现出要停下来的迹象，它在2021年2月还孵化了一只幼鸟（可能是它的第30胎或第40胎），当时它已年逾古稀。

在一个充满了创伤性授精、鬼鬼祟祟的性交和在海参屁眼里纵欲狂欢的世界里（见40、44和184页），提醒自己浪漫健康的家庭价值观还没有完全消亡真是件好事。

非洲秃鹳（Marabou stork）

Leptoptilos crumeniferus

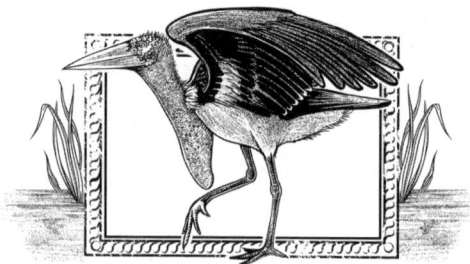

　　"五巨头"——水牛、大象、豹子、狮子和犀牛——被认为是非洲最具标志性的动物。然而，很少有游客听说过非洲的"五巨丑"——非洲大陆上难看的物种：斑鬣狗、疣猪、肉垂秃鹫、角马和秃鹳。虽然情人眼里也许能出西施，但最后一种动物无疑可在丑陋万神殿中占有一席之地。

　　非洲秃鹳是一种巨大的鸟类，高达 150 厘米，几乎拥有全球最大的翼展——320 厘米，仅次于安第斯神鹫（*Vutur gryphus*），还有一些信天翁和鹈鹕。这种鸟巨大的体型非常壮观，但更令人印象深刻的是它的外表。秃鹳弓着黑色的背，颈部和胸前披有白色的羽毛，这为它赢得了"送葬者"的绰号。细长的腿理论上是黑色的。然而，它们实际上看起来是白色的，因为秃鹳会用自己的粪便裹腿来保持凉爽。它们的头部长着超大的喙，还秃了顶，但不是秃鹫那样整齐均匀的秃顶，上面布满了结痂似的红色斑块，间或还有一些稀疏的羽毛——看起来像是遭遇了某种严重事故，脑袋被烫伤了。它们的脖子给"双下巴"一词赋予了新的含义——从粉红色到洋红色，裸露而修长，上面有一个皱巴巴的垂悬袋子，这个喉袋可以膨胀起来，宣示对其他鹳的支配地位。

近于怪论的是，时尚爱好者可能会将秃鹳与精致美丽的羽绒联系在一起，因为秃鹳的羽绒被用于精美的高定服饰，包括玛丽莲·梦露在《七年之痒》中所穿的鹳毛穆勒鞋。使用鹳绒来装饰内衣是相当合适的：这种精致的绒毛来自鸟的"尾下覆毛"，俗称……屁股毛。

尽管这个物种整体上很难看，但人们可能会想，也许鹳的内在习性更有吸引力。也许它有可爱的个性和幽默感？最简洁的回答是：没有。就这种鹳来说，令人不适的外表是专门为了适应令人作呕的生活方式而演化出来的。

秃鹳在热带非洲随处可见。它是一种食腐动物，而且毫不挑剔，这一点上与秃鹫和其他食腐动物有共同之处。据说，秃鹳几乎可以吃下任何动物的有机物质，无论是白蚁还是死象。据推测，它没有羽毛的头皮可以在进食较大的尸体时更好地保持卫生。但实际上，它强有力的喙、头部和脖子上总是点缀着凝结的血液和动物遗骸。好的一面是，羽毛稀少让进食后的残留物不至于加重它们的负担。

在繁殖季节，因为要照顾雏鸟，它们对蛋白质的需求更高，于是会捕食活的猎物。它们的菜单包括鱼、青蛙和啮齿类动物，也可能包括鳄鱼蛋和鳄鱼幼崽，还有鸟类，特别是鸬鹚、鹈鹕和火烈鸟。秃鹳还会被草地火灾吸引，游走在火场前面，捕捉任何试图从火焰中逃生的东西。

过去几十年间，秃鹳食谱中的野生腐肉越来越多地被人造腐肉所取代。这些鸟经常出没于垃圾填埋场、屠宰场和渔场，并吃下任何能找到的东西：粪便、塑料、鞋子、袜子、金属碎片……这里不存在餐桌礼仪：它们会整个吞下大块大块（最大块重达 600 克）的食物，让消化液带走所有营养物质，然后再把消化不了的吐出来。最荒唐的鹳餐当属一把屠刀，当时那上面沾满了动物内脏，被秃鹳抢走吞下，几天后才重新被人们发现，此时它已变得光洁如初，没有任何血迹和残渣。因为它们堪能防弹的胃，秃鹳扮演着垃圾收集者这一重要角色（鉴于非洲日益提高的城市化水平，这不是开玩笑）——尽管它们摄入塑料和金属的长期影响仍然未知。

据我们所知，这些鹳可不会送来孩子[1]——它们很可能会吃掉孩子。

1　西方文化中有鹳鸟送子的传说。

飞蛾（Moths）

鳞翅目（order Lepidoptera）

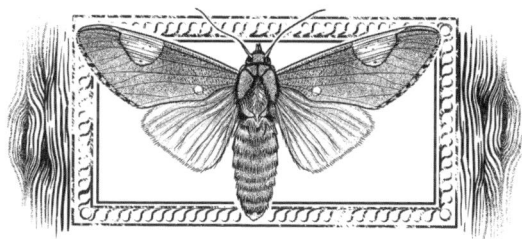

温暖的夏夜是如此神奇、浪漫而宁静——直到你意识到，它实际上充满了令人毛骨悚然的尖叫声，就像逼近的喷气发动机一样响亮。也许你不会意识到这一点，因为——谢天谢地——这些震耳欲聋的尖叫声处于超声波范围内（20—200 千赫），对大多数人来说频率太高了。这种尖叫声是由蝙蝠发出的，这些动物王国的女妖，正通过回声定位来捕捉正在飞行的晚餐——飞蛾。

为了进行回声定位，蝙蝠用嘴或鼻子大声尖叫或发出吱吱声，然后仔细聆听这些叫声从物体反射回来的回声。通过这种方式，蝙蝠构建了周围世界的听觉"图像"。当蝙蝠在潜行时，会发出长长的、探索性的叫声，一旦发现美味的昆虫，就开始发出"觅食音波"——叫得更频繁，以锁定并抓住猎物。

但飞蛾也有一系列狡猾的防御手段。和蝴蝶一样，飞蛾也属于鳞翅目。不过，尽管从一个共同的祖先进化而来，飞蛾却没有形成整齐的单系类群——它们只是鳞翅目中所有不属于蝴蝶的物种。尽管飞蛾在分类学上可能很混乱，它们却善于躲避饥饿的蝙蝠。

飞蛾最直接的策略就是躲避。飞蛾可能在春天出现，那时蝙蝠还不太活跃；或者变得更加具有昼行性，尽管白天有鸟类，但两害相权取其轻。飞行途中，它们会通过绕圈、飞"之"字形或螺旋形来摆脱蝙蝠的声呐束。或者，在更大的进化尺度上，飞蛾还给自己武装了一套蝙蝠探测系统：耳朵（因为耳朵不是飞蛾基本器官的一部分）。这些耳朵可以位于口腔、胸部或腹部，由一层响应声音而振动的膜和一些接收振动的听觉受体细胞组成。每只耳朵只有 1—4 个这样的细胞，这使得飞蛾的耳朵成了自然界中最简单的感觉器官之一。虽复杂性不足，但在功能性方面得到了弥补，这种简单的耳朵可以使飞蛾探测到接近的蝙蝠，帮助它们撤离危险或是在最后一刻躲开攻击。

有些飞蛾不满足于只会躲避——它们还会发出响亮的极具干扰性的声音扰乱蝙蝠的信号。某些虎蛾，比如葛氏灯蛾（*Bertholdia trigona*）能通过敲击胸腔中的鼓膜来干扰迎面而来的蝙蝠声呐，而雄性天蛾则通过摩擦腹部与生殖器上特殊的刮板细胞，在进行干扰的同时还不忘冒犯对方。

没有耳朵的飞蛾也会采用干扰技术。其中，耳聋的巢蛾属不只是在对蝙蝠做出反应时发出咔哒声，而是会一直这样。一般来说，无耳蛾的反蝙蝠保护措施比较被动；其他许多物种会试图让自己的运动变得更不规律，使自己成为难以预测的目标，比如鬼蛾（*Hepialus humuli*）会在离植被很近的地方飞行，躲在杂乱的背景回声中。

除了耳朵和发声结构，飞蛾还有一个身体部位有助于躲避蝙蝠。天蚕蛾科的蚕蛾擅长利用翅膀进行欺骗。例如，无耳的中国柞蚕蛾具有消音的能力。它们的身体覆盖着鳞片，可以吸收而非反射蝙蝠的叫声，所以声呐探测不到它们。然而，天蚕蛾科其他物种还有更好的解决办法：用细长的尾巴装饰后翼。这看起来是某种装饰，却有一个重要的功能：作为诱饵，来创造一种回声的感官错觉。当飞蛾身后有蝙蝠时，这些尾巴会旋转，把蝙蝠的注意力吸引到不重要的附属物上，而不是主体——有点像声学版本的"带式榄球"[1]。

与此同时，蝙蝠也在提高捕食技术。它们可能会以低于飞蛾听觉范围的频率尖叫，或者在接近飞蛾时更小声地叫，基本算是窃窃私语。这场持续了6500万年的进化军备竞赛，还会无穷无尽地进行下去。

1　一种联盟式橄榄球的衍生运动，以拿走对方腰上的魔术贴表示抱截。

新喀鸦（New Caledonian crow）

Corvus moneduloides

在瓦努阿图以南，西南太平洋的新喀里多尼亚群岛上，住着一种乌鸦。它看起来和大多数乌鸦一样——黑色，细长，羽毛光滑，有光泽。然而，新喀鸦一点也不普通。

乌鸦，鸦科的成员，被认为是动物界最聪明的物种之一。在日本，人们观察到小嘴乌鸦（*C. corone*）会把坚果放在汽车前面，让车碾开坚硬的外壳。短嘴鸦（*C. brachyrhynchos*）会记住那些对它们不好的人——它们不仅会对那些坏人破口大骂，还会把这些人告诉其他乌鸦。渡鸦四个月大时，在社交和身体认知技能方面的能力就已胜过了成年类人猿。

难怪乌鸦在许多神话中备受尊崇。凯尔特人和斯拉夫人都相信乌鸦具有神谕的力量，美洲原住民认为乌鸦象征着智慧，维京人认为乌鸦会向北欧主神奥丁报信，希腊人将乌鸦与预言之神阿波罗联系在一起。然而，新喀鸦尽管跟任何传说都没有紧密的联系，却也能脱颖而出。

和鸦科其他物种一样，这种乌鸦是杂食动物，食谱包括水果、坚果、种子、鸡蛋、昆虫和蜗牛（它会把蜗牛扔到坚硬的岩石上摔碎）。新喀鸦与其他乌鸦的区别在于它们非典型的喙——更短、更钝、更直，下颌骨非常不寻常地上翘。这种独特的特征使得新喀鸦在使用工具方面表现出色。新喀里多尼亚没有本土的啄木鸟，于是乌鸦占据了类似的生态位，它们会在木材中寻找无脊椎动物。然而，由于缺乏啄木鸟强大的头和喙，新喀鸦选择利用工具获取食物：用棍子、带刺的藤蔓或树叶来拽出无脊椎动物。笔直的喙可以更紧地抓住棍子，并使它能够更好地看到自己正在做什么，因为喙的倾斜角度能够让工具进入双眼视觉范围之内。

　　使用工具这一能力，虽然很灵巧，但还不是新喀鸦最独特的特征。如果它们找不到合适的工具，就会通过修剪树枝，或把叶子撕成合适的长度或形状，自己制作工具。它们会利用植物的自然特征，比方说尖刺，来拽出食物；还会把分叉的树枝剪成"钩"形，做成实用的钩子。它们是唯一会在野外制造钩状工具的非人类动物。

　　因为这种能力，新喀鸦引来了人们浓厚的研究兴趣。在圈养环境中，这些灵巧的鸟还会利用在野外自然状态下不存在的材料制作工具。例如，它们能够将金属丝弯成钩子，或者把纸板修剪成合适的形状。当给它们提供短枝和扩展部件时，它们可以将其连接在一起，制作复杂的工具。它们还可以解决涉及各种物体的多步骤谜题以获得食物。谜题的最高纪录是涉及 8 个单独的动作，新喀鸦必须按照正确的顺序完成这些动作，才能拿到奖励。

此外，新喀鸦可以理解水的空间位置移动。当研究人员给它一个装满水的管子，里面装着难以接近的漂浮食物时，它会把石头和其他东西扔进管子里，直到水位升高到足以让它够到食物为止。

问题是：这些狡黠的乌鸦是如何知道怎么制作手工工具的？它们不擅长社会性学习：它们之间似乎从不相互模仿，也不会靠观察同类学习技能。然而，它们似乎能够通过观察最终的产品来复制一个工具——更重要的是，它们有能力改进工具。这种解释是说得通的：在野外，小乌鸦会花时间和父母待在一起，借用工具并定期使用，在脑海中形成实用工具的形象。然后，在一轮创新中，它们就可以改进和优化这样的工具，从而产生"累积文化演变"——一个社会促使产品不断改进的累积过程——的初始迹象。傻鸟？完全不是。

旧大陆果蝠（Old World fruit bats）

狐蝠科（family Pteropodidae）

　　如果蝙蝠侠系列要出一个新角色，"巨蝠"（Megabat）听起来是个不错的名字。不过，鉴于其享乐主义的生活方式和集体杀戮的能力，这种蝙蝠可能更适合扮演超级大反派，而不是披风骑士。

　　旧大陆果蝠指的是狐蝠科的大约 200 种蝙蝠，原产于非洲、欧亚大陆和大洋洲的热带和亚热带地区。虽然它们被随意地称为巨蝠，但实际上，大约三分之一的物种根本算不上巨型——其中最小的斑翅果蝠（*Balionycteris maculata*）重量仅 1 克（大约是某些统称为狐蝠的物种中体型最大的种类的一百二十分之一）。与那些噩梦般模样的、靠回声定位的肉食性小蝙蝠不同，大多数旧大陆果蝠的脸都像狗狗一样可爱。它们是素食动物，凭借敏锐的视力、嗅觉和出色的空间记忆找到属于自己的生存门道。

　　作为种子传播者，果蝠在生态系统中发挥着重要的作用，特别是对于那些种子较小的植物来说。多亏了它们的体型和一口好牙，体型较大的果蝠可以携带的水果至少与鸟类吞下的一样大。而且，一旦回到家，它们就能用一只脚悬挂着自己，另一只脚摆弄食物。大多数种子不会在蝙蝠体内停留很长时间（果蝠能快速消化无核小果，吃进去10—70分钟就能排出），但它们仍然可以被蝙蝠带到数十公里远的地方。群居的果蝠可以生活在超过100万只的群体中（每只果蝠都在没日没夜地排出种子），难怪说果蝠能够重新种下整座森林。

同时，大约有15种旧大陆果蝠严格来说属于花蜜蝙蝠，它们适应了专门拜访花朵的生活。有些蝙蝠，例如马来西亚大长舌果蝠（*Eonycteris spelaea*），会从栖息地迁徙到50公里以外的地方享用花蜜盛宴。它们长着长鼻子和长舌头，落在花朵上吸食花蜜，同时提供授粉服务。依赖蝙蝠授粉的花朵比依赖昆虫或鸟类授粉的花朵更大、更茂盛，并且会在夜间散发出诱人的气味来吸引兽类访客。

除了水果和花蜜，果蝠还喜欢"吃"彼此。有记录称，不同种类的果蝠会在交配前、交配期间，有时甚至是交配后进行口交（包括雄性为雌性口交和雌性为雄性口交）。交配过程中，前戏或口腔刺激的时间越长（没错，它们可以弯曲到那个程度），交配时间就越长，受精的机会可能就越高。小笠原果蝠（*Pteropus pselaphon*）还会进行雄性之间的口交，这可能是避免群体内部冲突的手段。

果蝠和病原体之间的关系也很有趣。在飞行过程中，蝙蝠的新陈代谢非常旺盛，体温可以跃升至 41℃——这可能会导致 DNA 损伤。蝙蝠能通过增强的 DNA 修复途径保护自己的 DNA，但体内的病毒就没那么幸运了。而那些活下来的病毒都可以留在它们体内——与其他兽类不同，蝙蝠不会试图通过全面的炎症反应来消灭病毒，而是乐意让它们以低浓度背景水平继续存在，仅限制其病毒性增殖。因此，蝙蝠携带着一系列病原体，但不会表现出疾病症状——它们是新兴病毒的储存所，如非典、中东呼吸综合征和一系列冠状病毒，以及尼帕病毒（Nipah virus）、亨德拉病毒（Hendra virus），可能还有埃博拉病毒（Ebola virus）；它们还携带狂犬病病毒。

如此恶劣的条件迫使病毒迅速进化——否则就会灭亡。当这些超级病原体感染免疫系统较弱的物种（例如人类）时，问题就开始了。在其整个地理分布范围内，大型果蝠都会被人类猎杀以获取食物，因此人类感染的风险很高。而已经受到栖息地丧失和食物短缺威胁的巨蝠，如果再受到胁迫或营养不良，就会传播出更多的病原体。

虽然果蝠看起来很甜美，爱吃甜食，爱情也很甜蜜，但最好还是和它们保持安全距离——因为它们的复仇也相当甜蜜。

兰花螳螂（Orchid mantis）

Hymenopus coronatus

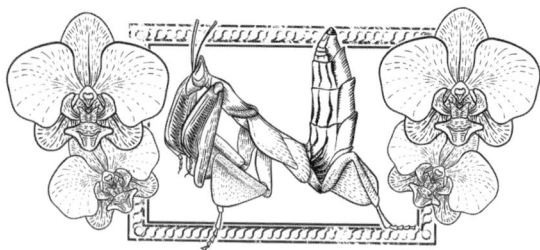

　　19世纪澳大利亚旅行作家詹姆斯·欣斯顿在东南亚旅行时，有人带他参观了爪哇岛上的一个花园。一种异常惊人的花吸引了他的注意力："这是一种红色的兰花，会捕食活苍蝇。"欣斯顿在旅行记录中写道，这种植物"抓住一只蝴蝶"，"把它包裹在美丽但致命的花瓣里"。然而，事实上，欣斯顿看到的并不是一朵杀手花，而是一种惟妙惟肖的拟态。

　　拟态是生物演化的最精妙的伎俩之一。一种是保护性拟态，就像竹节虫（见56页）所采用的那样，非常适合融入背景以躲避危险。另一种，是攻击性模仿，可以让捕食者不被猎物发现。兰花螳螂两者兼备。

　　从功能上来说，兰花螳螂与其他螳螂类似：它是肉食性的，有一个小小的令人毛骨悚然的三角形脑袋、四条行走腿和两条捕捉足。不过，大多数螳螂是绿色或棕色的，这个物种却漂亮得要命——放在一把绚丽的花束中也绝不会显得格格不入。兰花螳螂整体外观非常华丽：呈精致的白色或粉红色，有一双紫罗兰色的眼睛，腿上饰有形似花瓣的扁平裂片，幼年螳螂的腹部向上弯曲翘起，更接近兰花。倘若这只螳螂蹲坐在花丛中，它便能完全隐匿于其中。

许多捕食性物种都会试图模仿花瓣的颜色来诱捕猎物，但兰花螳螂是唯一模仿整朵花的动物。它长得不像任何一种特定的兰花，但它的伪装确实很引人注目：螳螂比真正的兰花能吸引更多的传粉者。它的拟态并不完美，或者说，它看起来就像一朵非常有吸引力的"大众脸"的花——这让它拥有更广泛的吸引力，可以吸引具有不同偏好的潜在猎物。为了避免互相妨碍，外形相似的雄性和雌性螳螂表现出不同的捕食策略。雄虫体型较小，长6厘米，是伏击者，它们融入周围环境，向猎物发起猛扑。雌虫体型更大，长6—7厘米，它们追求尽可能地惹眼，用外表吸引传粉者。蜜蜂、苍蝇和蝴蝶都会特地前来为这些新奇的花朵授粉——当然，到那时，再想逃离这只美丽怪兽的致命魔爪，就为时过晚了。

兰花螳螂利用拟态捕食，这种想法最初是由阿尔弗雷德·拉塞尔·华莱士于1877年提出。容易上当受骗的可怜的蜜蜂似乎与兰花的关系特别紧张——有些花伪装得很像雌虫，吸引痴迷于交配的雄蜂（见230页）。而这种看起来像花的昆虫，再次利用了猎物的天真，与真正的兰花一样，兰花螳螂会吸收紫外线辐射，于是在反射紫外线的叶子中十分显眼。对于具有紫外线视觉的蜜蜂和黄蜂来说，这种螳螂非常吸引眼球。更重要的是，这种螳螂不仅长得让被捕食者难辨真伪，它的气味也对蜜蜂非常有吸引力：幼年螳螂会释放出一种化学混合物，和东方蜜蜂彼此交流时使用的一模一样。

与此同时，这套花朵服饰在愚弄捕食者时似乎也非常有用。鸟类和蜥蜴会把兰花螳螂"理解"成一朵花，要么是由于它的隐蔽性（与其他花朵混在一起，难以发现），要么是由于伪装——模仿一种不能吃的东西。或许，两者兼而有之。

兰花螳螂是极为成功的花朵模仿者，因为它比模仿的对象——真正的兰花——更为罕见。正因如此，猎物和捕食者大概率遇到的是真花，而不是危险的昆虫（尽管可能很美味），于是螳螂也就可以继续保持神秘的光环。因此，最好适度使用花的力量。

天堂金花蛇（Paradise tree snake）

Chrysopelea paradisi

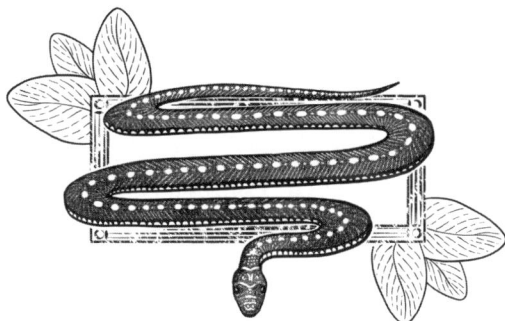

这是一只鸟吗？还是一架飞机？不，这是一条会飞的蛇！嗯，严格来说，是一种会滑翔的蛇，因为天堂金花蛇无法在空中往上飞。尽管如此，它仍然可以飞过相当长的距离——在水平方向上超过 30 米。

全球五种飞蛇都原产于南亚和东南亚，天堂金花蛇是其中之一。这些飞行的爬行动物体型较小，体长在 60 至 120 厘米之间，只有几百克重。它们的颜色也很绚丽，黄绿色的鳞片和橙色的斑点在全黑底色的衬托下格外引人注目。这些树栖蛇在树冠上生活和捕猎，主要以蜥蜴和蝙蝠为食，会利用腹部的铰接鳞片在攀爬时更牢固地抓握。这可能已经够难了，但更困难的是如何不从 75 米高的树顶上摔下来。

对树栖生物来说，滑翔是非常有用的技能，有助于防止跌倒或跳跃造成的伤害，在狩猎或逃避捕食者时也能派上用场。然而，蛇类是没有四肢的动物，这会带来一些航空学的问题。最明显的一点是，缺少翅膀、皮瓣或其他增大表面的附属肢体。另一点是：没有可以在起飞时助推的腿。然而天堂金花蛇却可以从至少 15 米的高度一跃而下，安全地降落在地面或植被上——它们是怎么做到的呢？

它们采用的第一种方法是变形。为了获得良好的空气动力学性能，这种金花蛇会将身体压扁，其横截面会从圆柱形变为三角形。一离开起点，这条蛇就开始收缩腹部，展开肋骨，尽可能变得像缎带那样。它的肋骨向两侧和前方移动，使身体伸展，从头部开始，直到肛门（屁股）结束；在身体中部，这条蛇的宽度将变成休息时的 2 倍。这种肋骨伸展机制和眼镜蛇抬起头盖骨的机制相同。飞行途中，金花蛇的下腹部几乎是凹形的，尽管一些器官，如心脏，会从整体光滑的形状中稍微突出一点。此外，任何未消化的剩余食物也会在腹部表面形成不规则的小凸起，破坏流畅的形状。由于肋骨正忙着把蛇拉成扁形，金花蛇滑翔时很可能无法呼吸，从而限制了飞行时长。

空中旅行的第二个秘诀是良好的起飞。合适的起飞点应该是高处，最好是树枝。天堂金花蛇不能原地起飞，所以它们要么跳跃，要么俯冲，要么坠落。最后一种是最简单的——你需要做的就是从悬着的起点"松手"。俯冲则要先从树枝上跳下来，头朝下。然而，最常见、最有效的方法是跳跃。金花蛇把尾巴挂在栖木上，呈"J"形，把自己拽起来，然后射向空中。这项技术虽然更耗时，但提高了初始速度，可以比其他两种起步方式飞得更远。

蛇的飞行术第三个秘密是动态飞行。这些动物不是无动力滑翔机，它们会摆动身体，在半空中从一边扭到另一边，成为变了形的扁平的翅膀。摆动越快，身体越稳定；而蛇的体型越小，它的摆动就越快，这就是为什么小蛇往往更擅长飞行。它们也可以在半空中自己控制方向，因为它们的头部能够保持相对稳定，并在需要时转动。

　　如果想到一条蜿蜒的蛇从天而降会让你做噩梦，那么，这一点或许可以让你松一口气：它们对人类来说毒性并不大。

周期蝉（Periodical cicadas）

周期蝉属（*Magicicada* spp.）

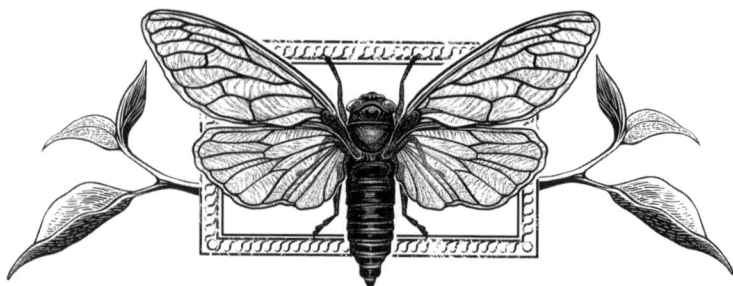

　　大声喧哗、粗鲁无礼，看上去有点吓人且不可理喻——蝉是有史以来最糟糕的婚礼嘉宾。在美国东北部计划办婚礼时，请把它们考虑进去，除非您希望把这些振颤的、红眼的、橙色翅膀的五彩"纸屑"作为婚礼计划中的特色，否则，您可能会发现自己将陷入"五月婚，悔一生"的境地。

　　周期蝉（该属中的 7 种）在树枝中以卵的形式开始它们的生活。在 6—8 周内，它们会孵化并迁移到地下，在那里，它们以植物根液为食，直到步入青少年时期；时间精确得有些古怪——不是 13 年就是 17 年，这取决于物种。当若虫终于准备好再次露面时，它们会在几天内集体出现。这个突发事件的规模巨大：蝉的密度将达到每公顷 350 万只，简直满地都是。由于土壤温度升高的催化作用，它们会在五月左右的春季出现，尽管人类尚不清楚它们是怎么如此准确地知道具体年份的。在生命的最后几个星期里，它们会变成成虫——交配、产卵，并用它们无休止的噪声破坏一些特殊的场合。

1970年，鲍勃·迪伦在一首关于自己在普林斯顿的毕业典礼的歌曲中提到：蝗虫在歌唱，它们在为他而歌唱。迪伦可能会因其歌词而获得诺贝尔奖，但他肯定不是昆虫学家。他口中的"蝗虫"实际上是周期蝉。严格来说，它们并不会"唱"歌，而是沙哑地振动腹部的鼓膜；并且它们这样做也不是为了他，而是为了吸引配偶。这种超过95分贝的噪声能对人类造成永久性的听力损伤。蝉不仅会用吵闹的屁股盖住演讲的声音，还会把尿撒在客人的头上——美其名曰"蝉雨"或"蜜露"。一个小小的安慰是，它们不咬人。跟其他真正的虫子一样，它们只有刺吸式口器。

周期蝉会成群出现——繁殖群会在同一时间且相邻的地点出现。1907年，美国昆虫学家哈尔斯·莱斯特·马拉特用罗马数字标识了这些蝉，十七年蝉用 I-XVII（1号—17号）标记，十三年蝉用 XVIII-XXX（18号—30号）。如今只有十五个族群还存在，跟踪并预测它们未来的前景需要大规模团队的努力。因此，对周期蝉的定期研究，可以很好揭示公众科学[1]如何随时间产生变化。

以繁殖群 X（10号）为例，自1715年以来，它的每一次出现都有记录。1851年，昆虫学家吉迪恩·史密斯在报纸上发表专栏文章，请求公众提供蝉出现的记录给他。1902

---

1 一种由业余式非专业科学家参与的科研活动。

299

年，美国农业部的马拉特和同事们发出了 15000 张明信片，征集蝉的出现记录。1987 年，各个大学开通了电话热线。2004 年，电子邮件成为首选解决方案。最近，在 2021 年，人们可以使用应用程序来记录照片、视频，以及确切的地理位置，来帮助研究人员识别蝉的种类、范围和潜在威胁。

周期性、大规模的出现本身就是一种生存策略。成年昆虫的绝对数量意味着再多的捕食也无法对幼虫数量产生影响——捕食者已经过度饱和了。与此同时，对任何以更规律的模式繁殖的动物来说，素数的繁殖周期使蝉成为不可靠的食物来源。这似乎行得通。只有一种已知的对手能够与蝉的奇怪周期同步：蝉团孢霉（Massospora cicadina）。这种真菌以雷霆之势发起进攻，只攻击雄性蝉，破坏它们的生殖器，同时使蝉的其他部位比以前更加性狂热。雄性不仅会尝试与雌性交配（不是为了繁殖，因为它已经没有繁殖能力，而是为了传播真菌孢子），还会模仿雌性拍动翅膀的声音来吸引其他雄性，并将真菌传染给它们。周期蝉的出现——吵闹、性饥渴、随地小便、高性传播疾病感染风险——就像单身派对一样令人难以忍受。

王吸蜜鸟（Regent honeyeater）

Anthochaera phrygia

　　熟练掌握一门语言的关键是接触：去聆听、生活、呼吸一种语言。人类和动物的声音文化，都是如此——例如鸟类或鲸鱼的歌声。动物们会从彼此身上学习短语和音符，而未使用的歌曲元素被遗忘和丢失。使用者很少的稀有语言会灭绝。一种过时的人类语言的消亡令人遗憾，但对鸟类而言，这可能意味着整个物种的消失。

　　目前，这种令人悲伤的趋势就发生在我们眼前——更确切地说，发生在澳大利亚东南部的森林里，那里是王吸蜜鸟最后的避难所。在 20 世纪中叶前，这些八哥大小、带有金色斑点的黑色鸣禽数量一直很多，它们成群结队地在开花的桉树上寻找花蜜。那时的城市和村庄里都能经常听到它们的叫声。王吸蜜鸟喜欢箱铁皮木（box-ironbark）森林，那里长满了全年开花的树木，为大量食蜜物种提供了生存环境。不幸的是，自 20 世纪 40 年代以来，大约 75% 的吸蜜鸟栖息地已被砍伐殆尽，用于建筑住房和农业开发。这种曾经常见的物种现已极度濒危：种群数量下降到200—400只，分布在30万平方公里的范围内——大约相当于意大利的面积。

在繁殖季节，雄鸟利用发声技巧向雌鸟求偶。它们的歌曲就像人类的语言一样，不是天生的，而是后天习得的。年轻雄鸟不是跟父亲学习的发声，因为当幼鸟居住在成鸟的领地里时，成年雄鸟并不会去唱歌。取而代之的是，这些小鸟依赖于在以后的生活中模仿其他成熟的雄鸟。然而，由于王吸蜜鸟游牧式的生活方式和极低的密度，它们在关键的学习时期很难找到语言导师，因为距离最近的雄鸟常常远在数百公里之外。

年轻雄鸟的替代方案是模仿其他物种的声音：它们将玫瑰鹦鹉、吸蜜鸟、噪钟鹊（澳洲喜鹊）和垂耳鸦的歌声纳入自己的曲目。这似乎是很好的举措——毕竟，许多鸟类都会模仿各种声音，其中最典型的例子是琴鸟。琴鸟可以模仿任何声音，从笑翠鸟的叫声到电锯声（从而赢得雌性琴鸟的芳心）。那些复杂的曲目可能能够如实地反映雄性的体质——在某些物种中，更雄心勃勃的独唱与更高的繁殖成功率和更低的寄生虫数量相关。歌曲越复杂，个体就越健壮。

然而，这里有一个问题。我们可能认为会说多种语言很性感，但雌性吸蜜鸟却不这么认为。它们想找的是符合吸蜜鸟文化规范、坚持唱传统歌曲的伴侣；"说外语"的雄鸟会很难找到配偶。这不仅对单身吸蜜鸟来说是个坏消息，对拥有伴侣的吸蜜鸟而言也是有害的，因为单身雄鸟会经常来打扰巢穴，妄图引起雌鸟的注意，尽管它显然已经订婚了。

人工饲养的王吸蜜鸟中也存在类似的问题。当被释放到野外时，使用"圈养"行话的王吸蜜鸟们在"语言纯粹主义者"中找到配偶的机会可能更小。因此，人工繁育项目已开始使用野生王吸蜜鸟的歌声录音来指导年轻的雄鸟。虽然专项语言训练营提高了鸟类在野外的生存能力（原因尚未完全明了），但这是否有助于吸引异性，目前还没有定论。

歌曲类型与繁殖适度[1]之间显然存在相关性，但不一定意味着因果关系。尽管如此，王吸蜜鸟的分布如此稀疏，寻找雄性导师变得像大海捞针一样难。分析鸣叫特征可以很好地预测鸟类密度，从而预测种群状况——可目前得到的结果令人遗憾。为了保障王吸蜜鸟这个物种的生存，我们不能用沉默回应它们的请求。

1　繁殖适度是一个群体概念，指动物在自然环境中留下能够适应其所处环境的后代的能力，包括亲代的生存能力、繁殖能力以及后代的存活能力。

群居织巢鸟（Sociable weaver）

Philetairus socius

在非洲南部的卡拉哈里沙漠，新的建筑开发项目如雨后春笋般涌现——宽阔舒适的"楼盘"，其中有无数间公寓可供选择。欲购从速吧！

这些投资背后的开发商和建设者是群居织巢鸟，一种麻雀大小的棕色鸟。这些鸟看起来毫不起眼，却建造了所有鸟类工程中最壮观的结构：巨大而复杂的鸟巢，内含数百个独立的房间。这些鸟类公寓通常安置在树上（尽管也可采用人造结构，例如电线杆），直径可达6米，重达1吨。它们的巢是用树枝和草做的，看起来有点像干草堆——或是挂在树上的超大号毛茸熊。这些巢覆盖着茅草"屋顶"，下方的蜂巢状结构由许多能让鸟从下方进入的开口组成，每个开口约5厘米宽，通向私鸟住所。这些永久性的建筑可以保持100多年，居住着多代群居织巢鸟，而独户公寓内衬着柔软的材料，是织巢鸟伴侣在夜晚繁殖和休息的地方。

建造和维护如此宏伟的楼盘绝非易事，需要社区业主共同协作完成。然而，有些鸟倾向于把精力都投入在打理自己的公寓上，而不去管茅草屋顶等公共区域。这种逃避集体责任的行为不会被置之不理：那些投入更多时间精力修补共享屋顶的织巢鸟会变得非常有攻击性，它们会驱赶那些自私的不劳而获的家伙。这种强横是有效的——被驱赶后，那些懒惰的鸟儿会更加努力地维护公共空间。这个系统被称为"付'费'入住"模式，个体由于担心被永久驱逐而提高合作意识。

这些建筑专家属于一类被称为"生态系统工程师"的动物，这些物种对环境中资源（例如食物或住所）的可用性有着重大影响。这些公共巢穴不仅仅是公寓大楼——它们更是完整的街区，不仅能吸引织巢鸟，还吸引了许多其他生物。事实上，有织巢鸟种群的树吸引来的物种数是其他树的36倍。巢穴下面的土壤营养更丰富（这毫不奇怪，毕竟有这么多的居住者每天提供肥料），植被生长更茂盛，从而能在不可预测的气候中为有蹄类动物提供可靠的食物供应。大型食草动物会在巢冠下寻找荫凉。食肉动物，如猎豹或豹子，则利用这些巢穴作为瞭望平台。而大型猛禽，如秃鹫，会在茅草"屋顶"上筑巢。由于它们在景观中的突出地位，拥有织巢鸟聚居地的树木经常被用作气味标记的地标，作为领地行为的一部分。

然而，对于任何产卵的生物来说，巢穴提供的稳定温度尤为重要——这在恶劣的沙漠环境中是稀有的必需品。卡拉哈里沙漠的温度可高达45℃。不过，隔热良好的巢穴可以防止雏鸟过热。同样，在冬季，当气温降至零度以下时，这些房间也能充当鸟类的避难所，否则它们将面临体温过低的风险。最深处的住所隔热效果最好，它在夏季时比环境温度低 24%，冬季时比环境温度高出 3 倍，因此被种群中占主导地位的织巢鸟占据。与此同时，这些巢穴还吸引了许多其他物种的房客，包括爱情鸟、猫头鹰、雀和猎鹰。

其中一些是问题住户。非洲侏儒隼（*Polihierax semitorquatus*）从不费心建造自己的巢，只会闯入织巢鸟的聚居地，并在那里定居下来。非洲侏儒隼甚至可能在多个聚居地有多个寓所。雪上加霜的是，这些忘恩负义的房客有时还会捕食热情好客的东道主。每当侏儒隼出现时，织巢鸟就会发出警报。而受到猛禽威胁的其他房客，例如卡拉哈里石龙子（*Trachylepis spilogaster*），会偷听这些信号并做出相应反应。织巢鸟的巢穴真是完美的家园：隔热良好、免租金，甚至还自带防盗警报器。

吸血地雀（Vampire finch）

Geocpiza septentrionalis

　　如果你发现自己被困在荒凉的岛屿上，那就学学鲁滨孙吧：充分利用周围的一切，并适应环境。达尔文雀（Darwin's finches）的祖先（或称祖鸟？）就是这样做的。

　　大约 150 万年前，来自南美洲的雀类祖先找到了通往加拉帕戈斯群岛的路。这个群岛位于厄瓜多尔以西近 1000 公里处。这些荒岛求生者繁育出了 18 种达尔文雀（严格来说，不是真正的雀类，而是属于地翅亚科的唐纳雀 [Tanager]），目前依然栖息在群岛上。现在的达尔文雀体型都很小，颜色单调，但喙的大小和形状却表现出惊人的多样性。从大嘴地雀的巨大宽钝喙到莺雀娇小的窄喙都有，以适应不同的饮食习惯。宽喙的雀在有坚果的岛屿上茁壮成长，细长喙的雀利用有仙人掌的地方，喙最小的则专门捕食昆虫。每种雀的觅食方式都略有不同——生物学家会说，每种雀占据着不同的生态位——借此避免妨碍其他雀，以至于随着时间的推移，不同喙的雀渐渐变成了相互独立的物种。因此，达尔文雀是适应辐射的典型例子，而适应辐射是指一个物种因适应不同的生态环境而从共同的祖先分化出来的现象——达尔文雀及其不同喙的图解表正是进化论教科书的固定内容。

虽然地雀以种子为食，树雀以昆虫为食，然而有一种雀却走上了令人毛骨悚然的道路。这种雀栖息在两个最偏远的岛屿，沃尔夫岛和达尔文岛。这种雀最初被认为是食虫的尖嘴地雀的亚种之一，但最近它的地位得到提升，自成一"种"：吸血地雀。在食物丰富的雨季，吸血地雀会愉快地觅食昆虫、种子或花蜜。然而，在旱季，食物和饮用水的缺乏迫使这种鸟转向更可怕的食物来源：血液。这种富含铁的零食在它们的饮食中占据了重要地位，以至于吸血地雀获得了一种特殊的肠道菌群，其中含有通常仅见于食肉鸟类和爬行动物肠道中的细菌。

为了吃到它的血餐，这种胆大妄为的小鸟瞄上了体型较大的物种，特别是红脚鲣鸟和橙嘴蓝脸鲣鸟（见 235 页）。这种精致的吸血鬼会停歇在鲣鸟的臀部，在其翅羽的基部用手术刀状的喙啄食吸血。流动的血液吸引了更多的地雀，于是受害者周围排起了长队——每只地雀都想喝上一口。成年鲣鸟对此并不高兴，但相比吸血地雀，它好像更介意伤口吸引来的苍蝇。而长满绒毛的幼年鲣鸟的处境还要艰难得多，吸血地雀会无情啄食它们身体最柔软的部位——泄殖腔。有时这会导致鲣鸟宝宝逃离巢穴，造成致命的后果。

十有八九，这种关系在一开始完全不是这样——作为一种互惠的安排，鲣鸟让雀类啄去苍蝇和背上的虱子。双方都很高兴：雀类得到了食物，鲣鸟摆脱了寄生虫，就像飘飘鱼和它们的客户一样（见 129 页）。但穷山恶水出刁鸟。一旦这些地雀意识到它们可以毫不费力地获得液体食物，而不是无脊椎动物这种不可靠的食物来源时，这种关系就变质了。鸟儿屈服于诱惑，就这样，互惠共生变成了寄生。

更糟糕的是，吸血地雀还会以鲣鸟蛋为食——当你意识到鲣鸟蛋的重量是吸血地雀的 2 倍多时，你就知道这是值得瞩目的。小鸟用极其锋利的喙刺穿蛋壳，或者通过把它踢到岩石上或悬崖下来打开这包装完好的午餐。这些努力是有回报的，因为鸟蛋能提供上好的营养。

值得庆幸的是，鲁滨孙·克鲁索并没有走向吸血鬼的道路——但如果再过几十万年，他的后代也许会？

菜粉蝶绒茧蜂（White butterfly parasite wasp）

Cotesia glomerata

　　您是正为 B 级电影（也许是科幻片或恐怖片）苦苦寻找情节的编剧吗？别再犹豫，大自然来拯救你了。

　　故事从受害者开始。它是一只蝴蝶，具体来说，是一只菜粉蝶，常见于欧洲、亚洲和北非。更准确地说，是菜粉蝶的幼虫，一只毛毛虫。在阳光明媚的一天，它在花园里大嚼球子甘蓝。一只看起来天真无邪的黑色黄蜂登场了。它只有 3—7 毫米长，就像一只飞蚁。这只黄蜂看起来并无恶意，但背景音乐暴露了威胁的迫近。的确如此，黄蜂落在毛毛虫身上，并用锋利的产卵器刺穿了它，然后在这只还活着的、正在吃饭的毛毛虫体内产下几十个卵。这就是我们的反派了：一只雌性菜粉蝶绒茧蜂。它是一种拟寄生生物。与通常不会杀死宿主的寄生虫不同，拟寄生虫不在乎它们选择的毛毛虫是死是活（剧透：它还是死了）。菜粉蝶绒茧蜂是一种容性寄生蜂，它不会立即杀死毛毛虫，而是让它活着、成长，甚至经历蜕变——这是明智之举，因为体型更大的寄主意味着幼年黄蜂会有更多食物。两到三周后，黄蜂幼虫出现了，它们杀死毛虫并在其残骸上结茧，就像真正的盗尸贼一样。未被寄生的毛毛虫会变成美丽的白色蝴蝶——被寄生的毛毛虫则分解成一袋黄蜂幼虫。

寄生现象在黄蜂中非常常见（参见 262 页，扁头泥蜂），几千个物种中至少数十甚至数百个物种都会采用这种繁殖策略。而且，说句良心话，这种主题在科幻电影中也早被用烂了（参见雷德利·斯科特的《异形》）。但我们的情节还有更多内容：一旦卵产在毫无戒心的毛毛虫身上，复仇者就出场了。这是另一种黄蜂，小折唇姬蜂（*Lysibia nana*）。你猜对了，它将在菜粉蝶绒茧蜂的幼虫体内产卵。与最初的寄生蜂不同，这种重寄生蜂（寄生蜂的寄生蜂）被称为定栖寄生物：换句话说，它通过注射毒液使宿主立即瘫痪，以防止其进一步生长。然后，它会在菜粉蝶绒茧蜂幼虫中产下一个卵，创造出相当病态的幼虫版俄罗斯套娃。当卵孵化时，重寄生蜂的幼虫会刺穿宿主的皮肤，吸出它的内脏，最终将其全部吃掉，并进入宿主的茧中化蛹。因为它占据了茧中所有可用空间，所以重寄生蜂小折唇姬蜂和寄生蜂菜粉蝶绒茧蜂成虫的尺寸惊人地相似。

现在，再来看最后一个反转——这一切都是谁策划的？谁才是这些变态杀人案的幕后主使？这是个好问题，因为没有人能猜到答案。那个邪恶天才就是……那棵植物。是的，当菜粉蝶毛毛虫咀嚼时，球子甘蓝（或者，老实说，它的任何卷心菜亲戚都可以扮演这个角色）会发出化学求救信号。受到攻击的植物释放出一种虫害诱导挥发物，这种物质相当于植物界的蝙蝠信号。寄生蜂嗅到这些气味后，就会飞过来寄生饥饿的毛毛虫。但一旦被寄生，毛毛虫就会发生变化，它们口腔分泌物的成分也会跟着变化。因此，与未被寄生的动物食用所散发出的气味相比，植物被已被寄生的食草动物咀嚼后所释放出的挥发性气味闻起来是不同的。气味的差异足以告诉重寄生蜂新产的黄蜂卵的位置。于是最终出现了两个赢家：植物和新出现的重寄生蜂。

当镜头扫过美丽的花园景色时，旁白的声音（也许是摩根·弗里曼的？）朗诵了乔纳森·斯威夫特的《论诗歌：狂想曲》（*On Poetry: A Rhapsody*）中的一段节选。

> 故自然主义者观一蚤
>
> 其上有小蚤正食之；
>
> 其上又有小蚤以噬之；
>
> 如是往复，无穷尽也。

字幕滚动。剧终。

白背兀鹫（White-rumped vulture）

Gyps bengalensis

　　20 世纪 80 年代，麦当娜刚刚在美国走红，玛格丽特·撒切尔还在担任英国首相，而白背兀鹫正在印度上空飞翔，数量之多令人难以置信。据估计，这种体型庞大的秃头鸟的数量超过 1000 万只。事实上，它们被认为是全球最常见的大型猛禽。德里市平均每平方公里有 3 个白背兀鹫巢穴，国家公园里巢穴的密度是这个数字的 4 倍。作为以大型有蹄类动物为食的食腐动物，这些鸟发现了印度，一个处处是牛的国家，一个鸟类天堂。

　　兀鹫的存在对人类有益——每天每只能吃半公斤肉的鸟群可以很快把牛的尸体清理干净，防止疾病传播和水源污染。兀鹫的消化系统简直是无敌的——通过食用被感染的尸体，它们可以帮助控制人畜共患疾病的传播，如炭疽、布鲁氏菌病或肺结核。1000 万只兀鹫每天能处理 500 万公斤肉——这是一项相当庞大的卫生工程。此外，兀鹫在琐罗亚

313

斯德教和西藏的葬礼传统中扮演着更重要的精神角色。人们将死者留给鸟类带走，作为"天葬"的一部分。

是的，如果你是一只生活在亚洲的兀鹫，那么20世纪80年代是一个光彩的时代。

时间快进到2003年。麦当娜刚刚发行第九张录音室专辑，托尼·布莱尔领导下的英国开始入侵伊拉克，白背兀鹫的数量惊人地锐减了99.7%。造成这种灾难性衰退的原因一直成谜——尤其是其他兀鹫的数量也遭受了重创。例如，细嘴兀鹫（*G. tenuirostris*）的数量下降了97.4%。惊慌失措的科学家探索了许多可能性——疾病、缺乏猎物、迫害以及杀虫剂等环境污染物——但似乎没有一个能说得通。最终，人们发现，造成空前死亡率的罪魁祸首是双氯芬酸，一种用于家牛的非类固醇抗炎药。双氯芬酸对兽类无害，但会导致兀鹫肾衰竭和死亡。而且，由于多只兀鹫以同一具尸体为食，只需一小块经双氯芬酸处理过的牛尸，就足以杀死不成比例的大量食腐动物。

兀鹫的消失为其他食腐动物提供了食物资源，比如野狗或老鼠。不幸的是，虽然兀鹫是病原体的死胡同，但食腐肉的兽类却是病原体的宿主，它们还会携带狂犬病等疾病。更重要的是，城市里越来越多的狗又吸引了豹子，导致了人类与野生动物的冲突。总的来说，兀鹫的缺席正在加剧整个印度次大陆的公共卫生问题。

2006年，印度、巴基斯坦和尼泊尔下令禁止在牛身上使用双氯芬酸；2010年，孟加拉国紧随其后。禁令实施三年后，这种药物的使用有所减少，但并没有完全消失——兀鹫仍然在因为药物引起的肾衰竭而死亡（尽管死亡率比以前低）。一种新的、对兀鹫安全的替代品，美洛昔康已经开发出来了。然而，替代品还没有被普遍使用。此外，因为双氯芬酸仍作为人类的处方药在使用，有时它依然会流入兽医的药箱中。不过，人类使用的同等药物现在只以小瓶出售，这使得大量批发无利可图。

同时，兀鹫还是一种繁殖缓慢的鸟类，一次只产一枚卵。目前兀鹫的数量下降趋势已经停止，但还没有明显的回升。白背兀鹫仍被列为极度濒危物种，目前估计还剩下3500—15000 只。

令人担忧的是，西班牙和意大利已经开始允许兽医使用双氯芬酸，理由是更细致的尸体处理方法可以防止南欧四种兀鹫中的任何一种受到毒害。唉，可惜，在 2021 年出现了首例双氯芬酸导致兀鹫死亡的报道。看来，在恢复黄金岁月前，兀鹫们还有很长的路要走。

斑胸草雀（Zebra finch）

Taeniopygia guttata

　　人类小孩有时会偷听家长说话，尤其关于礼物或生日惊喜一类的话题，但一种优雅的灰橙色小鸟已经领先一步：它们还在蛋里时就会偷听家长说话了。这种鸟就是斑胸草雀（珍珠鸟），一种吃种子的小型鸣禽，原产于澳大利亚和印度尼西亚。它们作为人见人爱的宠物而闻名于世，野生种群也曾被引入葡萄牙和波多黎各。

　　斑胸草雀在规模很大的群体中繁殖，最多可达 230 只。群体数量如此庞大，让其他同类鸟来养育自己的孩子（种内巢寄生现象）就变得颇具诱惑力。三分之一到一半的斑胸草雀雌鸟会偶尔尝试在同类其他鸟的巢中产卵。毕竟，上当受骗的家长可能根本不会注意到多出来的蛋。斑胸草雀的蛋呈白色或浅蓝灰色，每枚蛋看起来都非常相似，没有任何标记。不过，斑胸草雀可以通过嗅觉识别自己的蛋；如果在孵化早期阶段发现入侵者的蛋，它们可能会弃巢。

如果这窝蛋没有任何可疑之处，双亲就会继续孵化，并努力为雏鸟提供最好的生存机会。在温度特别容易波动的地方，体型较小可能在气候炎热时具有优势——身体越小，越容易降温，需要的水分也更少。但是，如果雏鸟预计将在热浪袭击期间孵化出来，且雏鸟已经在蛋内发育，这种情况是否有可能影响雏鸟的体型？显然，能。

当温度很高（通常在 35℃ 以上）时，斑胸草雀成鸟会发出"热鸣"。热鸣是一种快速而有节奏的歌声，通常伴随着喘息，因为成鸟正试图给自己降温。卵内的胚胎会窃听这些声音，相应地改变自己的发育过程，特别是出壳日期临近时。如果雏鸟听到热鸣声，它们长大后会比没有听过这种声音的雏鸟体型更小。这种改变似乎有所回报：在第一个繁殖季节，相比于那些没有适应过环境温度的雌鸟，在炎热条件下长大的体型小的雌鸟（或在寒冷条件下长大的体型稍大的雌鸟）会产下更多后代。此外，在巢中经历高温时，那些在胚胎时期听到过热鸣的个体，更有可能发出热鸣声。

斑胸草雀在育雏过程中，不仅仅只会发出热鸣这一种有用的声音。这种鸟配对后结成终身伴侣，通常会非常勤奋地分担家长的职责（筑巢、孵化、喂养幼鸟）。因此，它们需要一种方法来协商谁在何时做什么。在孵化工作轮班时，草雀妈妈和爸爸通过鸣唱来沟通，即一种特定的二重唱；而在告知另一方可以下班时，它们使用鸣叫，即一种比平时叫声更轻柔、更私密的声音，来协调未来的工作量。在一项实验中，雄鸟返回巢穴的时间被人为延迟。当雄鸟归巢时，二重唱结构发生了变化：鸣唱变得更短、更强烈（可能包含了"早就！轮到！你！了！你！死！哪！去了？！"这样的歌词）。快速的二重奏之后，雌鸟接下来的孵化轮班时间就会减少。这才叫公平！

参考文献

前言

Cox, P., 'The *Physiologus*: A *Poiesis* of Nature', *Church History*, 52(4), 1983, pp. 433–43.

Giribet, G. and Edgecombe, G.D., *The Invertebrate Tree of Life*, Princeton University Press, 2020.

Harrison, P., 'The Bible and the emergence of modern science', *Science and Christian Belief*, 18(2), 2006, p. 115.

McCarthy, D.P., Donald, P.F., Scharlemann, J.P., Buchanan, G.M., Balmford, A., Green, J.M., Bennun, L.A., Burgess, N.D., Fishpool, L.D., Garnett, S.T. and Leonard, D.L., 'Financial costs of meeting global biodiversity conservation targets: current spending and unmet needs', *Science*, 338(6109), 2012, pp. 946–9.

地上

宽足袋鼩

Mason, E.D., Firn, J., Hines, H.B. and Baker, A.M., 'Breeding biology and growth in a new, threatened carnivorous marsupial', *Mammal Research*, 62(2), 2017, pp. 179–87.

Smith, G.C., Means, K. and Churchill, S., 'Aspects of the ecology of the Atherton antechinus (*Antechinus godmani*) living in sympatry with the rusty antechinus (*A. adustus*) in the Wet Tropics, Queensland – a trapping and radio-tracking study', *Australian Mammalogy*, 40(1), 2018, pp. 16–25.

指猴

Erickson, C.J., 'Tap-scanning and extractive foraging in aye-ayes, *Daubentonia madagascariensis*', *Folia Primatologica*, 62(1–3), 1994, pp. 125–35.

Gochman, S.R., Brown, M.B. and Dominy, N.J., 'Alcohol discrimination and preferences in two species of nectar-feeding primate', *Royal Society Open Science*, 3(7), 2016, p. 160217.

Simons, E.L. and Meyers, D.M., 'Folklore and beliefs about the aye aye (*Daubentonia madagascariensis*)', *Lemur News*, 6, 2001, pp. 11–16.

香蕉蛞蝓

Chan, B., Balmforth, N.J. and Hosoi, A.E., 'Building a better snail: lubrication and adhesive locomotion', *Physics of Fluids*, 17(11), 2005, p. 113101.

Leonard, J.L., Pearse, J.S. and Harper, A.B., 'Comparative reproductive biology of *Ariolimax californicus* and *A. dolichophallus* (Gastropoda; Stylommiatophora)', *Invertebrate Reproduction and Development*, 41(1–3), 2002, pp. 83–93.

Mead, A.R., 'Revision of the giant West Coast land slugs of the genus *Ariolimax* Moerch (Pulmonata: Arionidae)', *The American Midland Naturalist*, 30(3), 1943, pp. 675–717.

大耳狐

Clark, H.O., '*Otocyon megalotis*', *Mammalian Species*, 2005(766), 2005, pp. 1–5.

Stenkewitz, U. and Kamler, J.F., 'Birds feeding in association with bat-eared foxes on Benfontein Game Farm, South Africa', *Ostrich-Journal of African Ornithology*, 79(2), 2008, pp. 235–7.

Wright, H.W.Y., 'Paternal den attendance is the best predictor of offspring survival in the socially monogamous bat-eared fox', *Animal behaviour*, 71(3), 2006, pp. 503–10.

褐家鼠

Bartal, I.B.A., Decety, J. and Mason, P., 'Empathy and pro-social behavior in rats', *Science*, 334(6061), 2011, pp. 1427–30.

Crawford, L.E., Knouse, L.E., Kent, M., Vavra, D., Harding, O., LeServe, D. and Lambert, K.G., 'Enriched environment exposure accelerates rodent driving skills', *Behavioural Brain Research*, 378, 2020, p. 112309.

Quinn, L., Schuster, L.P., Aguilar-Rivera, M., Arnold, J., Ball, D., Gygi, E. and Chiba, A.A., 'When rats rescue robots', *Animal Behavior and Cognition*, 5(4), 2018, pp. 368–79.

Sato, N., Tan, L., Tate, K. and Okada, M., 'Rats demonstrate helping behavior toward a soaked conspecific', *Animal cognition*, 18(5), 2015, pp. 1039–47.

蚓螈

Kupfer, A., Müller, H., Antoniazzi, M.M., Jared, C., Greven, H., Nussbaum, R.A. and Wilkinson, M., 'Parental investment by skin feeding in a caecilian amphibian', *Nature*, 440(7086), 2006, pp. 926–9.

Measey, G.J. and Gaborieau, O., 'Termitivore or detritivore? A quantitative investigation into the diet of the East African caecilian *Boulengerula taitanus* (Amphibia: Gymnophiona: Caeciliidae)', *Animal Biology*, 54(1), 2004, pp. 45–6.

Wilkinson, M., Kupfer, A., Marques-Porto, R., Jeffkins, H., Antoniazzi, M.M. and Jared, C., 'One hundred million years of skin feeding? Extended parental care in a Neotropical caecilian (Amphibia: Gymnophiona)', *Biology Letters*, 4(4), 2008, pp. 358–61.

Wilkinson, M., Sherratt, E., Starace, F. and Gower, D.J., 'A new species of skin-feeding caecilian and the first report of reproductive mode in *Microcaecilia* (Amphibia: Gymnophiona: Siphonopidae)', *PLoS One*, 8(3), 2013, p. e57756.

椰子蟹

Drew, M.M., Harzsch, S., Stensmyr, M., Erland, S. and Hansson, B.S., 'A review of the biology and ecology of the robber crab, *Birgus latro* (Linnaeus, 1767) (Anomura: Coenobitidae)', *Zoologischer Anzeiger-A Journal of Comparative Zoology*, 249(1), 2010, pp. 45–67.

Laidre, M.E., 'Coconut crabs', *Current Biology*, 28(2), 2018, pp. R58–R60.

Oka, S.I., Tomita, T. and Miyamoto, K., 'A mighty claw: pinching force of the coconut crab, the largest terrestrial crustacean', *PloS One*, 11(11), 2016, p. e0166108.

床虱

Polanco, A.M., Miller, D.M. and Brewster, C.C., 'Survivorship during starvation for *Cimex lectularius* L.', *Insects*, 2(2), 2011, pp. 232–42.

Reinhardt, K. and Siva-Jothy, M.T., 'Biology of the bed bugs (Cimicidae)', *Annual Review of Entomology*, 52, 2007, pp. 351–74.

Saenz, V.L., Booth, W., Schal, C. and Vargo, E.L., 'Genetic analysis of bed bug populations reveals small propagule size within individual infestations but high genetic diversity across infestations from the eastern United States', *Journal of Medical Entomology*, 49(4), 2012, pp. 865–75.

Smith, W., *A Dictionary of Greek and Roman Antiquities*, Harper & brothers, 1857.

Szalanski, A.L., Austin, J.W., McKern, J.A., McCoy, T., Steelman, C.D. and Miller, D.M., 'Time course analysis of bed bug, *Cimex lectularius* L. (Hemiptera: Cimicidae) blood meals with the use of polymerase chain reaction', *Journal of Agricultural and Urban Entomology*, 23(4), 2006, pp. 237–41.

红斑尼葬甲

Andrews, C.P. and Smiseth, P.T., 'Differentiating among alternative models for the resolution of parent–offspring conflict', *Behavioral Ecology*, 24(5), 2013, pp. 1185–91.

Eggert, A.K., Reinking, M. and Müller, J.K., 'Parental care improves offspring survival and growth in burying beetles', *Animal Behaviour*, 55(1), 1998, pp. 97–107.

Scott, M.P., 'The ecology and behavior of burying beetles', *Annual review of entomology*, 43(1), 1998, pp. 595–618.

von Hoermann, C., Steiger, S., Müller, J.K. and Ayasse, M., 'Too fresh is unattractive! The attraction of newly emerged *Nicrophorus vespilloides* females to odour bouquets of large cadavers at various stages of decomposition', *PLoS One*, 8(3), 2013, p. e58524.

侧斑鬣蜥

Corl, A., Davis, A.R., Kuchta, S.R. and Sinervo, B., 'Selective loss of polymorphic mating types is associated with rapid phenotypic evolution during morphic speciation. *Proceedings of the National Academy of Sciences*, 107(9), 2010, pp.4254–9.

Sinervo, B. and Clobert, J., 'Morphs, dispersal behavior, genetic similarity, and the evolution of cooperation', *Science*, 300(5627), 2003, pp. 1949–51.

Sinervo, B. and Lively, C.M., 'The rock–paper–scissors game and the evolution of alternative male strategies', *Nature*, 380(6571), 1996, pp. 240–43.

穴兔

Hirakawa, H., 'Coprophagy in leporids and other mammalian herbivores', *Mammal Review*, 31(1), 2001, pp. 61–80.

Jernelöv, A., 'Rabbits in Australia' in *The Long-Term Fate of Invasive Species*, Springer, Cham, 2017, pp. 73–89.

Macdonald, D.W., *The Encyclopedia of Mammals*, Oxford University Press, 2006.

面螨

Jarmuda, S., O'Reilly, N., Żaba, R., Jakubowicz, O., Szkaradkiewicz, A. and Kavanagh, K., 'Potential role of Demodex mites and bacteria in the induction of rosacea', *Journal of Medical Microbiology*, 61(11), 2012, pp. 1504–10.

Lacey, N., Raghallaigh, S.N. and Powell, F.C., 'Demodex mites – commensals, parasites or mutualistic organisms?', *Dermatology*, 222(2), 2011, p. 128.

大熊猫

Heiderer, M., Westenberg, C., Li, D., Zhang, H., Preininger, D. and Dungl, E., 'Giant panda twin rearing without assistance requires more interactions and less rest of the mother – a case study at Vienna Zoo', *PLoS One*, 13(11), 2018, p. e0207433.

Wei, R., Zhang, G., Yin, F., Zhang, H. and Liu, D., 'Enhancing captive breeding in giant pandas (*Ailuropoda melanoleuca*): maintaining lactation when cubs are rejected, and understanding variation in milk collection and associated factors', *Zoo Biology* (published in affiliation with the American Zoo and Aquarium Association), 28(4), 2009, pp. 331–42.

Zhang, G., Swaisgood, R.R. and Zhang, H., 'Evaluation of behavioral factors influencing reproductive success and failure in captive giant pandas', *Zoo Biology* (published in affiliation with the American Zoo and Aquarium Association), 23(1), 2004, pp. 15–31.

Zhu, L., Wu, Q., Dai, J., Zhang, S. and Wei, F., 'Evidence of cellulose metabolism by the giant panda gut microbiome', *Proceedings of the National Academy of Sciences*, 108(43), 2011, pp. 17714–19.

幽灵竹节虫

Bian, X., Elgar, M.A. and Peters, R.A., 'The swaying behavior of *Extatosoma tiaratum*: motion camouflage in a stick insect?',

Behavioral Ecology, 27(1), 2016, pp. 83–92.

Brock, P.D. and Hasenpusch, J.W., *The Complete Field Guide to Stick and Leaf Insects of Australia*, CSIRO Publishing, 2009.

Zeng, Y., Chang, S.W., Williams, J.Y., Nguyen, L.Y.N., Tang, J., Naing, G., Kazi, C. and Dudley, R., 'Canopy parkour: movement ecology of post-hatch dispersal in a gliding nymphal stick insect, *Extatosoma tiaratum*', *Journal of Experimental Biology*, 223(19), 2020, p. jeb226266.

琉球钝头蛇

Danaisawadi, P., Asami, T., Ota, H., Sutcharit, C. and Panha, S., 'A snail-eating snake recognizes prey handedness', *Scientific Reports*, 6(1), 2016, pp. 1–8.

Hoso, M., Asami, T. and Hori, M., 'Right-handed snakes: convergent evolution of asymmetry for functional specialization', *Biology Letters*, 3(2), 2007, pp. 169–73.

Sheehy, C.M., 'Phylogenetic relationships and feeding behavior of Neotropical snail-eating snakes (Dipsadinae, Dipsadini)', PhD Dissertation, University of Texas, 2013.

跳蛛

Chen, Z., Corlett, R.T., Jiao, X., Liu, S.J., Charles-Dominique, T., Zhang, S., Li, H., Lai, R., Long, C. and Quan, R.C., 'Prolonged milk provisioning in a jumping spider', *Science*, 362(6418), pp. 1052–5.

Huang, J.N., Cheng, R.C., Li, D. and Tso, I.M., 'Salticid predation as one potential driving force of ant mimicry in jumping spiders', *Proceedings of the Royal Society B: Biological Sciences*, 278(1710), 2011, pp. 1356–64.

Richman, D.B. and Jackson, R.R., 'A review of the ethology of jumping spiders (Araneae, Salticidae)', *Bulletin of the British Arachnological Society*, 9(2), pp. 33–7.

马陆

Fusco, G., 'Trunk segment numbers and sequential segmentation in myriapods', *Evolution and Development*, 7(6), 2005, pp. 608–17.

Peckre, L.R., Defolie, C., Kappeler, P.M. and Fichtel, C., 'Potential self-medication using millipede secretions in red-fronted lemurs: combining anointment and ingestion for a joint action against gastrointestinal parasites?', *Primates*, 59(5), 2018, pp. 483–94.

Rettenmeyer, C.W., 'The behavior of millipeds found with Neotropical army ants', *Journal of the Kansas Entomological Society*, 35(4), 1962, pp. 377–84.

钝口螈

Bogart, J.P., Bi, K., Fu, J., Noble, D.W. and Niedzwiecki, J., 'Unisexual salamanders (genus *Ambystoma*) present a new reproductive mode for eukaryotes', *Genome*, 50(2), 2007, pp. 119–36.

Denton, R.D., Morales, A.E. and Gibbs, H.L., 'Genome-specific histories of divergence and introgression between an allopolyploid unisexual salamander lineage and two ancestral sexual species', *Evolution*, 72(8), 2018, pp. 1689–700.

山地树鼩

Cao, J., Yang, E.B., Su, J.J., Li, Y. and Chow, P., 'The tree shrews: adjuncts and alternatives to primates as models for biomedical research', *Journal of Medical Primatology*, 32(3), 2003, pp. 123–30.

Clarke, C.M., Bauer, U., Ch'ien, C.L., Tuen, A.A., Rembold, K. and Moran, J.A., 'Tree shrew lavatories: a novel nitrogen sequestration strategy in a tropical pitcher plant, *Biology Letters*, 5(5), 2009, pp. 632–5.

Fan, Y., Luo, R., Su, L.Y., Xiang, Q., Yu, D., Xu, L., Chen, J.Q., Bi, R., Wu, D.D., Zheng, P. and Yao, Y.G., 'Does the genetic feature of the Chinese tree shrew (*Tupaia belangeri chinensis*) support its potential as a viable model for Alzheimer's disease research?', *Journal of Alzheimer's Disease*, 61(3), 2018, pp. 1015–28.

Greenwood, M., Clarke, C., Ch'ien, C.L., Gunsalam, A. and Clarke, R.H., 'A unique resource mutualism between the giant Bornean pitcher plant, *Nepenthes rajah*, and members of a small mammal community', *PLoS One*, 6(6), 2011, p .e21114.

Moran, J.A., Clarke, C., Greenwood, M. and Chin, L., 'Tuning of color contrast signals to visual sensitivity maxima of tree shrews by three Bornean highland *Nepenthes* species. *Plant Signaling and Behavior*', 7(10), 2012, pp. 1267–70.

弹涂鱼

Lee, H.J., Martinez, C.A., Hertzberg, K.J., Hamilton, A.L. and Graham, J.B., 'Burrow air phase maintenance and respiration by the mudskipper *Scartelaos histophorus* (Gobiidae: Oxudercinae)', *Journal of Experimental Biology*, 208(1), 2005, pp. 169–77.

Michel, K.B., Heiss, E., Aerts, P. and Van Wassenbergh, S., 'A fish that uses its hydrodynamic tongue to feed on land', *Proceedings of the Royal Society B: Biological Sciences*, 282(1805), 2015, p. 20150057.

Murdy, E.O., 'A taxonomic revision and cladistic analysis of the oxudercine gobies (Gobiidae: Oxudercinae)', *Records of the Australian Museum, Supplement*, 11, 1989, pp. 1–93.

Sayer, M.D., 'Adaptations of amphibious fish for surviving life out of water', *Fish and Fisheries*, 6(3), 2005, pp. 186–211.

裸滨鼠

Braude, S., Holtze, S., Begall, S., Brenmoehl, J., Burda, H., Dammann, P., Del Marmol, D., Gorshkova, E., Henning, Y., Hoeflich, A. and Höhn, A., 'Surprisingly long survival of premature conclusions about naked mole-rat biology', *Biological Reviews*, 96(2), 2021, pp. 376–93.

Lewis, K.N. and Buffenstein, R., 'The naked mole-rat: a resilient rodent model of aging, longevity, and healthspan' in *Handbook of the Biology of Aging*, Academic Press, 2016, pp. 179–204).

Ruby, J.G., Smith, M. and Buffenstein, R., 'Naked mole-rat mortality rates defy Gompertzian laws by not increasing with age', *elife*, 7, 2018, p. e31157.

Watarai, A., Arai, N., Miyawaki, S., Okano, H., Miura, K., Mogi, K. and Kikusui, T., 'Responses to pup vocalizations in subordinate naked mole-rats are induced by estradiol ingested through coprophagy of queen's feces', *Proceedings of the National Academy of Sciences*, 115(37), 2018, pp. 9264–9.

穿山甲

Davit-Béal, T., Tucker, A.S. and Sire, J.Y., 'Loss of teeth and enamel in tetrapods: fossil record, genetic data and morphological adaptations', *Journal of Anatomy*, 214(4), 2009, pp. 477–501.

Emogor, C.A., Ingram, D.J., Coad, L., Worthington, T.A., Dunn, A., Imong, I. and Balmford, A., 'The scale of Nigeria's involvement in the trans-national illegal pangolin trade: temporal and spatial patterns and the effectiveness of wildlife trade regulations', *Biological Conservation*, 264, 2021, p. 109365.

伪蝎

Del-Claro, K. and Tizo-Pedroso, E., 'Ecological and evolutionary pathways of social behavior in Pseudoscorpions (Arachnida: Pseudoscorpiones)', *Acta Ethologica*, 12(1), 2009, pp. 13–22.

Tizo-Pedroso, E. and Del-Claro, K., 'Matriphagy in the neotropical pseudoscorpion *Paratemnoides nidificator* (Balzan 1888) (Atemnidae)', *The Journal of Arachnology*, 33(3), 2005, pp. 873–7.

Tizo-Pedroso, E. and Del-Claro, K., 'Cooperation in the neotropical pseudoscorpion, *Paratemnoides nidificator* (Balzan, 1888): feeding and dispersal behavior', *Insectes Sociaux*, 54(2), 2007, pp. 124–31.

Tizo-Pedroso, E. and Del-Claro, K., 'Capture of large prey and feeding priority in the cooperative pseudoscorpion *Paratemnoides nidificator*', *Acta Ethologica*, 21(2), 2018, pp. 109–17.

红眼树蛙

Caldwell, M.S., McDaniel, J.G. and Warkentin, K.M., 'Is it safe? Red-eyed treefrog embryos assessing predation risk use two features of rain vibrations to avoid false alarms', *Animal Behaviour*, 79(2), 2010, pp. 255–60.

Robertson, J.M. and Greene, H.W., 'Bright colour patterns as social signals in nocturnal frogs', *Biological Journal of the Linnean Society*, 121(4), 2017, pp. 849–57.

撒哈拉银蚁

Pfeffer, S.E., Wahl, V.L., Wittlinger, M. and Wolf, H., 'High-speed locomotion in the Saharan silver ant, *Cataglyphis bombycina*', *Journal of Experimental Biology*, 222(20), 2019, p. jeb198705.

Shi, N.N., Tsai, C.C., Camino, F., Bernard, G.D., Yu, N. and Wehner, R., 'Keeping cool: enhanced optical reflection and radiative heat dissipation in Saharan silver ants', *Science*, 349(6245), 2015, pp. 298–301.

Wehner, R., Marsh, A.C. and Wehner, S., 'Desert ants on a thermal tightrope', *Nature*, 357(6379), 1992, pp. 586–7.

赛加羚羊

Bekenov, A.B., Grachev, I.A. and Milner-Gulland, E.J., 'The ecology and management of the saiga antelope in Kazakhstan', *Mammal Review*, 28(1), 1998, pp. 1–52.

Kock, R.A., Orynbayev, M., Robinson, S., Zuther, S., Singh, N.J., Beauvais, W., Morgan, E.R., Kerimbayev, A., Khomenko, S., Martineau, H.M. and Rystaeva, R., 'Saigas on the brink: multidisciplinary analysis of the factors influencing mass mortality events', *Science Advances*, 4(1), 2018, p. eaao2314.

Kühl, A., Mysterud, A., Erdnenov, G.I., Lushchekina, A.A., Grachev, I.A., Bekenov, A.B. and Milner-Gulland, E.J., 'The "big spenders" of the steppe: sex-specific maternal allocation and twinning in the saiga antelope', *Proceedings of the Royal Society B: Biological Sciences*, 274(1615), 2007, pp. 1293–9.

Milner-Gulland, E.J., Bukreeva, O.M., Coulson, T., Lushchekina, A.A., Kholodova, M.V., Bekenov, A.B. and Grachev, I.A., 'Reproductive collapse in saiga antelope harems', *Nature*, 422(6928), 2003, p. 135.

蓄奴蚁

Achenbach, A. and Foitzik, S., 'First evidence for slave rebellion: enslaved ant workers systematically kill the brood of their social parasite *Protomognathus americanus*', *Evolution: International Journal of Organic Evolution*, 63(4), 2009, pp. 1068–75.

Foitzik, S. and Herbers, J.M., 'Colony structure of a slavemaking ant. II. Frequency of slave raids and impact on the host population', *Evolution*, 55(2), 2001, pp. 316–23.

Pohl, S. and Foitzik, S., 'Slave-making ants prefer larger, better defended host colonies', *Animal Behaviour*, 81(1), 2011, pp. 61–8.

蜂猴

Nekaris, K.A.I., 'Extreme primates: ecology and evolution of Asian lorises', *Evolutionary Anthropology: Issues, News, and Reviews*, 23(5), 2014, pp. 177–87.

Nekaris, K.A.I., Campbell, N., Coggins, T.G., Rode, E.J. and Nijman, V., 'Tickled to death: analysing public perceptions of "cute" videos of threatened species (slow lorises –*Nycticebus* spp.) on Web 2.0 Sites', *PloS One*, 8(7), 2013, p. e69215.

Nekaris, K., Moore, R.S., Rode, E.J. and Fry, B.G., 'Mad, bad and dangerous to know: the biochemistry, ecology and evolution of slow loris venom', *Journal of Venomous Animals and Toxins including Tropical Diseases*, 19, 2013, pp. 1–10.

南方食蝗鼠

Hafner, M.S. and Hafner, D.J., 'Vocalizations of grasshopper mice (genus *Onychomys*)', *Journal of Mammalogy*, 60(1), 1979, pp. 85–94.

McCarty, R., '*Onychomys torridus*', *Mammalian Species*, 59, 1975, pp. 1–5.

McCarty, R. and Southwick, C.H., 'Patterns of parental care in two cricetid rodents, *Onychomys torridus* and *Peromyscus leucopus*', *Animal Behaviour*, 25(4), 1977, pp. 945–8.

Rowe, A.H., Xiao, Y., Rowe, M.P., Cummins, T.R. and Zakon, H.H., 'Voltage-gated sodium channel in grasshopper mice defends against bark scorpion toxin', *Science*, 342(6157), 2013, pp. 441–6.

塔兰托毒蛛

Hénaut, Y. and Machkour-M'Rabet, S., 'Predation and Other Interactions' in *New World Tarantulas*, Springer, Cham, 2020, pp. 237–69.

Von May, R., Biggi, E., Cárdenas, H., Diaz, M.I., Alarcón, C., Herrera, V., Santa-Cruz, R., Tomasinelli, F., Westeen, E.P., Sánchez-Paredes, C.M., Larson, J.G., Title, P.O., Grundler, M.R., Grundler, M.C., Rabosky, A.R.D., Rabosky, D.L., 'Ecological interactions between arthropods and small vertebrates in a lowland Amazon rainforest', *Amphibian and Reptile Conservation*, 13(1), 2019, pp. 65–77.

四线线虫

Poinar, G., 'Nematode parasites and associates of ants: past and present', *Psyche*, *2012*(2), 2012.

Poinar, G. and Yanoviak, S.P., '*Myrmeconema neotropicum* n.g., n. sp., a new tetradonematid nematode parasitising South American populations of *Cephalotes atratus* (Hymenoptera: Formicidae), with the discovery of an apparent parasite-induced host morph', *Systematic Parasitology*, 69(2), 2008, pp.145–53.

Yanoviak, S.P., Kaspari, M., Dudley, R. and Poinar Jr, G., 'Parasite-induced fruit mimicry in a tropical canopy ant', *The American Naturalist*, 171(4), 2008, pp. 536–44.

得州角蜥

Cooper Jr, W.E. and Sherbrooke, W.C., 'Plesiomorphic escape decisions in cryptic horned lizards (*Phrynosoma*) having highly derived antipredatory defenses', *Ethology*, 116(10), 2010, pp. 920–28.

Holte, A.E. and Houck, M.A., 'Juvenile greater roadrunner

(Cuculidae) killed by choking on a Texas horned lizard (Phrynosomatidae)', *The Southwestern Naturalist*, 45(1), 2000, pp. 74–6.

Sherbrooke, W.C. and Middendorf III, G.A., 'Responses of kit foxes (*Vulpes macrotis*) to antipredator blood-squirting and blood of Texas horned lizards (*Phrynosoma cornutum*)', *Copeia*, 2004(3), 2004, pp. 652–8.

Sherbrooke, W.C., 'Rain-harvesting in the lizard, *Phrynosoma cornutum*: behavior and integumental morphology', *Journal of Herpetology*, 24(3), 1900, pp. 302–8.

天鹅绒虫

Read, V.S.J. and Hughes, R.N., 'Feeding behaviour and prey choice in *Macroperipatus torquatus* (Onychophora)', *Proceedings of the Royal Society of London. Series B: Biological Sciences*, 230(1261), 1987, pp. 483–506.

Reinhard, J. and Rowell, D.M., 'Social behaviour in an Australian velvet worm, *Euperipatoides rowelli* (Onychophora: Peripatopsidae)', *Journal of Zoology*, 267(1), 2005, pp. 1–7.

Tait, N.N. and Briscoe, D.A., 'Sexual head structures in the Onychophora: unique modifications for sperm transfer', *Journal of Natural History*, 24(6), 1990, pp. 1517–27.

袋熊

Triggs, B., ed., *Wombats*, CSIRO Publishing, 2009.

Yang, P.J., Chan, M., Carver, S. and Hu, D.L., 'How do wombats make cubed poo?' in *71st Annual Meeting of the APS Division of Fluid Dynamics* (Vol. 63), 2018.

Yang, P.J., Lee, A.B., Chan, M., Kowalski, M., Qiu, K., Waid, C., Cervantes, G., Magondu, B., Biagioni, M., Vogelnest, L. and Martin, A., 'Intestines of non-uniform stiffness mold the corners of wombat feces', *Soft Matter*, 17(3), 2021, pp. 475–88.

木蛙

Costanzo, J.P., do Amaral, M.C.F., Rosendale, A.J. and Lee Jr, R.E., 'Hibernation physiology, freezing adaptation and extreme freeze tolerance in a northern population of the wood frog', *Journal of Experimental Biology*, 216(18), 2013, pp. 3461–73.

Jefferson, D.M., Hobson, K.A., Demuth, B.S., Ferrari, M.C. and Chivers, D.P., 'Frugal cannibals: how consuming conspecific tissues can provide conditional benefits to wood frog tadpoles (*Lithobates sylvaticus*). *Naturwissenschaften*', 101(4), 2014, pp. 291–303.

Larson, D.J., Middle, L., Vu, H., Zhang, W., Serianni, A.S., Duman, J. and Barnes, B.M., 'Wood frog adaptations to overwintering in Alaska: new limits to freezing tolerance', *Journal of Experimental Biology*, 217(12), 2014, pp. 2193–200.

水下

亚马逊河豚

Best, R.C. and Da Silva, V.M., 'Inia geoffrensis', *Mammalian species*, 426, 1993, pp. 1–8.

Da Silva, V., Trujillo, F., Martin, A., Zerbini, A.N., Crespo, E., Aliaga-Rossel, E. and Reeves, R., 'Inia geoffrensis', *The IUCN Red List of Threatened Species, 2018*, 2018, p. e-T10831A50358152.

Martin, A.R. and Da Silva, V.M.F., 'Sexual dimorphism and body scarring in the boto (Amazon river dolphin) *Inia geoffrensis*', *Marine Mammal Science*, 22(1), 2006, pp. 25–33.

Renjun, L., Gewalt, W., Neurohr, B. and Winkler, A., 'Comparative studies on the behaviour of *Inia geoffrensis* and *Lipotes vexillifer* in artificial environments', *Aquatic Mammals*, 20(1), 1994, pp. 39–45.

美洲鲎

Battelle, B.A., 'The eyes of *Limulus polyphemus* (Xiphosura, Chelicerata) and their afferent and efferent projections', *Arthropod Structure and Development*, 35(4), 2006, pp. 261–74.

Bicknell, R.D. and Pates, S., 'Pictorial atlas of fossil and extant horseshoe crabs, with focus on Xiphosurida', *Frontiers in Earth Science*, 8, 2020, p. 98.

Krisfalusi-Gannon, J., Ali, W., Dellinger, K., Robertson, L., Brady, T.E., Goddard, M.K., Tinker-Kulberg, R., Kepley, C.L. and Dellinger, A.L., 'The role of horseshoe crabs in the biomedical industry and recent trends impacting species sustainability', *Frontiers in Marine Science*, 5, 2018, p. 185.

飘飘鱼

Abbott, A., 'Animal behaviour: inside the cunning, caring and greedy minds of fish', *Nature News*, 521(7553), 2015, p. 412.

Bshary, R., 'Biting cleaner fish use altruism to deceive image-scoring client reef fish', *Proceedings of the Royal Society of London. Series B: Biological Sciences*, 269(1505), 2002, pp. 2087–93.

Salwiczek, L.H., Prétôt, L., Demarta, L., Proctor, D., Essler, J., Pinto, A.I., Wismer, S., Stoinski, T., Brosnan, S.F. and Bshary, R., 'Adult cleaner wrasse outperform capuchin monkeys, chimpanzees and orang-utans in a complex foraging task derived from cleaner–client reef fish cooperation', *PLoS One*, 7(11), 2012, p. e49068.

Wickler, W., 'Mimicry in tropical fishes', *Philosophical Transactions of the Royal Society of London. Series B: Biological Sciences*, 251(772), 1966, pp. 473–4.

博比特虫

Lachat, J. and Haag-Wackernagel, D., 'Novel mobbing strategies of a fish population against a sessile annelid predator', *Scientific Reports*, 6(1), 2016, pp. 1–8.

Uchida, H.O., Tanase, H. and Kubota, S., 'An extraordinarily large specimen of the polychaete worm *Eunice aphroditois* (Pallas) (Order Eunicea) from Shirahama, Wakayama, central Japan', *Kuroshio Biosphere*, 5, 2009, pp. 9–15.

深海鮟鱇鱼

Pietsch, T.W., 'Dimorphism, parasitism, and sex revisited: modes of reproduction among deep-sea ceratioid anglerfishes (Teleostei: Lophiiformes)', *Ichthyological Research*, 52(3), 2005, pp. 207–36.

Swann, J.B., Holland, S.J., Petersen, M., Pietsch, T.W. and Boehm, T., 'The immunogenetics of sexual parasitism', *Science*, 369(6511), 2020, pp. 1608–15.

鸭子

Brennan, P.L., Clark, C.J. and Prum, R.O., 'Explosive eversion and functional morphology of the duck penis supports sexual conflict in waterfowl genitalia', *Proceedings of the Royal Society B: Biological Sciences*, 277(1686), 2010, pp. 1309–14.

Lyon, B.E. and Eadie, J.M., 'Patterns of host use by a precocial obligate brood parasite, the Black-headed Duck: ecological and evolutionary considerations', *Chinese Birds*, 4(1), 2013, pp. 71–85.

Moeliker, C.W., 'The first case of homosexual necrophilia in the mallard *Anas platyrhynchos* (Aves: Anatidae)', *Deinsea*, 8(1), 2001, pp. 243–8.

Simberloff, D., 'Hybridization between native and introduced wildlife species: importance for conservation', *Wildlife Biology*, 2(3), 1996, pp. 143–50.

Ten Cate, C. and Fullagar, P.J., 'Vocal imitations and production learning by Australian musk ducks (*Biziura lobata*)', *Philosophical Transactions of the Royal Society B: Biological Sciences*, 376(1836), 2021, p. 20200243.

吸虫

Helluy, S. and Thomas, F., 'Parasitic manipulation and neuroinflammation: evidence from the system *Microphallus papillorobustus* (Trematoda) - *Gammarus* (Crustacea)', *Parasites and Vectors*, 3(1), 2010, pp. 1–11.

Levri, E.P. and Fisher, L.M., 'The effect of a trematode parasite (*Microphallus* sp.) on the response of the freshwater snail *Potamopyrgus antipodarum* to light and gravity', *Behaviour*, 137(9), 2000, pp. 1141–52.

McCarthy, H.O., Fitzpatrick, S. and Irwin, S.W.B., 'A transmissible trematode affects the direction and rhythm of movement in a marine gastropod', *Animal Behaviour*, 59(6), 2000, pp. 1161–6.

McCarthy, H.O., Fitzpatrick, S.M. and Irwin, S.W.B., 'Parasite alteration of host shape: a quantitative approach to gigantism helps elucidate evolutionary advantages', *Parasitology*, 2004, 128(1), pp. 7–14.

恒河鳄

Lang, J.W. and Andrews, H.V., 'Temperature-dependent sex

determination in crocodilians', *Journal of Experimental Zoology*, 270(1), 1994, pp. 28–44.

Lang, J.W., 'Adult–young associations of free-living gharials in Chambal River, North India' in *Crocodiles. Proceedings of the 20th Working Meeting of the Crocodile Specialist Group, IUCN, Gland, Switzerland and Cambridge UK*, 2010, p. 142.

Whitaker, R., 'The gharial: going extinct again', *Iguana*, 14(1), 2007, pp. 25–32.

澳大利亚巨型乌贼

Brown, C., Garwood, M.P. and Williamson, J.E., 'It pays to cheat: tactical deception in a cephalopod social signalling system', *Biology Letters*, 8(5), 2012, pp. 729–32.

Hall, K. and Hanlon, R., 'Principal features of the mating system of a large spawning aggregation of the giant Australian cuttlefish *Sepia apama* (Mollusca: Cephalopoda)', *Marine Biology*, 140(3), 2002, pp. 533–45.

Hanlon, R.T., Naud, M.J., Shaw, P.W. and Havenhand, J.N., 'Transient sexual mimicry leads to fertilization', *Nature*, 433(7023), 2005, p. 212.

田鳖

Ichikawa, N., 'Male counterstrategy against infanticide of the female giant water bug *Lethocerus deyrollei* (Hemiptera: Belostomatidae)', *Journal of Insect Behavior*, 8(2), 1994, pp. 181–8.

Ohba, S.Y., 'Ecology of giant water bugs (Hemiptera: Heteroptera: Belostomatidae)', *Entomological Science*, 22(1), 2019, pp. 6–20.

格陵兰睡鲨

MacNeil, M.A., McMeans, B.C., Hussey, N.E., Vecsei, P., Svavarsson, J., Kovacs, K.M., Lydersen, C., Treble, M.A., Skomal, G.B., Ramsey, M. and Fisk, A.T., 'Biology of the Greenland shark *Somniosus microcephalus*', *Journal of Fish Biology*, 80(5), 2012, pp. 991–1018.

Nielsen, J., Hedeholm, R.B., Heinemeier, J., Bushnell, P.G., Christiansen, J.S., Olsen, J., Ramsey, C.B., Brill, R.W., Simon, M., Steffensen, K.F. and Steffensen, J.F., 'Eye lens radiocarbon reveals centuries of longevity in the Greenland shark (*Somniosus microcephalus*)', *Science*, 353(6300), 2016, pp. 702–4.

Watanabe, Y.Y., Lydersen, C., Fisk, A.T. and Kovacs, K.M., 'The slowest fish: swim speed and tail-beat frequency of Greenland sharks', *Journal of Experimental Marine Biology and Ecology*, 426, 2012, pp. 5–11.

盲鳗

Chaudhary, G., Ewoldt, R.H. and Thiffeault, J.L., 'Unravelling hagfish slime', *Journal of the Royal Society Interface*, 16(150), 2019, p. 20180710.

Haney, W.A., Clark, A.J. and Uyeno, T.A., 'Characterization of body knotting behavior used for escape in a diversity of hagfishes', *Journal of Zoology*, 310(4), 2020, pp. 261–72.

Zintzen, V., Roberts, C.D., Anderson, M.J., Stewart, A.L., Struthers, C.D. and Harvey, E.S., 'Hagfish predatory behaviour and slime defence mechanism', *Scientific Reports*, 1(1), 2011, pp. 1–6.

竖琴海绵

Hestetun, J.T., Rapp, H.T. and Pomponi, S., 'Deep-sea carnivorous sponges from the Mariana Islands', *Frontiers in Marine Science*, 6, 2019, p. 371.

Lee, W.L., Reiswig, H.M., Austin, W.C. and Lundsten, L., 'An extraordinary new carnivorous sponge, *Chondrocladia lyra*, in the new subgenus *Symmetrocladia* (Demospongiae, Cladorhizidae), from off of northern California, USA', *Invertebrate Biology*, 131(4), 2012, pp. 259–84.

鲱鱼

Hunt, K., *Herring: A Global History*, Reaktion Books, 2017.

Mann, D.A., Popper, A.N. and Wilson, B., 'Pacific herring hearing does not include ultrasound', *Biology Letters*, 1(2), 2005, pp. 158–61.

Wahlberg, M. and Westerberg, H., 'Sounds produced by herring (*Clupea harengus*) bubble release', *Aquatic Living Resources*, 16(3), 2003, pp. 271–5.

Wilson, B., Batty, R.S. and Dill, L.M., 'Pacific and Atlantic herring produce burst pulse sounds', *Proceedings of the Royal Society of London. Series B: Biological Sciences*, 271(Suppl. 3), 2004, pp. S95–S97.

灯塔水母

Piraino, S., Boero, F., Aeschbach, B. and Schmid, V., 'Reversing the life cycle: medusae transforming into polyps and cell transdifferentiation in *Turritopsis nutricula* (Cnidaria, Hydrozoa)', *The Biological Bulletin*, 190(3), 1996, pp. 302–12.

海鬣蜥

Berger, S., Wikelski, M., Romero, L.M., Kalko, E.K. and Rödl, T., 'Behavioral and physiological adjustments to new predators in an endemic island species, the Galápagos marine iguana', *Hormones and Behavior*, 52(5), 2007, pp. 653–63.

Darwin, C., *Geological observations on South America: Being the third part of the geology of the voyage of the* Beagle, *under the command of Capt. Fitzroy, RN, during the years 1832 to 1836*, Smith, Elder and Co., 1846.

Kruuk, H. and Snell, H., 'Prey selection by feral dogs from a population of marine iguanas (*Amblyrhynchus cristatus*)', *Journal of Applied Ecology*, 1981, pp. 197–204.

Vitousek, M.N., Rubenstein, D.R., Wikelski, M., Reilly, S., McBrayer, L. and Miles, D., 'The evolution of foraging behavior in the Galápagos marine iguana: natural and sexual selection on body size drives ecological, morphological, and behavioral specialization', *Lizard Ecology: The Evolutionary Consequences of Foraging Mode*, 2007, pp. 491–507.

Wikelski, M., 'Evolution of body size in Galápagos marine iguanas', *Proceedings of the Royal Society B: Biological Sciences*, 272(1576), 2005, pp. 1985–93.

隐龟

Campbell, M.A., Connell, M.J., Collett, S.J., Udyawer, V., Crewe, T.L., McDougall, A. and Campbell, H.A., 'The efficacy of protecting turtle nests as a conservation strategy to reverse population decline', *Biological Conservation*, 251, 2020, p. 108769.

Cann, J. and Legler, J.M., 'The Mary River tortoise: a new genus and species of short-necked chelid from Queensland, Australia (Testudines: Pleurodira)', *Chelonian Conservation and Biology*, 1(2), 1994, pp. 81–96.

Clark, N.J., Gordos, M.A. and Franklin, C.E., 'Thermal plasticity of diving behavior, aquatic respiration, and locomotor performance in the Mary River turtle *Elusor macrurus*', *Physiological and Biochemical Zoology*, 81(3), 2008, pp. 301–9.

FitzGibbon, S. and Franklin, C., 'The importance of the cloacal bursae as the primary site of aquatic respiration in the freshwater turtle, *Elseya albagula*', *Australian Zoologist*, 35(2), 2010, pp. 276–82.

Le, M., Reid, B.N., McCord, W.P., Naro-Maciel, E., Raxworthy, C.J., Amato, G. and Georges, A., 'Resolving the phylogenetic history of the short-necked turtles, genera *Elseya* and *Myuchelys* (Testudines: Chelidae) from Australia and New Guinea', *Molecular Phylogenetics and Evolution*, 68(2), 2013, pp. 251–8.

拟态章鱼

Hanlon, R.T., Conroy, L.A. and Forsythe, J.W., 'Mimicry and foraging behaviour of two tropical sand-flat octopus species off North Sulawesi, Indonesia', *Biological Journal of the Linnean Society*, 93(1), 2008, pp. 23–38.

Norman, M.D., Finn, J. and Tregenza, T., 'Dynamic mimicry in an Indo-Malayan octopus', *Proceedings of the Royal Society of London. Series B: Biological Sciences*, 268(1478), 2001, pp. 1755–8.

洞螈

Balázs, G., Lewarne, B. and Herczeg, G., 'Extreme site fidelity of the olm (*Proteus anguinus*) revealed by a long-term capture–mark–recapture study', *Journal of Zoology*, 311(2), 2020, pp. 99–105.

Culver, D.C. and White, W.B., *Encyclopedia of Caves* (2nd edn), Waltham, MA: Elsevier/Academic Press, 2012.

Voituron, Y., de Fraipont, M., Issartel, J., Guillaume, O. and Clobert, J., 'Extreme lifespan of the human fish (*Proteus anguinus*):

a challenge for ageing mechanisms', *Biology Letters*, 7(1), 2011, pp. 105–7.

雀尾螳螂虾

Daly, I.M., How, M.J., Partridge, J.C., Temple, S.E., Marshall, N.J., Cronin, T.W. and Roberts, N.W., 'Dynamic polarization vision in mantis shrimps', *Nature Communications*, 7(1), 2016, pp. 1–9.

Patek, S.A. and Caldwell, R.L., 'Extreme impact and cavitation forces of a biological hammer: strike forces of the peacock mantis shrimp *Odontodactylus scyllarus*', *Journal of Experimental Biology*, 208(19), 2005, pp. 3655–64.

Vetter, K.M. and Caldwell, R.L., 'Individual recognition in stomatopods' in *Social Recognition in Invertebrates*, Springer, Cham, 2015, pp. 17–36.

Weaver, J.C., Milliron, G.W., Miserez, A., Evans-Lutterodt, K., Herrera, S., Gallana, I., Mershon, W.J., Swanson, B., Zavattieri, P., DiMasi, E. and Kisailus, D., 'The stomatopod dactyl club: a formidable damage-tolerant biological hammer', *Science*, 336(6086), 2012, pp. 1275–80.

隐鱼

Lagardère, J.P., Millot, S. and Parmentier, E., 'Aspects of sound communication in the pearlfish *Carapus boraborensis* and *Carapus homei* (Carapidae)', *Journal of Experimental Zoology, Part A: Comparative Experimental Biology*, 303(12), 2005, pp. 1066–74.

Meyer-Rochow, V.B., 'Comparison between 15 *Carapus mourlani* in a single holothurian and 19 *C. mourlani* from starfish', *Copeia*, 1977(3), 1977, pp. 582–4.

Parmentier, E. and Vandewalle, P., 'Further insight on carapid–holothuroid relationships', *Marine Biology*, 146(3), 2005, pp. 455–65.

Trott, L.B., 'A general review of the pearlfishes (Pisces, Carapidae)', *Bulletin of Marine Science*, 31(3), 1981, pp. 623–9.

智利腕海鞘

Lagger, C., Häussermann, V., Försterra, G. and Tatián, M., 'Ascidians from the southern Chilean Comau Fjord', *Spixiana*, 32(2), 2009, pp. 173–85.

Lambert, G., Karney, R.C., Rhee, W.Y. and Carman, M.R., 'Wild and cultured edible tunicates: a review', *Management of Biological Invasions*, 7(1), 2016, pp. 59–66.

Manríquez, P.H. and Castilla, J.C., 'Self-fertilization as an alternative mode of reproduction in the solitary tunicate *Pyura chilensis*', *Marine Ecology Progress Series*, 305, 2005, pp. 113–125.

Segovia, N.I., González-Wevar, C.A. and Haye, P.A., 'Signatures of local adaptation in the spatial genetic structure of the ascidian *Pyura chilensis* along the southeast Pacific coast', *Scientific Reports*, 10(1), 2020, pp. 1–14.

鸭嘴兽

Grützner, F., Nixon, B. and Jones, R.C., 'Reproductive biology in egg-laying mammals', *Sexual Development*, 2(3), 2008, pp. 115–27.

Newman, J., Sharp, J.A., Enjapoori, A.K., Bentley, J., Nicholas, K.R., Adams, T.E. and Peat, T.S., 'Structural characterization of a novel monotreme-specific protein with anti-microbial activity from the milk of the platypus', *Acta Crystallographica Section F: Structural Biology Communications*, 74(1), 2018, pp. 39–45.

Warren, W.C., Hillier, L.W., Graves, J.A.M., Birney, E., Ponting, C.P., Grützner, F., Belov, K., Miller, W., Clarke, L., Chinwalla, A.T. and Yang, S.P., 'Genome analysis of the platypus reveals unique signatures of evolution', *Nature*, 453(7192), 2008, p. 175.

彩色车标扁虫

Michiels, N.K. and Newman, L.J., 'Sex and violence in hermaphrodites', *Nature*, 391(6668), 1998, p. 647.

Ramm, S.A., Schlatter, A., Poirier, M. and Schärer, L., 'Hypodermic self-insemination as a reproductive assurance strategy', *Proceedings of the Royal Society B: Biological Sciences*, 282(1811), 2015, p. 20150660.

蠕线鳃棘鲈

Bshary, R., Hohner, A., Ait-el-Djoudi, K. and Fricke, H., 'Interspecific communicative and coordinated hunting between groupers and giant moray eels in the Red Sea', *PLoS Biology*, 4(12), 2006, p. e431.

Sampaio, E., Seco, M.C., Rosa, R. and Gingins, S., 'Octopuses punch fishes during collaborative interspecific hunting events', *Ecology*, 2020, p. e03266.

Vail, A.L., Manica, A. and Bshary, R., 'Referential gestures in fish collaborative hunting', *Nature Communications*, 4(1), 2013, pp. 1–7.

吸液海蛞蝓

Mitoh, S. and Yusa, Y., 'Extreme autotomy and whole-body regeneration in photosynthetic sea slugs', *Current Biology*, 31(5), 2021, pp. R233–R234.

Shiroyama, H., Mitoh, S., Ida, T.Y. and Yusa, Y., 'Adaptive significance of light and food for a kleptoplastic sea slug: implications for photosynthesis', *Oecologia*, 194(3), 2020, pp. 455–63.

Wägele, H., 'Photosynthesis and the role of plastids (kleptoplastids) in Sacoglossa (Heterobranchia, Gastropoda): a short review', *Aquatic Science and Management*, 3(1), 2015, pp. 1–7.

海参

Fabinyi, M., Barclay, K. and Eriksson, H., 'Chinese trader perceptions on sourcing and consumption of endangered seafood', *Frontiers in Marine Science*, 4, 2017, p. 181.

Laxminarayana, A., 'Asexual reproduction by induced transverse fission in the sea cucumbers *Bohadschia marmorata* and

Holothuria atra', *SPC Beche-de-Mer Information Bulletin*, 23, 2006, pp. 35–7.

Motokawa, T. and Tsuchi, A., 'Dynamic mechanical properties of body-wall dermis in various mechanical states and their implications for the behavior of sea cucumbers', *The Biological Bulletin*, 205(3), 2003, pp. 261–75.

Purcell, S.W., Conand, C., Uthicke, S. and Byrne, M., 'Ecological roles of exploited sea cucumbers', *Oceanography and Marine Biology: An Annual Review*, 54, 2016, pp. 367–86.

海胡桃

Schofield, P.J. and Brown, M.E., 'Invasive species: ocean ecosystem case studies for earth systems and environmental sciences', *Reference Module in Earth Systems and Environmental Sciences*, 2016.

Tamm, S.L., 'Defecation by the ctenophore *Mnemiopsis leidyi* occurs with an ultradian rhythm through a single transient anal pore', *Invertebrate Biology*, 138(1), 2019, pp. 3–16.

染料骨螺

Lahbib, Y., Abidli, S. and Trigui-El Menif, N., 'First assessment of the effectiveness of the international convention on the control of harmful anti-fouling systems on ships in Tunisia using imposex in *Hexaplex trunculus* as biomarker', *Marine Pollution Bulletin*, 128, 2018, pp. 17–23.

Vasconcelos, P., Moura, P., Barroso, C.M. and Gaspar, M.B., 'Size matters: importance of penis length variation on reproduction studies and imposex monitoring in *Bolinus brandaris* (Gastropoda: Muricidae)', *Hydrobiologia*, 661(1), 2011, pp. 363–75.

负子蟾

Fernandez, E., Irish, F. and Cundall, D., 'How a frog, *Pipa pipa*, succeeds or fails in catching fish', *Copeia*, 105(1), 2017, pp. 108–19.

Rabb, G.B. and Rabb, M.S., 'On the mating and egg-laying behavior of the Surinam toad, *Pipa pipa*', *Copeia*, 1960(4), 1960, pp. 271–6.

缩头鱼虱

Brusca, R.C. and Gilligan, M.R., 'Tongue replacement in a marine fish (*Lutjanus guttatus*) by a parasitic isopod (Crustacea: Isopoda)', *Copeia*, 1983(3), 1983, pp. 813–16.

Parker, D. and Booth, A.J., 'The tongue-replacing isopod *Cymothoa borbonica* reduces the growth of largespot pompano *Trachinotus botla*', *Marine Biology*, 160(11), 2013, pp. 2943–50.

Ruiz, A. and Madrid, J., 'Studies on the biology of the parasitic isopod *Cymothoa exigua* Schioedte and Meinert, 1884, and its relationship with the snapper *Lutjanus peru* (Pisces: Lutjanidae) Nichols and Murphy, 1922, from commercial catch in Michoacan', *Ciencias Marinas*, 18(1), 1992, pp. 19–34.

水熊虫

Guidetti, R., Rizzo, A.M., Altiero, T. and Rebecchi, L., 'What can we learn from the toughest animals of the Earth? Water bears (tardigrades) as multicellular model organisms in order to perform scientific preparations for lunar exploration', *Planetary and Space Science*, 74(1), 2012, pp. 97–102.

Traspas, A. and Burchell, M.J., 'Tardigrade survival limits in high-speed impacts – implications for panspermia and collection of samples from plumes emitted by ice worlds', *Astrobiology*, 21(7), 2021, pp. 845–52.

肉垂水雉

Emlen, S.T. and Wrege, P.H., 'Size dimorphism, intrasexual competition, and sexual selection in wattled jacana (*Jacana jacana*), a sex-role-reversed shorebird in Panama', *The Auk*, 121(2), 2004, pp. 391–403.

Emlen, S.T. and Wrege, P.H., 'Division of labour in parental care behaviour of a sex-role-reversed shorebird, the wattled jacana', *Animal Behaviour*, 68(4), 2004, pp. 847–55.

雪人蟹

Marsh, L., Copley, J.T., Tyler, P.A. and Thatje, S., 'In hot and cold water: differential life-history traits are key to success in contrasting thermal deep-sea environments', *Journal of Animal Ecology*, 84(4), 2015, pp. 898–913.

Thatje, S., Marsh, L., Roterman, C.N., Mavrogordato, M.N. and Linse, K., 'Adaptations to hydrothermal vent life in *Kiwa tyleri*, a new species of yeti crab from the East Scotia Ridge, Antarctica', *PLoS One*, 10(6), 2015, p. e0127621.

Thurber, A.R., Jones, W.J. and Schnabel, K., 'Dancing for food in the deep sea: bacterial farming by a new species of yeti crab', *PLoS One*, 6(11), 2011, p. e26243.

僵尸蠕虫

Rouse, G.W., Goffredi, S.K. and Vrijenhoek, R.C., 'Osedax: bone-eating marine worms with dwarf males', *Science*, 305(5684), 2004, pp. 668–71.

Smith, C.R., Glover, A.G., Treude, T., Higgs, N.D. and Amon, D.J., 'Whale-fall ecosystems: recent insights into ecology, paleoecology, and evolution', *Annual Review of Marine Science*, 7, 2015, pp. 571–96.

Tresguerres, M., Katz, S. and Rouse, G.W., 'How to get into bones: proton pump and carbonic anhydrase in *Osedax* boneworms', *Proceedings of the Royal Society B: Biological Sciences*, 280(1761), 2013, p. 20130625.

Vrijenhoek, R.C., Johnson, S.B. and Rouse, G.W., 'Bone-eating *Osedax* females and their "harems" of dwarf males are recruited from a common larval pool', *Molecular Ecology*, 17(20), 2008, pp. 4535–44.

空中

蜜蜂

Michener, C.D., *The Bees of the World* (Vol. 1), JHU Press, 2000.

Mikát, M., Janošík, L., Černá, K., Matoušková, E., Hadrava, J., Bureš, V. and Straka, J., 'Polyandrous bee provides extended offspring care biparentally as an alternative to monandry-based eusociality', *Proceedings of the National Academy of Sciences*, 116(13), 2019, pp. 6238–43.

Oldroyd, B.P., Yagound, B., Allsopp, M.H., Holmes, M.J., Buchmann, G., Zayed, A. and Beekman, M., 'Adaptive, caste-specific changes to recombination rates in a thelytokous honeybee population', *Proceedings of the Royal Society B: Biological Sciences*, 288(1952), 2021, p. 20210729.

射炮步甲

Arndt, E.M., Moore, W., Lee, W.K. and Ortiz, C., 'Mechanistic origins of bombardier beetle (Brachinini) explosion-induced defensive spray pulsation', *Science*, 348(6234), 2015, pp. 563–7.

Eisner, T. and Aneshansley, D.J., 'Spray aiming in the bombardier beetle: photographic evidence', *Proceedings of the National Academy of Sciences*, 96(17), 1999, pp. 9705–9.

Sugiura, S. and Sato, T., 'Successful escape of bombardier beetles from predator digestive systems', *Biology Letters*, 14(2), 2018, p. 20170647.

鲣鸟

Castillo-Guerrero, J.A., González-Medina, E. and Mellink, E., 'Adoption and infanticide in an altricial colonial seabird, the blue-footed booby: the roles of nest density, breeding success, and sex-biased behavior', *Journal of Ornithology*, 155(1), 2014, pp. 135–44.

Grace, J.K., Dean, K., Ottinger, M.A. and Anderson, D.J., 'Hormonal effects of maltreatment in Nazca booby nestlings: implications for the "cycle of violence"', *Hormones and Behavior*, 60(1), 2011, pp. 78–85.

Lougheed, L.W. and Anderson, D.J., 'Parent blue-footed boobies suppress siblicidal behavior of offspring', *Behavioral Ecology and Sociobiology*, 45(1), 1999, pp. 11–18.

Maness, T.J. and Anderson, D.J., 'Mate rotation by female choice and coercive divorce in Nazca boobies, *Sula granti*', *Animal Behaviour*, 76(4), 2008, pp. 1267–77.

加利福尼亚丛鸦

Clayton, N.S., Dally, J.M. and Emery, N.J., 'Social cognition by food-caching corvids. The western scrub-jay as a natural psychologist', *Philosophical Transactions of the Royal Society B: Biological Sciences*, 362(1480), 2007, pp. 507–22.

Wiles, G.J. and McAllister, K.R., 'Records of anting by birds in Washington and Oregon', *Washington Birds*, 11, 2011, pp. 28–34.

银磷乌贼

Maciá, S., Robinson, M.P., Craze, P., Dalton, R. and Thomas, J.D., 'New observations on airborne jet propulsion (flight) in squid, with a review of previous reports', *Journal of Molluscan Studies*, 70(3), 2004, pp. 297–9.

Mather, J., 'Mating games squid play: reproductive behaviour and sexual skin displays in Caribbean reef squid *Sepioteuthis sepioidea*', *Marine and Freshwater Behaviour and Physiology*, 49(6), 2016, pp. 359–73.

查岛鸲鹟

Butchart, S.H., Stattersfield, A.J. and Collar, N.J., 'How many bird extinctions have we prevented?', *Oryx*, 40(3), 2006, pp. 266–78.

Massaro, M., Sainudiin, R., Merton, D., Briskie, J.V., Poole, A.M. and Hale, M.L., 'Human-assisted spread of a maladaptive behavior in a critically endangered bird', *PloS One*, 8(12), 2013, p. e79066.

Merton, D.V., 'Cross-fostering of the Chatham Island black robin', *New Zealand Journal of Ecology*, 6, 1983, pp. 156–7.

Merton, D., 'The legacy of "Old Blue"', *New Zealand Journal of Ecology*, 16(2), 1992, pp. 65–8.

原鸽

Gagliardo, A., 'Forty years of olfactory navigation in birds', *Journal of Experimental Biology*, 216(12), 2013, pp. 2165–71.

Mosco, R., *A Pocket Guide to Pigeon Watching: Getting to Know the World's Most Misunderstood Bird*, Workman Publishing, 2021.

Sales, J. and Janssens, G.P.J., 'Nutrition of the domestic pigeon (*Columba livia domestica*)', *World's Poultry Science Journal*, 59(2), 2003, pp. 221–32.

Stringham, S.A., Mulroy, E.E., Xing, J., Record, D., Guernsey, M.W., Aldenhoven, J.T., Osborne, E.J. and Shapiro, M.D., 'Divergence, convergence, and the ancestry of feral populations in the domestic rock pigeon', *Current Biology*, 22(4), 2012, pp. 302–8.

普通林鸱

Borrero, J.I., 'Notes on the structure of the upper eyelid of potoos (*Nyctibius*)', *The Condor*, 76(2), 1974, pp. 210–11.

Cestari, C., Guaraldo, A.C. and Gussoni, C.O., 'Nestling behavior and parental care of the common potoo (*Nyctibius griseus*) in southeastern Brazil', *The Wilson Journal of Ornithology*, 123(1), 2011, pp. 102–6.

普通雨燕

Åkesson, S. and Bianco, G., 'Wind-assisted sprint migration in northern swifts', *Iscience*, 24(6), 2021, p. 102474.

Hedenström, A., Norevik, G., Warfvinge, K., Andersson, A., Bäckman, J. and Åkesson, S., 'Annual 10-month aerial life phase in the common swift *Apus apus*', *Current Biology*, 26(22), 2016, pp. 3066–70.

Wright, J., Markman, S. and Denney, S.M., 'Facultative adjustment of pre-fledging mass loss by nestling swifts preparing for flight', *Proceedings of the Royal Society B: Biological Sciences*, 273(1596), 2006, pp. 1895–900.

普通吸血蝠

Carter, G.G. and Wilkinson, G.S., 'Food sharing in vampire bats: reciprocal help predicts donations more than relatedness or harassment', *Proceedings of the Royal Society B: Biological Sciences*, 280(1753), 2013, p. 20122573.

Razik, I., Brown, B.K., Page, R.A. and Carter, G.G., 'Non-kin adoption in the common vampire bat', *Royal Society Open Science*, 8(2), 2021, p. 201927.

Wilkinson, G.S., 'Vampire bats', *Current Biology*, 29(23), 2019, pp. R1216–R1217.

蜻蜓

Hobson, K.A., Anderson, R.C., Soto, D.X. and Wassenaar, L.I., 'Isotopic evidence that dragonflies (*Pantala flavescens*) migrating through the Maldives come from the northern Indian subcontinent', *PloS One*, 7(12), 2012, p. e52594.

Khelifa, R., 'Faking death to avoid male coercion: extreme sexual conflict resolution in a dragonfly', *Ecology*, 98(6), 2017, pp. 1724–6.

Olesen, J., 'The hydraulic mechanism of labial extension and jet propulsion in dragonfly nymphs', *Journal of Comparative Physiology*, 81(1), 1972, pp. 53–5.

扁头泥蜂

Fox, E.G.P., Bressan-Nascimento, S. and Eizemberg, R., 'Notes on the biology and behaviour of the jewel wasp, *Ampulex compressa* (Fabricius, 1781) (Hymenoptera; Ampulicidae), in the laboratory, including first record of gregarious reproduction', *Entomological News*, 120(4), 2009, pp. 430–37.

Gal, R., Rosenberg, L.A. and Libersat, F., 'Parasitoid wasp uses a venom cocktail injected into the brain to manipulate the behavior and metabolism of its cockroach prey', *Archives of Insect Biochemistry and Physiology* (published in collaboration with the Entomological Society of America), 60(4), 2005, pp. 198–208.

飞鱼

Byrnes, G. and Spence, A.J., 'Ecological and biomechanical insights into the evolution of gliding in mammals', Integrative and Comparative Biology, 51(6), 2011, pp. 991–1001.

Daane, J.M., Blum, N., Lanni, J., Boldt, H., Iovine, M.K., Higdon, C.W., Johnson, S.L., Lovejoy, N.R. and Harris, M.P., 'Novel regulators of growth identified in the evolution of fin proportion in flying fish', *bioRxiv*, 2021.

Davenport, J., 'How and why do flying fish fly?', *Reviews in Fish Biology and Fisheries*, 4(2), 1994, pp. 184–214.

圭亚那动冠伞鸟

Trail, P.W., 'The courtship behavior of the lek-breeding Guianan cock-of-the-rock: a lek's icon', *American Birds*, 39(3), 1985, pp. 235–40.

Trail, P.W., 'Predation and antipredator behavior at Guianan cock-of-the-rock leks', *The Auk*, 104(3), 1987, pp. 496–507.

蜂鸟

Clark, C.J., 'Courtship dives of Anna's hummingbird offer insights into flight performance limits', *Proceedings of the Royal Society B: Biological Sciences*, 276(1670), 2009, pp. 3047–52.

Soteras, F., Moré, M., Ibañez, A.C., Iglesias, M.D.R. and Cocucci, A.A., 'Range overlap between the sword-billed hummingbird and its guild of long-flowered species: an approach to the study of a coevolutionary mosaic', *PloS One*, 13(12), 2018, p. e0209742.

Warrick, D., Hedrick, T., Fernández, M.J., Tobalske, B. and Biewener, A., 'Hummingbird flight', *Current Biology*, 22(12), 2012, pp. R472–R477.

珠袖蝶

Benson, W.W., Brown Jr, K.S. and Gilbert, L.E., 'Coevolution of plants and herbivores: passion flower butterflies', *Evolution*, 1975, pp. 659–80.

de Castro, E.C., Zagrobelny, M., Cardoso, M.Z. and Bak, S., 'The arms race between heliconiine butterflies and Passiflora plants – new insights on an ancient subject', *Biological Reviews*, 93(1), 2018, pp. 555–73.

de la Rosa, C.L., 'Additional observations of lachryphagous butterflies and bees', *Frontiers in Ecology and the Environment*, 12(4), 2014, p. 210.

黑背信天翁

Rice, D.W. and Kenyon, K.W., 'Breeding cycles and behavior of Laysan and black-footed albatrosses', *The Auk*, 79(4), 1962, pp. 517–67.

Young, L.C., Zaun, B.J. and VanderWerf, E.A., 'Successful same-sex pairing in Laysan albatross', *Biology Letters*, 4(4), 2008, pp. 323–5.

非洲秃鹳

Francis, R.J., Kingsford, R.T., Murray-Hudson, M. and Brandis, K.J., 'Urban waste no replacement for natural foods – marabou storks in Botswana', *Journal of Urban Ecology*, 7(1), 2021, p. juab003.

Hancock, J., Kushlan, J.A. and Kahl, M.P., *Storks, Ibises and Spoonbills of the World*, A&C Black, 2010.

飞蛾

Barber, J.R. and Kawahara, A.Y., 'Hawkmoths produce anti-bat ultrasound', *Biology Letters*, 9(4), 2013, p. 20130161.

Neil, T.R., Shen, Z., Robert, D., Drinkwater, B.W. and Holderied, M.W., 'Moth wings are acoustic meta-materials', *Pro-*

ceedings of the National Academy of Sciences, 117(49), 2020, pp. 31134–41.

Rubin, J.J., Hamilton, C.A., McClure, C.J., Chadwell, B.A., Kawahara, A.Y. and Barber, J.R., 'The evolution of anti-bat sensory illusions in moths', Science Advances, 4(7), 2018, p. eaar7428.

Ter Hofstede, H.M. and Ratcliffe, J.M., 'Evolutionary escalation: the bat–moth arms race', Journal of Experimental Biology, 219(11), 2016, pp. 1589–1602.

新喀鸦

Jelbert, S.A., Hosking, R.J., Taylor, A.H. and Gray, R.D., 'Mental template matching is a potential cultural transmission mechanism for New Caledonian crow tool manufacturing traditions', Scientific Reports, 8(1), 2018, pp. 1–8.

Kenward, B., Rutz, C., Weir, A.A., Chappell, J. and Kacelnik, A., 'Morphology and sexual dimorphism of the New Caledonian crow Corvus moneduloides, with notes on its behaviour and ecology', Ibis, 146(4), 2004, pp. 652–60.

Troscianko, J. and Rutz, C., 'Activity profiles and hook-tool use of New Caledonian crows recorded by bird-borne video cameras', Biology Letters, 11(12), 2015, p. 20150777.

von Bayern, A.M.P., Danel, S., Auersperg, A.M.I., Mioduszewska, B. and Kacelnik, A., 'Compound tool construction by

New Caledonian crows', Scientific Reports, 8(1), 2018, pp. 1–8.

旧大陆果蝠

Banerjee, A., Baker, M.L., Kulcsar, K., Misra, V., Plowright, R. and Mossman, K., 'Novel insights into immune systems of bats', Frontiers in Immunology, 11, 2020, p. 26.

Corlett, R.T., 'Frugivory and seed dispersal by vertebrates in tropical and subtropical Asia: an update', Global Ecology and Conservation, 11, 2017, pp. 1–22.

Fleming, T.H., Geiselman, C. and Kress, W.J., 'The evolution of bat pollination: a phylogenetic perspective', Annals of Botany, 104(6), 2009, pp. 1017–43.

Sugita, N., 'Homosexual fellatio: erect penis licking between male Bonin flying foxes Pteropus pselaphon', PloS One, 11(11), 2016, p. e0166024.

兰花螳螂

Mizuno, T., Yamaguchi, S., Yamamoto, I., Yamaoka, R. and Akino, T. '"Double-trick" visual and chemical mimicry by the juvenile orchid mantis Hymenopus coronatus used in predation of the oriental honeybee Apis cerana', Zoological Science, 31(12), 2014, pp. 795–801.

O'Hanlon, J.C., Holwell, G.I. and Herberstein, M.E., 'Pollinator deception in the orchid mantis', The American Naturalist, 183(1), 2014, pp. 126–32.

O'Hanlon, J.C., 'Orchid mantis', Current Biology, 26(4), 2016, pp.

R145–R146.

Svenson, G.J., Brannoch, S.K., Rodrigues, H.M., O'Hanlon, J.C. and Wieland, F., 'Selection for predation, not female fecundity, explains sexual size dimorphism in the orchid mantises', *Scientific Reports*, 6(1), 2016, pp. 1–9.

天堂金花蛇

Holden, D., Socha, J.J., Cardwell, N.D. and Vlachos, P.P., 'Aerodynamics of the flying snake *Chrysopelea paradisi*: how a bluff body cross-sectional shape contributes to gliding performance', *Journal of Experimental Biology*, 217(3), 2014, pp. 382–94.

Socha, J.J., 'Gliding flight in *Chrysopelea*: turning a snake into a wing', *Integrative and Comparative Biology*, 51(6), 2011, pp. 969–82.

周期蝉

Cooley, J.R., Marshall, D.C. and Hill, K.B., 'A specialized fungal parasite (*Massospora cicadina*) hijacks the sexual signals of periodical cicadas (Hemiptera: Cicadidae: Magicicada)', *Scientific Reports*, 8(1), 2018, pp. 1–7.

Kritsky, G., 'One for the books: the 2021 emergence of the periodical cicada Brood X', *American Entomologist*, 67(4), 2021, pp. 40–46.

Williams, K.S. and Simon, C., 'The ecology, behavior, and evolution of periodical cicadas', *Annual Review of Entomology*, 40(1), 1995, pp. 269–95.

王吸蜜鸟

Crates, R., Langmore, N., Ranjard, L., Stojanovic, D., Rayner, L., Ingwersen, D. and Heinsohn, R., 'Loss of vocal culture and fitness costs in a critically endangered songbird', *Proceedings of the Royal Society B: Biological Sciences*, 288(1947), 2021, p. 20210225.

Crates, R., Rayner, L., Stojanovic, D., Webb, M., Terauds, A. and Heinsohn, R., 'Contemporary breeding biology of critically endangered regent honey-eaters: implications for conservation', *Ibis*, 161(3), 2019, pp. 521–32.

Tripovich, J.S., Popovic, G., Elphinstone, A., Ingwersen, D., Johnson, G., Schmelitschek, E., Wilkin, D., Taylor, G. and Pitcher, B.J., 'Born to be wild: evaluating the zoo-based regent honeyeater breed for release program to optimise individual success and conservation outcomes in the wild', *Frontiers in Conservation Science*, 2, 2021, p. 16.

群居织巢鸟

Leighton, G.M. and Meiden, L.V., 'Sociable weavers increase cooperative nest construction after suffering aggression', *PLoS One*, 11(3), 2016, p. e0150953.

Lowney, A.M., Bolopo, D., Krochuk, B.A. and Thomson, R.L., 'The large communal nests of sociable weavers provide year-round insulated refuge for weavers and pygmy falcons', *Frontiers in Ecology and Evolution*, 8, 2020, p. 357.

Lowney, A.M. and Thomson,

R.L., 'Ecological engineering across a temporal gradient: sociable weaver colonies create year-round animal biodiversity hotspots', *Journal of Animal Ecology*, 90(10), 2021, pp. 2362–76.

吸血地雀

Bowman, R.I. and Billeb, S.L., 'Blood-eating in a Galápagos finch', *Living Bird*, 4(2), 1965, p. 9.

Michel, A.J., Ward, L.M., Goffredi, S.K., Dawson, K.S., Baldassarre, D.T., Brenner, A., Gotanda, K.M., McCormack, J.E., Mullin, S.W., O'Neill, A. and Tender, G.S., 'The gut of the finch: uniqueness of the gut microbiome of the Galápagos vampire finch', *Microbiome*, 6(1), 2018, pp. 1–14.

Schluter, D. and Grant, P.R., 'Ecological correlates of morphological evolution in a Darwin's finch, *Geospiza difficilis*', *Evolution*, 1984, pp. 856–69.

Tebbich, S., Sterelny, K. and Teschke, I., 'The tale of the finch: adaptive radiation and behavioural flexibility', *Philosophical Transactions of the Royal Society B: Biological Sciences*, 365(1543), 2010, pp. 1099–1109.

菜粉蝶绒茧蜂

Harvey, J.A., Vet, L.E., Witjes, L.M. and Bezemer, T.M., 'Remarkable similarity in body mass of a secondary hyperparasitoid *Lysibia nana* and its primary parasitoid host *Cotesia glomerata* emerging from cocoons of comparable size', *Archives of Insect Biochemistry and Physiology* (published in collaboration with the Entomological Society of America), 61(3), 2006, pp. 170–83.

Zhu, F., Broekgaarden, C., Weldegergis, B.T., Harvey, J.A., Vosman, B., Dicke, M. and Poelman, E.H., 'Parasitism overrides herbivore identity allowing hyperparasitoids to locate their parasitoid host using herbivore-induced plant volatiles', *Molecular Ecology*, 24(11), 2015, pp. 2886–99.

白背兀鹫

Galligan, T.H., Bhusal, K.P., Paudel, K., Chapagain, D., Joshi, A.B., Chaudhary, I.P., Chaudhary, A., Baral, H.S., Cuthbert, R.J. and Green, R.E., 'Partial recovery of critically endangered *Gyps* vulture populations in Nepal', *Bird Conservation International*, 30(1), 2020, pp. 87–102.

Kanaujia, A. and Kushwaha, S., 'Vulnerable vultures of India: population, ecology and conservation' in *Rare Animals of India*, Bentham Science Publishers, UAE, 2013, pp. 113–144.

Prakash, V., Pain, D.J., Cunningham, A.A., Donald, P.F., Prakash, N., Verma, A., Gargi, R., Sivakumar, S. and Rahmani, A.R., 'Catastrophic collapse of Indian white-backed *Gyps bengalensis* and long-billed *Gyps indicus* vulture populations', *Biological Conservation*, 109(3), 2003, pp. 381–90.

斑胸草雀

Boucaud, I.C., Mariette, M.M., Villain, A.S. and Vignal, C., 'Vocal negotiation over parental care? Acoustic communication at the nest predicts partners' incubation share', *Biological Journal of the Linnean Society*, 117(2), 2016, pp. 322–36.

Golüke, S., Bischof, H.J. and Caspers, B.A., 'Nestling odour modulates behavioural response in male, but not in female zebra finches', *Scientific Reports*, 11(1), 2021.

Mariette, M.M. and Buchanan, K.L., 'Prenatal acoustic communication programs offspring for high posthatching temperatures in a songbird', *Science*, 353(6301), 2016, pp. 812–14.

Schielzeth, H. and Bolund, E., 'Patterns of conspecific brood parasitism in zebra finches', *Animal Behaviour*, 79(6), 2010, pp. 1329–37.

Zann, R.A., *The Zebra Finch: a Synthesis of Field and Laboratory Studies* (Vol. 5), Oxford University Press, 1996.

人名译名对照表

按汉语拼音首字母排序

A

阿尔弗雷德·拉塞尔·华莱士	Alfred Russell Wallace
阿伦·沃森	Arron Watson
阿曼达·卡拉汉	Amanda Callaghan
阿米莉亚·埃尔哈特	Amelia Earhart
艾达·格拉博斯卡-张	Ada Grabowska-Zhang
艾米莉亚·斯基尔蒙特	Emilia Skirmuntt
艾萨克·牛顿	Isaac Newton
爱德华·利尔	Edward Lear
爱德华·瓦拿塔	Edward Vanatta
爱德华·詹纳	Edward Jenner
安德烈·沃尔涅维奇	Andrzej Wolniewicz
安德鲁·斯蒂尔	Andrew Steele
安东尼·范·列文虎克	Antonie van Leeuwenhoek
安东尼娅	Antonia
安娜·内卡里斯	Anna Nekaris
奥利金	Origen

B

鲍勃·迪伦	Bob Dylan
保罗·路透	Paul Reuter
本·威尔逊	Ben Wilson
彼得·潘	Peter Pan
彼得·瓦泽纳克	Piotr Wawrzyńczak

347

	比亚尼·萨蒙德森	Bjarni Saemundsson
	波吕斐摩斯	Polyphemus
	布莱恩·皮克尔斯	Brian Pickles
C	查尔斯·达尔文	Charles Darwin
D	大卫·阿滕伯勒	David Attenborough
	大卫·安德森	David Anderson
	大卫·哈塞尔霍夫	David Hasselhoff
	大卫和伊丽莎白·拉克夫妇	David and Elizabeth Lack
	德古拉	Dracula
	迪帕·塞纳帕蒂	Deepa Senapathi
E	E. F. 杜尔瓦德	E. F. Dorward
	E. J. 米尔纳-古兰德	E . J . Milner-Gulland
F	弗朗西斯·德雷克	Francis Drake
	弗兰克·扎帕	Frank Zappa
	弗雷娅·范·凯斯特伦	Freya van Kesteren
	弗洛拉	Flora
	弗洛里亚诺·帕皮	Floriano Papi
H	哈尔斯·莱斯特·马拉特	Harles Lester Marlatt
	哈坎·韦斯特伯格	Hakan Westerberg
	亨利·皮尔斯布里	Henry Pilsbry
	霍尔登·凯弗·哈特兰	Haldan Keffer Hartline

348

J		
	吉迪恩·史密斯	Gideon B. Smith
	吉尔伯特·怀特	Gilbert White
	简·威德尔	Jan Wedel
	杰米·哈弗斯	Jaime Chaves
K		
	康拉德·苏德尔·哈特吉	Konrad Suder Chatterjee
	克里斯·哈索尔	Chris Hassall
L		
	拉契特	Ratched
	劳伦斯·蒂尔	Lawrence Dill
	雷德利·斯科特	Ridley Scott
	雷多安·布沙里	Redouan Bshary
	理查德·道金斯	Richard Dawkins
	理查德·欧文	Richard Owen
	理查德·沃尔特斯	Richard Walters
	林恩·洛希	Lynn Lougheed
	林赛·戴维斯	Lindsay Davies
	鲁滨孙·克鲁索	Robinson Crusoe
	路易斯·德·弗雷西内	Louis de Freycinet
	路易斯·菲普斯	Louis Phipps
	罗伯特·巴蒂	Robert Batty
	罗伯特·特里夫斯	Robert Trivers
	罗尔德·达尔	Roald Dahl
	洛兰·杰拉姆	Lorraine Jerram
	洛伦佐·桑托雷利	Lorenzo Santorelli

M	玛格丽特·撒切尔	Margaret Thatcher
	马格努斯·威尔伯格	Magnus Whalberg
	玛丽·波平斯	Mary Poppins
	玛丽莲·梦露	Marilyn Monroe
	玛士撒拉	Methuselah
	麦当娜·西科尼	Madonna Ciccone
	迈克尔·布鲁克	Michael Brooke
	摩根·弗里曼	Morgan Freeman
N	拿破仑·波拿巴	Napoleon Bonaparte
O	欧里刻	Eunice
P	普鲁塔克	Plutarch
Q	钱德勒·罗宾斯	Chandler Robbins
	乔安娜·维希涅夫斯卡	Joanna Wiśniowska
	乔纳森·斯威夫特	Jonathan Swift
	乔治·华盛顿	George Washington
S	斯蒂芬·霍尔特	Steph Holt
	S.C. 赫林	S. C. Herring
T	塔拉·皮里	Tara Pirie
	唐·默顿	Don Merton
	唐纳德·P. 麦卡锡	Donal P. McCarthy
	唐纳德·特朗普	Donald Trump

	托尼·布莱尔	Tony Blair
X	西尔维娅·马西亚	Silvia Maciá
Y	雅各布·达恩	Jacob Daane
	亚历克斯·克拉克	Alex Clarke
	亚里士多德	Aristotle
	扬·卡姆勒	Jan Kamler
	伊恩	Ian
	伊格纳西奥·席尔瓦	Ignacio Silva
	伊琳娜·邓恩	Irina Dunn
	约翰·阿尔伯特·许洛瑟	Johann Albert Schlosser
	约翰·奥古斯特·埃弗拉伊·格策	
		Johann August Ephraim Goeze
	约翰和罗瑞娜·博比特	John and Lorena Bobbitt case
	约翰·坎恩	John Cann
	约翰·克雷布斯	John Krebs
	约翰·拉格勒	John Legler
	约翰·梅纳德·史密斯	John Maynard Smith
	约翰·桑普特	John Sumpt
Z	詹姆斯·邦德	James Bond
	詹姆斯·迪恩	James Dean
	詹姆斯·欣斯顿	James Hingston
	珍妮弗·史密斯	Jennifer Smith
	朱利叶斯·尼尔森	Julius Nielsen

致谢

写一本科普书非一人之力所能胜任，如果没有同事、朋友、亲戚和陌生人的贡献，《现代动物寓言》就不会以现在的面貌出现。因此，我要感谢以下人员：

首先，感谢为我提供引证的无数研究人员——他们数了鲱鱼的屁，把信天翁的蛋偷换成啤酒罐，记录果狐的口交，为蚂蚁安装了高跷，灌醉了指猴，除此之外还有很多很多事情——向那些我现在可以站在其肩膀上的巨人们致敬。

其次，感谢所有我直接联系过的给人启发的、提供支持且拥有无限耐心的动物学家、生态学家和生物学家，他们在提出想法、对条目进行事实核查和推荐阅读材料方面提供的帮助是无价的——特别是迈克尔·布鲁克、阿曼达·卡拉汉、杰米·哈弗斯、艾达·格拉博斯卡-张、克里斯·哈索尔、斯蒂芬·霍尔特、扬·卡姆勒、弗雷娅·范·凯斯特伦、西尔维娅·马西亚、路易斯·菲普斯、布莱恩·皮克尔斯、塔拉·皮里、洛伦佐·桑托雷利、迪帕·塞纳帕蒂、艾米莉亚·斯基蒙特、约翰·桑普特、理查德·沃尔特斯、阿伦·沃森和安德烈·沃尔涅维奇。

第三，感谢在本书中留下痕迹的"普通"朋友——即非动物学家朋友。感谢一位非常鼓舞人心的神学家伊格纳西奥·席尔瓦在动物寓言方面的帮助。感谢古典学家康拉德·苏德尔·哈特吉在翻译这些经常是十分荒谬的科学名称时提供的所有帮助。感谢乔安娜·维斯涅夫斯卡回答我的法律问题。感谢安德鲁·斯蒂尔，他给了我灵感、支持，还给我指点迷津，他是一位先驱。

感谢珍妮弗·史密斯，我杰出的插画家，她不仅出色地捕捉了本书的主角，而且不知疲倦地处理了我的评论和建议，包括一些超级书呆子的（关于喙的曲率、耳朵的形状等等），也包括可能更令人沮丧的、不具体的那些（"这只大耳狐看起来太协调了，请让它更难看"；"这只袋熊需要看起来更蠢，它现在有一种知识分子的气质"）。珍妮弗做到了我所希望的一切，甚至更多。

感谢我来自《野火》（*Wildfire*）的编辑林赛·戴维斯，感谢他们提供了详细且有价值的反馈，这些反馈往往非常积极、令人鼓舞，以至于有时我怀疑这一切是不是某种骗局。编辑的工作似乎像是生活教练兼文字工匠，林赛在这两方面都做得非常出色。她对于这个项目的意义就如同尾巴之于飞鱼，赋予它方向、动量和升力。

感谢《野火》团队的其他成员，尤其是亚历克斯·克拉克、文案编辑洛兰·杰拉姆，以及史密森尼图书（Smithsonian Books）团队。感谢我的经纪人彼得·瓦泽纳克和图书／实验室（Book/lab）机构。

感谢我的父亲提供与海军相关及其他方面的反馈意见，以及频繁地照料儿童；感谢我母亲坚定不移的热情和支持，以及将父亲从波兰派来进行上述频繁照料儿童的工作。

感谢我的姻亲转发来各种很酷的澳大利亚动物的新闻剪报（很抱歉我无法将它们全部包括在内！）。

感谢我的女儿弗洛拉，她为了推销想法并衡量观众的反应，与她的幼儿园小组以及后来的学校班级分享了动物故事。原谅我只能向她的老师们道歉。

感谢我的女儿安东尼娅，她是一个情绪稳定的婴儿，睡眠质量很好，当她醒着而我在她头顶打字时，她会耐心地盯着我的腋窝。

最后，感谢支持我的、自我牺牲的丈夫伊恩，他不得不听我讲述所有奇怪的动物（"你能至少这一次等我吃完晚饭吗?"），阅读本书的这些章节，在每个笑点上放声大笑，提出棘手的问题，整个过程都令人惊叹。

也感谢你！